Nicholas Crane
Der Weltbeschreiber

Nicholas Crane

Der Weltbeschreiber

Gelehrter, Ketzer, Kosmograph – Wie die Karten des Gerhard Mercator die Welt veränderten

Aus dem Englischen
von Harald Stadler

Droemer

Originaltitel: The Man Who Mapped the Planet
Originalverlag: Weidenfeld & Nicolson

Die Folie des Schutzumschlags sowie die Einschweißfolie
sind PE-Folien und biologisch abbaubar.
Dieses Buch wurde auf chlor- und säurefreiem Papier gedruckt.

Redaktion: Thomas Menzel
Umschlaggestaltung: ZERO Werbeagentur, München
Umschlagabbildung: AKG Images
Gestaltung und Herstellung: Josef Gall, Geretsried
Satz und Reproduktion: Setzerei Vornehm GmbH, München
Druck und Bindung: Ebner & Spiegel, Ulm
Printed in Germany
ISBN 3-426-27224-5

2 4 5 3 1

Für Annabel, und für Imogen,
Kit und Connie, in Liebe

Inhalt

Persönliche Bemerkung an den Leser

Landkarten kodieren gleichsam das Wunder unseres Daseins. Der Mann, der die Codes – und den Kodex – für die Karten verfasste, die wir auch heute noch verwenden, war Gerhard Mercator, ein Schustersohn, der vor fünfhundert Jahren in einer trüben Schwemmlandebene in Nordeuropa geboren wurde. Seinen Zeitgenossen galt Mercator als »Fürst der modernen Geographen«; seine Darstellungen unseres Planeten und seiner Regionen waren in ihrer Präzision, Klarheit und Stimmigkeit unübertroffen. Noch in jüngster Zeit wurde er von dem amerikanischen Gelehrten Robert W. Karrow als »der erste moderne, wissenschaftliche Kartograph« gewürdigt. Während seine Zeitgenossen die Kartographie gleichsam als Stückwerk betrieben, war Mercator bestrebt, die gesamte Welt auf einheitlichen und sich überlappenden Karten darzustellen. Er war maßgeblich an der kartographischen Erfassung und an der Namengebung des neu entdeckten Kontinents Amerika beteiligt und entwickelte eine neue Methode, eine so genannte »Projektion«, um die dreidimensionale Kugelform der Erde auf die zweidimensionale Kartenebene zu übertragen. Er konstruierte die beiden wichtigsten Globen des 16. Jahrhunderts, und der Titel seines bahnbrechenden Werkes zur »modernen Geographie«, *Atlas*, wurde zum Standardbegriff für ein Buch mit Landkarten.

Es gibt kaum ein besseres Beispiel für ein Genie, das dem Umbruch entwuchs. Mercator wurde 1512 geboren und starb 1594. Seine Welt war geprägt von gewalttätigen Konflikten, gesellschaftlichen Umwälzungen und religiösen Umbrüchen – und geographischen Entdeckungen. Er war fünf Jahre alt, als Martin

Luther die Reformation einläutete, und zehn, als die Überlebenden der ersten Weltumsegelung in ihrer leckgeschlagenen Karavelle nach Sevilla zurückkehrten. Er kannte Armut, Seuchen, Krieg und Verfolgung. Er wurde von den Inquisitoren eingesperrt, aber von einem Kaiser protegiert. Sein Leben war bestimmt von brillanten Durchbrüchen und abrupten Umbrüchen.

Dies ist die Lebensgeschichte eines armen Jungen, der zu Ruhm gelangte und die ganze Welt erfasste, der um sein Leben fürchten musste, aber durch Mut und Kraft obsiegte. Mercator wurde von seinen Zeitgenossen als ehrlich, redlich, friedfertig und gelassen beschrieben. Seine Einstellung gegenüber seiner Berufung zum Kartographen bezeichnete sein Freund und Nachbar Walter Ghim als »unermüdlich«. Aufgrund seines außergewöhnlich langen Lebens – er wurde 82 Jahre alt – begegnen wir in Mercator einem ungewöhnlichen biographischen Subjekt. Er lebte doppelt so lange wie viele seiner Zeitgenossen und konnte gleichsam zwei Lebensspannen nacheinander durchlaufen. In seinem »ersten Leben« stolperte er durch Ausbildung, Experiment, Aufstieg und Unheil; in seinem »zweiten Leben« zog er sich in sein rheinisches Refugium zurück und konzentrierte sich mit zielbewusstem Eifer auf die Werke, die ihm zeitlosen Ruhm einbringen sollten.

Mein Motiv, eine Mercator-Biographie zu schreiben, entsprang auch einem Gefühl des Mangels. Denn die beste vollständige Lebensbeschreibung von Mercator ist nach wie vor die von H. Averdunk und Dr. J. Müller-Reinhard, die bereits 1914 auf Deutsch erschien. Mercator verdient also eine neue umfassende Würdigung.

Bei den Recherchen zu diesem Buch unterstützten mich viele Einrichtungen, denen ich zu tiefem Dank verpflichtet bin. Ohne die British Library wäre dieses Buch niemals zustande gekommen. Auch die Sammlungen der Royal Geographical Society und des National Maritime Museum in Greenwich waren von unschätzbarem Wert, ebenso wie die der London Library, der National Library of Scotland und des Plantin-Moretus-Museums in Antwerpen.

Auch zahlreiche Personen standen mir mit Rat und Tat zur Seite. Mein Dank gilt Peter Barber, Tony Campbell, Dr. Catherine Delano-Smith, Francis Herbert und Dr. David Munro, die mich großzügig an ihrem kartographischen Wissen teilhaben ließen. Für die Übersetzung wichtiger Primärquellen bin ich Richard Bryant, Glyn Davies und William Sutton äußerst dankbar. Durch ihre Sachkenntnis und Sorgfalt sind auch ältere Dokumente für den heutigen Leser lebendig geworden. Unermesslichen Dank schulde ich David Watson, der mir mit ungeheurem Sprachgeschick verschiedenste scheinbar unverständliche Werke über Mercator und die historische Kartographie übersetzte; sein Interesse an der Sache brachte David die zusätzliche Aufgabe ein, sich als Korrektor zu betätigen. Mein Dank gilt ferner Tom Graves für seine unentbehrliche Hilfe bei der Zusammenstellung der Illustrationen.

Auch andere leisteten wertvolle Beiträge. Dazu zählen David Bannister, Hol Crane, Inge Daniels, Matt Dickinson, Luke Hughes, Colonel Colin Huxley, Simon Jenkins, Peter van der Krogt, Roland Meyer, Hallam Murray, Stuart Proffitt, Rodney Shirley, Humphrey Stone und Louisa Young. Chris Crane war der Erste, der einen Abschnitt aus dem Buch las; er erlag jedoch einem Krebsleiden, bevor ich die Arbeit abschließen konnte.

Derek Johns bewies ein weiteres Mal, dass die Prüfungen eines literarischen Agenten mit dem Verkaufen einer viel versprechenden Idee erst beginnen. Mein herzlicher Dank gilt auch Rebecca Wilson in London und David Sobel in New York, die das Buch in Auftrag gaben, und Richard Milner, der es bis zur Drucklegung begleitete. Meinem Übersetzer, Harald Stadler, danke ich für seine sorgfältige und gewissenhafte Übertragung ins Deutsche. Schließlich – und vor allem – gibt es, wie immer, eine Person, deren Geduld weit über die Grenzen des Normalen auf die Probe gestellt wurde. Die Widmung eines Buches kann natürlich nicht für die verlorenen Jahre entschädigen, doch sie markiert die Heimkehr eines Ehemanns und Vaters.

Nicholas Crane — London, März 2002

I

Ein Städtchen namens Gangelt

Im Sommer des Jahres 1511 war Emerentia Kremer guter Hoffnung, aber die Ernteaussichten waren schlecht. Der Roggen war so teuer wie seit zehn Jahren nicht mehr, und die Pest griff erneut auf die Landstriche am Niederrhein über. Emerentia und Hubert Kremer machten sich auf den Weg an die Küste. In den Niederlanden fanden sie sicher Nahrung, Unterkunft und einen Ort, um ihr Kind zur Welt zu bringen. Sie reisten mehrere Tage, über die Maas und durch das Kempenland, wo an brackigen Sümpfen Räuber lauerten.

Als der sandige Boden in Lehm überging, ragten ringsum Turmspitzen auf. In dieser wasserreichen Ebene lagen einige der reichsten Städte Europas – Antwerpen und Mecheln, Löwen und Brüssel –, die alle durch dasselbe Flussdelta gleichsam wie durch Pulsadern mit den großen Schifffahrtswegen der Welt verbunden waren. Diesen Fluss, die Schelde, steuerten die Kremers an. Am westlichen Ufer duckten sich im Schatten eines Schlosses die strohgedeckten Dächer des kleinen Städtchens Rupelmonde; dort suchten sie Huberts Bruder Gisbert auf, einen Priester im Hospiz des heiligen Johannes.

Der folgende Winter war bitterkalt. Bis in den Februar plagten Frost und Schnee das Land. Doch in den frühen Morgenstunden des 5. März 1512 brachte Emerentia einen Jungen zur Welt.[1] Das siebte und letzte Kind der Kremers wurde auf den Namen Gerhard getauft.

*

Das Städtchen Gangelt lag am Rand des Herzogtums Jülich. Ausschnitt aus Mercators unbetitelter Karte von 1585.

Kaum neigte sich der Winter dem Ende entgegen, verheerten Niederschläge und Schmelzwasserfluten aus den Hochländern die Becken von Flandern und Brabant. Als für die Kremers die Zeit gekommen war, Rupelmonde wieder zu verlassen, folgten sie dem vertrauten Weg zurück nach Osten, von der Schelde an die Maas und weiter in das höher gelegene Gebiet des Herzogtums Jülich. Jenseits der Maas stieg die Straße zwischen Feldern zu einer kleinen, von Mauern umgebenen Stadt am Rande einer baumlosen Hochebene an.

Von weitem wirkte Gangelt ungeheuer trutzig – wie ein abgeschlossener Ring aus Stein und Ziegel mit dreizehn Bastionen, deren Schießscharten in die Ferne blinzelten. Über dem Bollwerk ragten steile Schieferdächer auf, die das Licht der abendlichen Sonne spiegelten.

Wenn der Reisende die kahle Hochebene hinter sich ließ und durch einen runden Torbogen die Stadt betrat, fand er sich in einem Mikrokosmos, in dem es von Mensch und Tier nur so wimmelte. Die Stadt war so klein, dass man im Nu von einem

Ende zum anderen gelangte. In jeden stinkenden Winkel hatte man Hütten und Ställe gezwängt. Der einzige freie Platz lag in der Mitte der Stadt, wo die Straßen nach Sittard und Jülich aufeinander stießen. Hier, am Marktplatz, stand auch die Kirche, in deren verrußtem Gewölbe Generationen einheimischer Bauern ihren Blick zur Hostie erhoben hatten.

Die Stadt Gangelt war von Bauern gegründet worden. Die Gemeinde lag am südlichen Rand einer weiten Tiefebene, die zum ertragreichsten Agrargürtel des Kontinents gehörte, einem langen Streifen fruchtbaren Lössbodens, der als Gletschersand am Ende der letzten Eiszeit von Schmelzwassern in ein flaches Riff am nördlichen Saum der kontinentalen Landmasse geschwemmt worden war. Unterhalb von Gangelt erstreckte sich ein Meer von Wäldern und Auen bis zu der dunklen Hügelkette hinter Aachen, eine Tagesreise weiter südlich.

Gangelt lag zwar angeblich im christlichen Protektorat Kaiser Maximilians I., wurde jedoch vom Herzog von Kleve und Mark regiert, der ein Jahr vor Gerhards Geburt durch Heirat das Herzogtum Jülich erworben hatte. Der Rodebach bildete die Grenze zwischen dem Herzogtum Jülich und dem Herzogtum Limburg. Und einen Zweitagesmarsch weiter südwestlich lag das Fürstbistum Lüttich.

Gangelt lag indes nicht nur an einer politischen und einer geologischen Grenze, sondern auch an einer weiteren Scheidelinie, nämlich der zwischen dem deutschsprachigen Raum im Osten und dem Gebiet des brabantischen Holländischen im Westen. Das Leben an diesen Grenzen vermittelte den Bewohnern von Gangelt ein ungewöhnliches Bewusstsein geographischer, kultureller und sprachlicher Verschiedenartigkeit – und eine tief sitzende Unsicherheit.

Die Stadt besaß jedoch einen Vorzug, den nur wenige Orte auf der Hochebene genossen: Direkt durch ihre Gassen führte die Hauptverbindung zwischen Köln und Antwerpen. Beide Städte gehörten damals zu den führenden Wirtschaftszentren Nordeuropas und lagen unmittelbar an den großen Handelsstraßen zwischen Norditalien und den Niederlanden. Händler aus dem fernen Genua oder Venedig waren in Gangelt keine Seltenheit.

In den trockenen Monaten zwischen Saat und Ernte zogen die Reisenden durch die Stadt. Hier sah man Maler und Puppenspieler, Kesselflicker und Zigeuner, Bettelmönche und Wanderprediger, Bettler und Bader, Gaukler und Akrobaten sowie Scharlatane und Quacksalber, die Wundermittel und Heilsalben anpriesen – Gerhard wuchs gleichsam unter den Klängen von Sackpfeifen, Flöten und Fiedeln auf. Diese ewigen Nomaden wurden mit Faszination und Argwohn zugleich beäugt. Wie den Totengräbern und Henkern (und bisweilen auch den Schäfern) wurde den Söhnen deutscher Spielleute die Aufnahme in die Zünfte verwehrt; einige wurden sogar der Hexerei bezichtigt; sie galten als unehrlich und zwielichtig. Im gleichen Ruf standen – zumindest bei einigen – die Ablasshändler, die damals im Auftrag Papst Leos X. über Land reisten und die Errettung vor dem Fegefeuer verkauften.

Das »heilige« Köln, ein paar Tagesreisen weiter östlich, strahlte weit in die gesamte Region aus. Mit seinen 40 000 Einwohnern war es die größte Stadt Deutschlands, eine Universitätsstadt, ein theologisches Bollwerk und ein Zentrum des Leder-, Textil- und Metallgewerbes. Köln war auch einer der wichtigen Standorte für die Wiederentdeckung der klassischen antiken Literatur und die Verbreitung des Humanismus, einer Bewegung, die über ein Jahrhundert zuvor mit Francesco Petrarca begonnen hatte, der mit den verschollenen Manuskripten Ciceros und Quintilians triumphierend nach Avignon zurückgekehrt war. Der anschließende Aufstieg des italienischen *umanista*, des humanistischen Lehrers, dessen alte griechische und römische Texte mehr die irdische als die geistige Verfassung des Menschen beschrieben, entfachte großes Interesse für Werke der Moralphilosophie, der Geschichte und Poesie, der Grammatik und Rhetorik sowie der Mathematik und Astronomie – Werke, die mit der Erfindung des Buchdrucks plötzlich großen Leserkreisen zugänglich geworden waren. In Köln hatte man rasch auf die wachsende Nachfrage für wieder entdeckte antike Texte reagiert. Kaum zehn Jahre, nachdem ein Mainzer Goldschmied namens Gutenberg den Buchdruck entwickelt hatte, richtete Ulrich Zell auch in Köln eine Presse ein und druckte 1466 Ciceros *De officiis*. Um das Jahr 1500 nahm Köln eine führende Stellung unter den 250 Druckzentren Europas ein.[2] So dürfte der *mercator*, der Händler oder Lieferant von Büchern, ebenfalls häufig durch Gangelt gekommen sein.[3]

In dem Städtchen kannte man aber vor allem die Pamphlete, in denen die marode Kirche und das Kaiserreich angeprangert wurden; daneben kursierten auch Flugschriften zu aktuellen Tagesthemen. Die gedruckten Flugblätter wurden von fahrenden Händlern verkauft, die breitkrempige Federhüte trugen, an die sie die Zeitungsmeldungen hefteten. Die in Latein und Deutsch verfassten Flugschriften trugen ein dreizeiliges Motto und für jene, die nicht lesen konnten, eine Holzschnittillustration. Auf diese Weise kamen auch die Holzschnitte des bekanntesten deutschen Malers und Graphikers Albrecht Dürer in Umlauf. Dürer, der mit führenden Humanisten verkehrte, würdigte die Macht des Wortes in einem Druck, der den »Menschensohn« mit glühenden Augen und einem Schwertgriff an den Lippen darstellte.[4]

Auf den jungen Gerhard Kremer musste das Leben in einem geschäftigen Marktflecken wie Gangelt wie ein anregendes Schauspiel wirken. Zwar war er noch zu klein, um zur Schule zu gehen, doch er besuchte sicher regelmäßig die Kirche. Und es gab allen Grund zu beten. Denn das Überleben der Familie Kremer hing ganz von der Vorsehung Gottes ab. Der Weizen gedieh oder missriet je nach Wetter. Ein trockener Frühling, ein nasser Sommer, ein feuchter Herbst und ein regenreicher Winter oder langer Frost verringerten die Erträge. Ein Bauer konnte in einem Jahr vielleicht das Vierfache, im nächsten hingegen nur die Hälfte ernten. Folgten mehrere magere Jahre aufeinander, drohten Hungersnöte.

Zum Glück waren die Kremers nicht gänzlich auf die Scholle angewiesen. Hubert hatte ein zweites Standbein als Schuster. Mobilität war für manchen in seiner Existenz bedrohten Bauern zeitweise die einzige Rettung, und Mobilität erforderte Stiefel, mit denen man auf die Felder, die Märkte und in Zeiten größter Not auch in ferne Länder ziehen konnte. Stiefel brauchte deshalb jeder. Der Bundschuh, ein Stiefel aus Rohleder, der mit Lederbändern um die Wade zugeschnürt wurde, war das typische Kennzeichen des Bauern. Das Schusterhandwerk erforderte nur wenig an Grundkenntnissen und Werkzeugen, bewahrte jedoch manche Familie vor dem Verhungern. Der Schuster konnte mit seinem Gewerbe von Stadt zu Stadt ziehen, und ein Auftrag für ein Paar Reitstiefel brachte ihm bis zu einem Gulden ein, wofür er sich zehn Gänse oder 35 Gallonen Wein leisten konnte.

Wenn der Vater dem Jungen einen Hang zum Nachdenklichen vererbte, so war es sicherlich die Mutter, die Gerhard ein ungewöhnliches Maß an Verbissenheit mitgab. Vielleicht war dies gar nicht so ungewöhnlich, schließlich war eine Mutter aus Gangelt anno 828 mit ihrer kranken Tochter bis nach Aachen gepilgert, um dort in der Kathedrale zu beten. Die Tochter wurde wie durch ein Wunder gesund, woraufhin Gangelt – in einer Handschrift des Vatikans – erstmals urkundlich erwähnt wurde.

Im Leben des jungen Gerhard spielte jedoch noch eine dritte, abwesende Gestalt eine prägende Rolle – der Onkel, der es geschafft hatte, Gangelt zu verlassen, zu studieren und sich einen Pfarrposten in Rupelmonde zu sichern. Für die Familie Kremer war Onkel Gisbert der Beweis, dass es einen Ausweg aus der ländlichen Armut gab. Vermutlich bestärkte auch Gisbert den Familienvater in dem Entschluss, sich für den Fall abzusichern, dass in Gangelt kein Überleben möglich war; bevor Hubert und Emerentia mit dem neugeborenen Gerhard aus Rupelmonde aufbrachen, pachtete Hubert dort einen Hof.

Für eine bescheiden bemittelte Familie wie die Kremers war die Zeugung eines siebten Kindes beinahe schon leichtsinnig. Sie hatten sieben kleine Mäuler zu stopfen, und Hubert und Emerentia wussten, dass Gangelt ihnen wenig Hoffnung für die Zukunft bot. Sie besaßen weder das Land noch den beruflichen Stand, so viele Köpfe zu versorgen. Mehr als drei Viertel ihres unregelmäßigen Einkommens wurde für Nahrung verbraucht, wovon fast die Hälfte aus Brot bestand.[5] Selten bekamen sie Fleisch zu schmecken. In Gangelt teilten sie das Los aller Bauern, die damals den Übergang vom alten Feudalsystem zur Geldwirtschaft zu spüren bekamen; die Möglichkeit, für einen festen Lohn zu arbeiten, forderte einen Preis – den der Enteignung, denn die Grundbesitzer schlossen ihre Liegenschaften für die kommerzielle Produktion zusammen. Die steigenden Preise für landwirtschaftliche Erzeugnisse kamen den Großbauern und Grundeigentümern zugute, knebelten jedoch die Kleinbauern, die für viel weniger Geld viel mehr arbeiten mussten. Größere Höfe waren weit ertragreicher, und so wurden die uralten Privilegien der Kleinbauern, die ihnen das Nötigste zum Überleben auf dem Lande sicherten, nach und nach unterhöhlt. Ein neuer Begriff kam auf, *roboten*, der so viel bedeutete wie »sich abplacken«, »sich schinden«. Der Kleinbauer wurde zum Lohnsklaven, zum »Roboter«. Zu der täglichen Schufterei kamen noch empfindliche Steuern und die regelmäßige Aufforderung, mit Mann und Ross in die Feldzüge des Kaisers zu ziehen.[6]

Von den zahlreichen prekären Umständen, die den Kremers das Leben in Gangelt erschwerten, war jedoch keiner so gravierend wie der beengte Lebensraum. Seit der großen Pest von 1347 bis 1351 hatte sich die Bevölkerung wieder massiv vermehrt. Erstaunt und bald auch bestürzt berichteten deutsche Chronisten, dass Ehepaare selten weniger als »acht, neun oder zehn Kinder« hatten und dass »Grundbesitz und Pachtzins für Wohnungen so teuer geworden sind, dass sie wohl kaum noch weiter steigen können… vielmehr sind alle Dörfer so voll von Menschen, dass keiner mehr hineingelassen wird. Ganz Deutschland wimmelt nur so von Kindern«. Felder, die seit der Pest verwildert waren, wurden wieder kultiviert, und aus den Ruinen verfallener Dörfer erstanden neue Häuser.[7]

Während die geplagten Bauern von Gangelt um ihren Lebensraum kämpften, kursierten entlang der Straße zwischen Köln und Antwerpen Geschichten von ungewöhnlichen neuen Ländern. Aus Flugschriften und vom Hörensagen erfuhr man von Reisen, die Spanier und Portugiesen unternommen hatten, und von einem neuen, vierten Kontinent, der angeblich mit den unglaublichsten Reichtümern gesegnet war. Die erste deutschsprachige Beschreibung dieses Schlaraffenlandes erreichte Gangelt zehn Jahre, bevor Gerhard geboren wurde. Als Gerhard das Licht der Welt erblickte, war der Abdruck des vierseitigen Briefes, den Christoph Kolumbus auf seiner Karavelle vor den Kanarischen Inseln verfasst hatte, bis in die meisten Städte Europas vorgedrungen. In seinem Brief vom Februar 1493 teilte der »Admiral« mit, dass er zwanzig Tage lang nach Westen gesegelt sei und »Indien erreicht« habe, wo er auf »sehr viele Eilande mit unzähligen Menschen« gestoßen sei. Kolumbus erhob Anspruch auf eine Reihe von Inseln, denen er Namen gab, und beschrieb die »zahlreichen riesigen Flüsse« sowie die »vielen Sierras und herrlichen Gebirge mit tausenderlei Formen«. Er schrieb von Bäumen, die »den Himmel zu berühren scheinen«, von Nachtigallen und »tausenderlei kleinen Vögeln«. Es gab Land, das sich bestens für Ackerbau, Viehzucht und die Bebauung eignete, sowie unglaubliche natürliche Häfen. Eine der Inseln war »größer als England und Schottland zusammen«. Seinen Monarchen verhieß Kolumbus Gold und Gewürze, Baumwolle und Kautschuk, Aloe und Sklaven. Die staunenden Bauern von Gangelt erfuhren auch, dass »alle Inseln Indiens« von Kreaturen, »die Menschenfleisch essen«, in Kanus kontrolliert wurden. Entgegen allen Erwartungen hatte Kolumbus »bisher noch keine menschlichen Monstrositäten entdeckt«; allerdings hatte er von Menschen gehört, die mit einem Schwanz geboren wurden. »Auf all diesen Inseln«, resümierte er, »scheinen die Frauen mehr zu arbeiten als die Männer.«[8]

Im Jahre 1505 erschien ein noch erstaunlicherer Reisebericht in deutscher Sprache. Ein Seefahrer aus Florenz berichtete von »einer neuen Welt, ... einem Kontinent, der dichter besiedelt und reicher an Tieren ist als unser Europa oder Asien oder Afrika«. Amerigo Vespucci war 1499 in Lissabon in See gestochen, »um neue Regionen im Süden zu erforschen«; seine Reise führte ihn über den Äquator in die nordöstlichen Küstengebiete Südamerikas, in der »beide Geschlechter nackt umhergehen« und die Frauen, »die sehr wollüstig sind, die Schamteile ihrer Männer auf eine solch riesige Größe anschwellen lassen, dass sie schrecklich entstellt und widerlich erscheinen«. Dieses bemerkenswerte Kunststück wurde laut Vespucci »durch die Bisse bestimmter giftiger Tiere« vollbracht. Anscheinend widerstanden die Frauen auch nicht »der Gelegenheit, mit Christen zu kopulieren«. Alles, was Kolumbus vollbracht hatte, wurde von Vespucci noch überboten. Hatte Kolumbus von Kannibalen lediglich *gehört*, so war Vespucci tatsächlich einem Mann *begegnet*, der angeblich dreihundert Menschenleiber verzehrt hatte. Vespuccis »unbekannte Welt« war nicht nur üppig, sondern »reich an Perlen« und mit Gold in »großer Fülle« und einem »sehr gemäßigten und günstigen Klima« gesegnet. Sein Kontinent war so phantastisch, dass Vespucci zu behaupten wagte, »wenn das irdische Paradies in irgendeinem Teil dieser Erde liegt, dann ist es nicht weit von hier«.[9]

Neben den unglaublichen Briefen von Seeleuten verbreiteten die Hausierer in Gerhards ersten Lebensjahren auch *Das Narrenschiff*, das erste Buch eines deutschen Autors, das in ganz Europa gelesen wurde. *Das Narrenschiff* war 1494, zwei Jahre nach Kolumbus' Seereise gen Westen, erschienen; es war eine allegorische Fabel über ein Schiff, das zum Narrenparadies »Narragonia« segelte. Verfasst worden war es vom Herausgeber des Kolumbus-Briefes, dem satirischen Dichter Sebastian Brant, und es enthielt den ersten literarischen Verweis auf die Entdeckungen jenseits des »Westlichen Ozeans«.

Brant verstand sein Schiff als ein moralisches Vehikel, um anhand von einhundert Musternarren die Übel der Zeit zu veranschaulichen. Neben unsittlichen Mönchen und Trunkenbolden begegnete man in den holprigen, leicht verständlichen Versen Verbrechern und korrupten Richtern, räuberischen Rittern und rüden Köchen. Jedem Kapitel war ein dreizeiliges Motto und ein Holzschnitt vorangestellt; einige dieser Darstellungen stammten von Brants Freund Albrecht Dürer.

Von Jahr zu Jahr wurde das Leben auf der fruchtbaren Hochebene um Gangelt schwieriger. Im Frühjahr 1515 stand das Wasser so hoch, dass alle Verbindungen im Rheinland abgeschnitten waren. Zum Jahresende setzte in Nordeuropa ein so strenger Winter ein, dass in England sogar die Themse zufror. Der nächste Winter war beinahe genauso hart, und der darauf folgende Sommer war heiß und nass und verdarb die Ernte. Die Gesetzlosigkeit folgte auf dem Fuß.

Im Herbst 1517 wurde der Roggen unbezahlbar, und auch die Preise für Gerste, Weizen und Hafer stiegen. Die Ernten fielen schlecht aus, und die Lebensmittel wurden noch teurer als im Jahre 1511, als die Kremers aus Gangelt weggegangen waren.

Am Tag vor Allerheiligen im Jahre 1517 geschah dann das Unvorstellbare – die Christenwelt erhob sich gegen den Papst. Die Bewegung ging von Wittenberg aus, wo ein Mönch namens Martin Luther eine in Latein und Deutsch verfasste Liste mit 95 Thesen gegen die Ablasspraxis verbreitete. Satirische Holzschnitte erschienen, in denen die Kirche verhöhnt wurde, weil sie marktschreierisch Ablass verkaufte, um Gelder für den Bau des Petersdoms in Rom zu beschaffen. Bald hörte man von ersten Aufständen im Süden. Die Ausschreitungen wurden häufig von Handwerkern – Schmieden, Schustern und Schneidern – angeführt, die das Landvolk mobilisierten. Der Geist der Revolution lag in der Luft. Unter den Zug von Reisenden, die täglich durch Gangelt kamen, mischten sich nun auch laisierte Geistliche, besitzlose Bauern auf der Suche nach Arbeit, dürftig gebildete Handwerker, Studenten und Landsknechte.

Das Jahr 1517 war schon arg genug gewesen, doch es sollte noch schlimmer kommen. Wie schlimm, das geht aus einem Brief hervor, den Erasmus von Rotterdam im März 1518 aus Löwen schrieb: »Ich gehe nach Venedig oder Basel, beide Reisen sind lang und gefährlich, zumal die Reise durch Deutschland, das abgesehen von der alten Räubergefahr auch noch pestverseucht ist...« Eine Woche später klagte Erasmus, Deutschland befinde sich in einem schlimmeren Zustand als die Hölle selbst, denn man gelange weder hinein noch hinaus.[10] Die Lage in Deutschland spitzte sich mit jeder Woche weiter zu.

In dieser Situation gab es für die Kremers nur eine Richtung. Nach Osten erstreckten sich die verfinsterten Gegenden Deutschlands. Im Westen dagegen lagen die Gebiete der Burgunder: Flandern, Rupelmonde und ein auf Huberts Namen gepachteter Hof. Der flämische Diplomat Philippe de Commynes, der weit in Europa herumgekommen war und die Stadtrepubliken in Norditalien kennen gelernt hatte, urteilte über das Hoheitsgebiet der Burgunder, »dass man diesen Landstrich mehr als jedes andere Fürstentum der Welt als Land der Verheißung bezeichnen könnte«.[11]

In dieses Land der Verheißung brachen die Kremers auf.

2

Im Land der Verheißung

Mit ihren vielen Kindern und ihren wenigen Habseligkeiten brachen die Kremers aus dem unsicher gewordenen Heimatstädtchen in die weite Ebene auf.[1] Die Straße war um einiges belebter als sechs Jahre zuvor, als Hubert und Emerentia denselben Weg genommen hatten. Nun schien jeder einen Grund zu haben, unterwegs zu sein. Es gab mehr besitzlose Bauern, die vor der Armut in die Städte flüchteten, mehr Pilger, mehr entrechtete Ritter, mehr Kaufleute und mehr Wagenkolonnen auf dem Weg in die florierenden Metropolen an den nördlichen Gestaden. Einige dürften nach Mecheln unterwegs gewesen sein, einige nach Brüssel oder Hondschoote, das führend in der Massenfertigung von Serge war.[2] Die meisten aber zog es nach Antwerpen.

Nachdem die Kremers bei Stocken die Maas überquert hatten, stiegen sie wieder zu der öden Heide des Kempenlands hinauf. Die Nächte verbrachten sie in Herbergen am Wegesrand, wo sie mit anderen, nur allzu oft rüpelhaften und betrunkenen Reisenden in stickige Räume gepfercht wurden. Sie ernährten sich wohl von getrocknetem Stockfisch, Brot und warmem Bier – so jedenfalls verköstigte sich der bereits erwähnte Erasmus auf seiner zeitgleich unternommenen Reise.[3] In Uilenberg musste die Familie einige kaum entbehrliche Pfennige lockermachen, um den brabantischen Wegezoll zu bezahlen, und folgte dann den ausgefahrenen Straßen Richtung Schelde.

Ringsumher war Wasser – in Flüssen und Bächen, in Torfstichen und Mühlteichen, auf Poldern und in Pfützen. Das Land wirkte wie ein riesiger zersprungener Spiegel, in dem sich das Licht der Sonne in unzähligen Winkeln brach. Der Mensch schrumpfte unter dem Gewicht des Himmels. Am schmalen Horizont drehten ungehinderte Brisen emsige Windmühlen und blähten die Segel träger Schiffe, die durch das Grasland auf kleinere Häfen im Binnenland zusteuerten. Einer dieser Häfen war Rupelmonde.

*

Hier herrschten der Friede und der Wohlstand, den de Commynes verheißen hatte. Über der weiten Flussebene erhob sich das riesige Schloss von Rupelmonde mit seinen gewaltigen Mauern und siebzehn spitzen Türmen. Neben seinen militärischen Zwecken hatte das Schloss Generationen von flämischen Grafen auch als Gefängnis gedient, in das sie jene einsperrten, die dem Wohle Flanderns schadeten. Rupelmonde lag an der Stelle, an der die Rupel in die Schelde mündete (der Ortsname hieß so viel wie »Rupelmündung«), und galt bereits zur Zeit der Römer als strategischer Stützpunkt. Schon vor hundert Jahren war es ein blühender Ort mit neunhundert Wohnungen, eigenen Märkten und Stadtmauern gewesen. Aber in einer der Schlachten, die um das Jahr 1450 einem Aufstand Gents folgten, war die Stadt verwüstet worden. Neben der riesigen ramponierten Festung wirkte das wieder aufgebaute Städtchen unverhältnismäßig klein.

Unweit des Schlosses stand eine neue Mühle von einer Größe und Bauart, wie man sie im ländlichen Jülich nicht gekannt hatte. Die Mühle war im Auftrag des Grafen von Flandern erbaut und ungefähr ein Jahr vor der Ankunft der Kremers fertig gestellt worden; sie bestand aus Ziegeln und Doorniker Stein und wurde von den Gezeiten angetrieben. Die basaltenen Mühlsteine stammten von weit her, aus den Höhen der Eifel.[4]

Hinter dem Schloss führte ein breiter, ausgefahrener Weg an riedgedeckten Häuschen vorbei zum Markplatz und zur Kirche,

Rupelmonde, Ansicht nach Südosten; aus Sanderus, *Flandria illustrata*, 1641–44.

in der sich die Tausendseelengemeinde zum Gebet versammelte.[5] Ein kurzes Stück weiter lag der Hof, den Hubert seit Weihnachten 1511 gepachtet hatte.

Doch auch Rupelmonde und die Grafschaft Flandern hatten eine Reihe magerer Jahre hinter sich, die von Unwettern, Deichbrüchen und Überschwemmungen gezeichnet waren. Die Sterblichkeitsrate war jäh angestiegen.[6] Erst 1518 war das Schlimmste überstanden.

Hubert tilgte die Schulden, die auf seinem Pachtland lasteten; die Raten für drei Jahre zahlte er sofort ab, den Rest beabsichtigte er im darauf folgenden Jahr zu begleichen. Der Optimismus war nicht ganz unberechtigt, denn Hubert hatte seine Scholle und seine Schuhe.

Das Leben der flämischen Flussanrainer war etwas ganz anderes als das bäuerliche Dasein im küstenfernen Jülich. Am Fluss hörte man die Rufe der Bootsleute und das Knarren der Spanten, das Klopfen der Spieren, das Klappern der Mühlen und das Kreischen der Wasservögel. Die Männer von Rupelmonde waren Bauern oder gingen auf Fischfang, holten Aale aus dem Morast, arbeiteten in den Verladehäfen entlang der Schelde, standen in den Diensten des Schultheiß oder hielten die Deiche instand. Einige waren auch in den örtlichen Ziegeleien tätig, andere reparierten die großen flachen Kähne, die in Rupelmonde auf Holzplanken an das schlammige Ufer gezogen wurden.

Über die Schelde glitt eine endlose Flotte von Schiffen – kleine Boote, die gerudert oder gestakt wurden, größere Barkassen, die sich mit der Strömung fortbewegten, sowie Schiffe mit Masten, Segeln und Kanonen. Hier, wo sich die Rupel mit der Schelde vereinigte, stieß der Schiffsverkehr von Leie und Dender, von Zenne und Dijle, von Demer und Nete aufeinander. Die Schelde war die Hauptverkehrsader, die Antwerpen mit den Binnenhäfen Gent und Aalst, Brüssel und Mecheln verband. Der kleine Gerhard muss staunend zugesehen haben, wie die Schiffe, beladen mit Weizen aus der Picardie, Torf, der in Antwerpen verheizt wurde, und Baustein aus Brabant vorbeizogen. Über Demer und Rupel kam Brennholz aus den Wäldern der Ardennen; von Mons und Quesnay kamen Seide und Satin. Von Antwerpen stromaufwärts beförderte man Salz und Hering, Seife, Kreide und Schmalz. Luxusgüter aus ferneren Ländern, wie Wein, Feigen und Korinthen, waren unterwegs nach Dendermonde, von wo aus sie per Wagen in den Hennegau weitertransportiert wurden. Stromaufwärts, weit hinter Rupelmonde, drangen flache Boote tief ins Landesinnere vor und schafften Butter und Käse an Orte wie Béthune und Cambrai, wo die Flüsse kaum breiter waren als der Bootsrumpf. Von Béthune brachte man Pflastersteine zurück. In Rupelmonde machten viele Boote fest, darunter auch Bierkähne, Fähren und so genannte *Marktschepen*. Zwischen den Barken lagen auch größere Gefährte, seetüchtige Koggen mit Mannschaften, die aus aller Herren Ländern stammten und die sich in fremden Sprachen verständigten. Sie brachten immer wieder neue Geschichten von den unglaublichen Entdeckungsreisen nach Übersee in die kleine Hafenstadt.

So erzählte man sich an der Schelde nicht nur die Abenteuer von Kolumbus und Vespucci, sondern auch von Giovanni Caboto und seinen Söhnen, die im Auftrag des englischen Königs Henry VII. zweimal, 1497 und 1498, gen Westen aufgebrochen waren. Während Vespucci die Küsten der »Neuen Welt« – den Begriff hatte der italienische Chronist Peter Martyr d'Anghiera geprägt[7] – nach Süden hin erschlossen hatte, waren die Cabotos nach Norden gesegelt und hatten die nordamerikanische Ostküste erkundet. Ihre Entdeckungen waren so bedeutsam, dass Cabotos zweiter Sohn, Sebastiano, von Ferdinand V. von Spanien zum Kartographen bestellt worden war. Von Vasco da Gama ging gar das Gerücht, er habe auf seiner Entdeckungsreise von 1497 bis 1499 die Südspitze Afrikas umsegelt und sei in das geheimnisvolle Indien gelangt – eine Entdeckung mit weit reichenden Folgen, denn Gama eröffnete eine Seeroute zwischen Portugal und den Handelsmetropolen Indiens, mit deren Hilfe die Handelsimperien der Genueser und Venezianer sowie die Monopole der Levante umgangen werden konnten. Noch abenteuerlicher mutete an, was man von Nuñez de Balboa hörte, der den Isthmus von Panama überquert haben sollte und zur »Südlichen See« (dem Pazifischen Ozean) vorgedrungen sei. Dabei habe er gegen Schlangen, Giftpfeile und einen Stamm von Amazonen kämpfen müssen, von denen vierzig von spanischen Kampfhunden »in Stücke gerissen« worden seien; bei einer anderen Begegnung mit Eingeborenen hätten Balboas Leute sechshundert Menschen abgeschlachtet, »wie Metzger, die Rind- und Hammelfleisch zerlegen«.[8] 1519 kam schließlich die brandneue Nachricht, dass Hernán Cortés in das aztekische Mexiko eingedrungen war und seine Konquistadoren wie römische Legionäre wüten ließ. Es war eine bewegte Zeit, die die Phantasie des jungen Gerhard beflügeln musste und ihn schon früh mit der Geographie in Verbindung brachte.

*

Unterdessen erfuhr der Junge durch seinen Onkel Gisbert die entsprechende geistige Unterweisung. Dieser hatte seinen Geburtsort Gangelt lange vor seinem Bruder Hubert verlassen, hatte an der Universität von Löwen studiert und sich den Priesterposten am Hospiz von Rupelmonde gesichert.[9] Solche Hospize hatten einst Unterkünfte für bedürftige Reisende bereitgestellt, doch im Laufe der Jahre hatten sie sich immer mehr den Kranken, Alten und Armen ihrer eigenen Gemeinden gewidmet. Die meisten verfügten über eine Kapelle oder einen Altar, wo der Priester die Messe zelebrierte. Gisbert besaß großen Einfluss im Ort, weil er über die karitativen Mittel zu bestimmen hatte. Zu den milden Gaben zählten neben Grundnahrungsmitteln auch Schuhe, was für Gerhards Vater nicht unerheblich war. Als Geistlicher genoss Gisbert ferner eine Steuerermäßigung von fünfzig Prozent – eine Ersparnis, die bald von großer Bedeutung sein sollte.

Der Oheim Gerhards war sehr wahrscheinlich ein Anhänger Gerhard Grootes, eines charismatischen Mystikers des 14. Jahrhunderts, aus dessen Lehren ein religiöser Orden namens »Bruderschaft vom gemeinsamen Leben« hervorgegangen war. Groote und seine zwölf Schüler hatten sich ganz dazu verschrieben, das Leben Christi nachzuahmen, zu predigen, zu lehren und die Gemeinden wie die Geistlichkeit zum wahren Glauben zurückzuführen. Ihre Bewegung, *Devotio moderna*, verbreitete sich rasch über weite Landstriche. Weil die Bruderschaften dem Ritus wenig Bedeutung beimaßen und keine Gelübde ablegten, konnte die Kirche sie in Fragen der klerikalen Organisation und Glaubenslehre nicht angreifen. Für Kleriker, die es gewohnt waren, Ämter zu kaufen und mit kirchlichen Privilegien zu schachern, bildeten die Ideale der *Devotio moderna* indes eine ernste Bedrohung. Die besinnliche Spiritualität der Bruderschaft hatte Thomas a Kempis in der Schrift *De imitatione Christi* (Nachfolge Christi) zusammengefasst. Entlang der Schelde war das Buch des im Kempenland nördlich von Gangelt geborenen Schriftstellers das verbreitetste nach der Bibel.

Es kann kein Zweifel bestehen, dass Onkel Gisbert seinen Neffen nach den Lehren der *Devotio moderna* unterrichtete. Schon der Name Gerhard, nach Thomas a Kempis »Gerardus«, was für *gerens ardorem* (Inbrunst der Liebe zu Gott und seinen Mitmenschen) stehe, weist auf die Bewegung hin, denn der Name nahm für die Anhänger der *Devotio moderna* eine besondere Bedeutung an.

*

Wahrscheinlich kam Huberts jüngster Sohn schon kurz nach der Übersiedelung an die Schelde in die Schule.[10] Anders als im ländlichen Gangelt, wo die Grundschullehrer ihre Lehrtätigkeit vielleicht noch mit den Rhythmen der Ernte abstimmen mussten, unterrichteten hier Beamte oder der Priester der Gemeinde.

In einem großen Raum mit einer Empore, möbliert mit Tischen und Bänken, saß Gerhard nun in einem Kreis von Schülern, deren Muttersprache Flämisch war und die allen gesellschaftlichen Schichten entstammten.[11] Der Junge nahm zwar relativ schnell die neue Sprache an, doch seine deutsche Herkunft dürfte anfangs eine gewisse Isolation bedingt haben.[12] Als Neuankömmling aus einem fremden Sprachraum verstärkte sich in der Schule sein Hang, sich nach innen zu kehren.

Am Beginn des Lernens stand die gemeinsame europäische Sprache, Latein, die *lingua franca* von Kirche, Wissenschaft, Justiz und Diplomatie. Als Erstes musste Gerhard Sammlungen von Sprichwörtern lernen, die dem doppelten Zweck dienten, Latein zu lehren und eine gesunde Moral zu vermitteln. Vielleicht war man an der Schule in Rupelmonde so fortschrittlich, dass man die Sprichwörtersammlung *Adagia* des Erasmus von Rotterdam verwendete; höchstwahrscheinlich musste sich Gerhard jedoch mit den *Dicta Catonis* auseinander setzen, einer Sammlung christlicher Moralsätze, die ganzen Generationen von Schuljungen eingebläut wurden. In über einhundert zweizeiligen *disticha* formulierte Cato Weisheiten zu allen möglichen Themen. Unter ihnen fanden sich viele *sententiae*, Einzeiler, deren unerbittliche Wiederholung Anregung und Unterweisung vermitteln und den

Wankelmütigen an den rechten Weg gemahnen sollte: »Große Krisen befördern große Taten.« »Wenn es zum Besten nicht reicht, eifere nach dem Guten.« »Bildung ist eine süße Frucht von bitt'rer Wurzel.«[13]

Gerhard lernte auch die holländischen und lateinischen Fassungen des Vaterunser, des Glaubensbekenntnisses, der Zehn Gebote, der Psalmen und des Katechismus. Die Bibel selbst dürfte hoch oben im Bücherbord verwahrt worden sein; zu sehr war sie der falschen Auslegung durch jene preisgegeben, die nicht zwischen dem Wörtlichen und dem Allegorischen zu unterscheiden wussten. Katechismen in Form von Fragen und Antworten waren unverfänglicher.

Neben der lateinischen Sprache wurde Gerhard natürlich auch in den Rechenkünsten, wie sie vom Kaufmann verlangt wurden, und im Schreiben und Lesen unterwiesen. Bereits mit sieben Jahren konnte er Lateinisch sprechen und lesen.

In den folgenden Jahren widmete er sich dem Trivium – der lateinischen Grammatik, Logik und Rhetorik – als Grundgerüst für den gesprochenen und geschriebenen Diskurs. Nur wer das Trivium beherrschte, konnte an der Universität studieren. Die beiden ältesten Brüder Gerhards sollten dem geistlichen Weg Onkel Gisberts folgen, und auch für Gerhard schien man diesen Werdegang vorbestimmt zu haben. Zunächst aber musste er einige harte Jahre überstehen.

*

Gerhard war noch in der Grundschule, als das Volk von Flandern erfuhr, dass sein Land in ein Reich von unvorstellbarer Größe eingegangen war. Im Jahre 1519 wurde nämlich ein Neunzehnjähriger aus Gent zum deutschen Kaiser gekrönt. Der breitkinnige Karl V. war der älteste Sohn Philipps des Schönen, des Herzogs von Burgund, und Johannas der Wahnsinnigen, der Königin von Kastilien. Karl regierte ein unvorstellbar großes Reich, wie seine Titel beweisen:

König der Römer; Kaiser von Gottes Gnaden; semper Augustus; König von Spanien, Sizilien, Jerusalem, der Balearen, der Kanaren, von Westindien und dem Festland jenseits des Atlantiks; Erzherzog von Österreich; Herzog von Burgund, Brabant, Steiermark, Kärnten, Luxemburg, Limburg, Athen und Patras; Herzog von Habsburg, Flandern und Tirol; Pfalzgraf von Burgund, Hennegau, Pfirt und Roussillon; Landgraf von Elsass; Graf von Schwaben; Herrscher über Asien und Afrika.[14]

Der junge Monarch übte die Direktherrschaft über die Stammgebiete seiner Dynastie aus – die Niederlande, Burgund, Neapel, Spanien und die spanischen Entdeckungen in der Neuen Welt. In Deutschland hing sein Einfluss als Kaiser davon ab, wie weit er die Fürsten und Städte davon überzeugen konnte, dass sie dieselben Interessen verfolgten. Karl war der mächtigste Mann in Europa. »Gott«, prahlte sein Großkanzler Gattinara, »führt Euch auf den Weg zur Weltmonarchie.«[15]

In jenem Jahr brach in Sevilla im Auftrag Karls V. eine Expedition auf, die das Ziel verfolgte, eine westliche Route zu den Gewürzinseln zu finden. Sollte es Ferdinand Magellan gelingen, die Molukken zu erreichen, so wäre er – der Theorie nach – in der Lage, auf der Handelsroute der Portugiesen um das Kap der Guten Hoffnung nach Spanien zurückzukehren. Er hätte den Globus umrundet – für den Beherrscher eines Weltreiches ein Triumph von unermesslicher Symbolik.

Doch während der Aufstieg Karls V. und der Habsburger scheinbar unaufhaltsam war, brachen für die kleinen Leute schlechte Zeiten an. War die allseits befürchtete große Flut – ein Mathematiker in Tübingen hatte mit dem Februar 1524 sogar ein genaues Datum genannt[16] – noch eine Ausgeburt des Aberglaubens, so war die auf einen regenreichen Sommer folgende Hungersnot von 1520 bittere Realität. Ende 1520 protestierten Hausfrauen in Mecheln und Löwen öffentlich gegen die Getreidepreise. Kaiserliche Truppen wurden auf den Straßen postiert, um die Ordnung wiederherzustellen.

An Gerhards neuntem Geburtstag herrschte große Not. Im Januar und Februar 1521 hatten heftige Schneefälle Flandern unter sich begraben. Der Preis für Brennholz erreichte den höchsten Stand seit Beginn der Aufzeichnungen über ein Jahrhundert zuvor. Den Schneefällen zu Beginn des Jahres 1521 folgten ein trockener Sommer und eine schlechte Ernte, was den Getreidepreis in neue Höhen trieb. Die Lebensmittel wurden immer knapper. In Mecheln, Löwen und Vilvoorde plünderten Not leidende Frauen die Kornkammern von Klöstern, Großbürgern und Kaufleuten. In Antwerpen kam es zu Unruhen, als den Bauern das Getreide geraubt wurde, das sie auf den Markt gebracht hatten. Im folgenden Winter fiel wieder viel Schnee, und so grassierte auch 1522 der Hunger.

Noch verstärkt wurde die Not durch eine ungeheure Steuerlast, die die Habsburger dem Volk aufzwangen, um den Krieg zu finanzieren, der 1521 zwischen ihnen und der französischen Krone ausgebrochen war. 1522 waren die Steuern fast dreimal so hoch wie um das Jahr 1470. Der Krieg lähmte den Handel. Zwei Jahre lang, bis Ende 1523, lief in Antwerpen kein einziges Schiff aus Portugal, Spanien oder Italien ein. Die Schifffahrt auf der Schelde ging rapide zurück. Dasselbe galt für die Einnahmen durch den Hafenzoll in Rupelmonde.

Die Krise traf die flandrischen Handwerker schwer. Sie spürten einen deutlichen Rückgang der Nachfrage nach Gobelins, Leinen, Möbeln und – wie Hubert Kremer – nach Schuhen. In Mecheln am Oberlauf der Rupel traten die Weber und Walker in den Streik. Es folgten Proteste in Antwerpen, Löwen und Brüssel. Im Juni 1525 wandten sich die Weber und Schnürsenkelmacher von 's-Hertogenbosch an den Magistrat der Stadt. Die hoffnungslos verarmten Handwerker, die meist nicht lesen und schreiben konnten und nur wenig oder gar kein Land besaßen, standen kurz vor der Revolte.

In Antwerpen trugen die Handelsverbindungen mit Deutschland und die Wellen von Einwanderern aus dem Osten dazu bei, dass die Lehren Luthers verbreitet wurden, der im Herbst 1520 die päpstliche Bulle seiner Exkommunikation verbrannte und eine Reformation der Kirche forderte. Augustiner, die sich ein paar Jahre zuvor in Antwerpen niedergelassen hatten, fingen an, lutherische Schriften zu verbreiten. In dem vergeblichen Bemühen, die Flammen zu löschen, wurden mit dem Wormser Edikt vom Mai 1521 alle *»famosos et pestilentes libros«* [17] verboten; in der Folgezeit wurden alle Bücher sowie Bilder und Zeichnungen, die sich gegen den orthodoxen Glauben richteten, verboten und öffentlich verbrannt. In Antwerpen warf man nicht weniger als vierhundert lutherische Bücher und in Brügge ein Bild Luthers in die Flammen. Bis 1522 brachten Drucker aus Antwerpen indes dreiundzwanzig anonyme Ausgaben von Luthers Werken in lateinischer und deutscher Sprache heraus. Die Bücherverbote nützten nicht viel. Doch es kam noch schlimmer: Das Kloster der Augustiner in Antwerpen wurde zerstört, zwei Mönche hingerichtet, und der Prior Jacob Proost konnte nur mit knapper Not entkommen. Erasmus von Rotterdam stellte nüchtern fest: »Überall in Flandern herrschen Krieg und Aufruhr.« [18]

Mit seiner Prophezeiung einer Sintflut lag der erwähnte Tübinger Mathematiker daneben, auch mit dem angegebenen Datum, doch mit der Ankündigung großen Unheils sollte er Recht behalten, denn 1525 brach in Deutschland der Bauernkrieg aus. Auch an der Schelde hörte man bald von den Plünderungen und Brandschatzungen in Schlössern und Klöstern. Gangelt blieb verschont, doch im April wütete in Köln zwei Wochen lang das Feuer. Im Sommer 1525 waren in Antwerpen Abdrucke der »Zwölf Artikel« in Umlauf, in denen die Forderungen der oberschwäbischen Bauern aufgezählt waren. Von den Artikeln waren bereits fünfundzwanzig Auflagen gedruckt und 25 000 Exemplare im Heiligen Römischen Reich verbreitet worden. Bis zum Ende des Jahres waren 300 000 Bauern niedergemetzelt worden.

Es muss Zeiten gegeben haben, in denen sich die Kremers fragten, ob ihre Gebete überhaupt gehört wurden, denn die Misere, die sie aus Jülich vertrieben hatte, hatte sie in Flandern wieder eingeholt. Jahre der Armut, der Wanderschaft und der Schinderei forderten ihren Preis. 1526 oder 1527, nach zehnjährigem Bemühen, sich in Rupelmonde durchzuschlagen, starb Gerhards Vater Hubert Kremer. Er kann nicht älter als fünfundvierzig gewesen sein.

Der gerade erst halbwüchsige Junge wurde über Nacht aus seiner Kindheit gerissen. Er stand vor dem größten Unglück, das einem Kind jener Zeit widerfahren konnte, denn einen Jungen von Gerhards Alter und Herkunft führte der Verlust des Vaters damals fast zwangsläufig ins Armenhaus. Doch Gerhard hatte Glück, denn er kannte den Mann an der Pforte des Armenhauses. Gisbert, der freundliche Oheim, wurde Gerhards Vormund.

*

Zur selben Zeit, als Hubert Kremer starb, erschien in Antwerpen die erste gedruckte Bibel mit einer Landkarte. Auf den ersten Seiten, vor dem Buch Genesis, blickte man gleichsam wie vom Himmel auf das Heilige Land. Solch einen Holzschnitt hatte an der Schelde noch kaum jemand gesehen. Das Alte Testament war wie durch ein Wunder in ein einziges Bild übersetzt worden, in dem die verschiedenen Orte so eingezeichnet waren, dass der Betrachter erkennen konnte, wie sie sich aufeinander bezogen. Der Leser sah, dass Sidon weit von Gasa und dass Tiberias nahe bei Jericho lag. Berge erhoben sich wie gewaltige Wellen, die über Damaskus hereinbrachen und sich jenseits des Landes Juda in einen wilden Strudel stürzten. Der Nil schoss wie ein Sturzbach in »Das gros Meer«.

Je näher man hinsah, desto mehr konnte man erkennen: Durch das Land zogen sich Linien; einige waren Flüsse, andere die Grenzen zwischen den zwölf Stämmen. Kanaan war voller Städte, doch Teile der Landkarte waren so leer, dass es sich nur um Wildnis und Wüste handeln konnte. Vor allem eine Besonderheit fiel ins Auge: Wie eine Straße schlängelte sich eine Linie über beide Seiten der Karte, von den geteilten Wogen des Roten Meers bis an den Jordan. Dies war der Weg, auf dem Moses das Volk der Juden aus Ägypten geführt hatte. Auch der Text der neuen Bibel war eine Novität, denn er stammte zum großen Teil aus der Feder Martin Luthers.

Der Verfasser dieses Wunderwerks einer Karte war der sächsische Künstler Lucas Cranach, der Pate von Luthers ältestem Sohn. Seine Karte ließ der Zürcher Verleger Christoph Froschauer verkleinern, neu zeichnen und in das lutherische Werk einbinden, das 1525 nach Antwerpen kam. Binnen weniger Monate brachte der Buchdrucker Jacob van Liesvelt eine holländische Ausgabe heraus, der ebenfalls die verkleinerte Karte Cranachs vorangestellt war; hier hieß »Das Gros Meer« nun »Die Groote Zee«.

Für Menschen wie Gisbert Kremer bestätigte das Bild in der lutherischen Bibel nicht nur, dass das Heilige Land tatsächlich existierte, sondern stellte auch einen Bezug zu den Feldern und Poldern außerhalb des eigenen Dorfes her. Ähnelten nicht die Strömungen, welche die Schelde kräuselten, denen des Nils? Glichen nicht die Schiffe auf Liesvelts »Grooter Zee« denen vor Rupelmonde? Galiläa lag so friedlich da wie die Binnengewässer in den Niederlanden. Für eine ausländische Familie, die an die Schelde gezogen war, hatte indes nichts auf der gesamten Abbildung eine so allumfassende Bedeutung wie die lange, gewundene Straße, die durch die Wildnis von Ägypten nach Kanaan führte.

3

An den Grenzfluss

Gisbert war redlich bemüht, dem Sohn seines Bruders die bestmögliche Ausbildung zu geben, und so beschloss er, Gerhard zu den Brüdern des Ordens vom gemeinsamen Leben nach 's-Hertogenbosch zu schicken. Erasmus von Rotterdam war dort unterrichtet worden, und zu den Brüdern gehörte auch ein aufstrebender humanistischer Dramatiker (und Freund des Erasmus), Georgius Macropedius. Mit den Söhnen anderer Bedürftiger, die im *domus pauperum* der Bruderschaft Aufnahme fanden, sollte Gerhard die moralischen Prinzipien der *Devotio moderna* in sich aufnehmen. Für die lateinische Sprache hätte er keinen besseren Lehrer finden können als einen Humanisten wie Macropedius.[1] In 's-Hertogenbosch gab es auch eine hervorragende städtische Schule, deren Lehrer zusammen mit den Brüdern den Jungen auf das Universitätsstudium vorbereiten konnten. Dass der Sohn eines zugewanderten Schusters, der von einem nicht besonders wohlhabenden Onkel gefördert wurde, solch eine Gelegenheit nutzen konnte, zeugte von dem egalitären Geist des wohl fortschrittlichsten Bildungssystems Europas. 's-Hertogenbosch, eine der vier größten Städte in Brabant, lag mindestens vier Tagesmärsche nordöstlich von Rupelmonde.[2]

Als Emerentia ihren Jüngsten gehen sah, fragte sie sich wohl, ob sie ihn je wieder sehen würde. Gerhard, nun ungefähr fünfzehn, trat seine dritte große Reise an – diesmal ohne die Familie.

Die Straße nach Nordosten führte den Jungen zunächst wieder

durch das Heidegebiet des Kempenlands. Noch nie in seinem Leben hatte er solch elende Gestalten gesehen wie auf dieser Reise.[3] In ganz Brabant waren Bauern unterwegs; sie zogen vom Land in die Stadt und von einer Stadt in die andere. In Turnhout und Tilburg, den beiden größeren Städten auf seiner Route, herrschten schreckliche Verhältnisse.[4] Turnhout hatte hauptsächlich vom Viehhandel gelebt, doch der war durch die Kriege nördlich der Maas und die blockierten Handelsverbindungen zusammengebrochen. Viele der verarmten Einwohner brachen zu den Armenhäusern von 's-Hertogenbosch auf.

Hinter Tilburg führte die Straße durch sandiges Hügelland, das einst von einem herrlichen Wald beschattet wurde, in dem die Herzöge von Brabant jagten. Dort wo der Sand endete, lief die Hälfte aller Flüsse des nördlichen Brabant zusammen und verlor sich in einem Sumpf.

Jenseits des Sumpflandes schlängelten sich die verzweigten Unterläufe von Rhein und Maas dahin. Diese beiden Flüsse bildeten noch immer die gefährlichste Binnengrenze in den Niederlanden. Denn jenseits der Maas lag Geldern, der Unterschlupf Herzog Karels. Dieser war ein erbitterter Gegner der habsburgischen Hegemonie Kaiser Karls und beschloss 1527, just in dem Jahr, in dem Gerhard von zu Hause wegging, in Utrecht einzufallen. Die unberechenbaren und gewalttätigen Gelderländer bildeten eine ständige Gefahr für die Region; sie behinderten den Handel und überschritten immer wieder die Maas, um Brabant zu verwüsten.

Gerhard Kremer kam also an eine brisante Grenze. Rhein und Maas teilten die Niederlande so spürbar, wie die Alpen die deutschen Lande von Italien trennten. Als kulturelle Grenze war die Maas seit mindestens eineinhalb Jahrhunderten gleichsam ein feststehender kartographischer Ausdruck – seit nämlich auf den Immatrikulationsscheinen der Pariser Universität La Sorbonne bei den Herkunftsorten der Studenten zwischen »Anglicana« (nördlich der Maas) und »Picardia« (südlich der Maas) unterschieden wurde.[5]

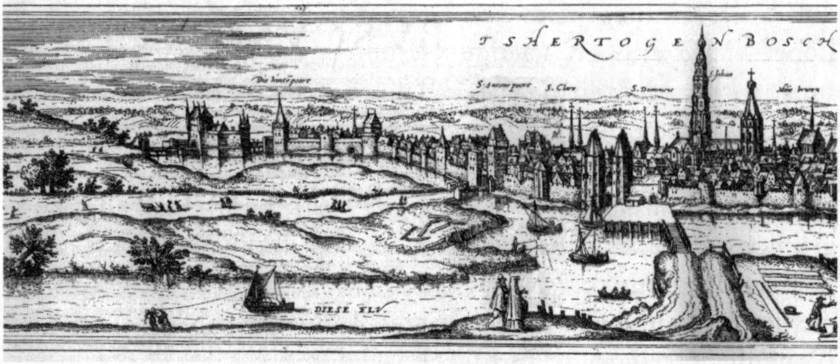

Das wasserumströmte ’s-Hertogenbosch an der nördlichen Grenze von Brabant; aus *Civitates orbis terrarum*, 1572.

Zu Beginn des 16. Jahrhunderts waren die Uferregionen der beiden Flüsse noch so gut wie völlig unbesiedelt. Bei ’s-Hertogenbosch konnte das Sumpfgebiet überquert werden. Der Name ’s-Hertogenbosch verwies auf »des Herzogs Wald«. Von Süden her wirkte der Ort wie eine Insel im weiten Marschland; die Mauern, Dächer und Türme ragten wie Stacheln über den Horizont, der sich glatt und eben zu den Flüssen hinzog. Wasser umfasste die Mauern und zog sich durch Wiesen, auf denen Hornvieh graste und Frauen Leinen ausbreiteten.[6] Segelboote schmiegten sich an den Kai der Dieze, und Männer beförderten auf dem Treidelpfad schwimmende Fracht in Richtung Maas.

Stromaufwärts befanden sich im Damm am Südufer der Maas zwei *overlaten*, Überläufe, durch die Hochwasser in die Marschen abfließen konnte. Wenn Frühjahrsregen und Schmelzwasser Rhein und Maas anschwellen ließen, strömten die Fluten durch die *overlaten* und vermengten sich mit den Wassern von Aa und Dommel, die das nördliche Brabant entwässerten. Im Winter wirkte ’s-Hertogenbosch aus der Ferne wie eine Arche auf einem eigenen Ozean aus fein schimmerndem Glas.

Innerhalb der Stadtmauern lebte die Bevölkerung auf engstem Raum zusammen. Die Einwohnerzahl von ’s-Hertogenbosch hatte sich seit dem Jahre 1400 von 9000 auf 17 000 praktisch verdoppelt. Inzwischen war ’s-Hertogenbosch die größte Stadt im Norden der Niederlande; es war zweimal so groß wie Deventer, größer als Utrecht und Amsterdam, und ließ selbst Rotterdam klein erscheinen. Wenn man durch die Viertel streifte, sah man, wie sich die Besitzer hochwertigen Wohnraums von den Insassen ärmlichster Quartiere unterschieden. Die Grundeigentümer hatten ihre Mieteinnahmen vervielfacht, indem sie ihre Liegenschaften in winzige Parzellen aufgeteilt und selbst in den kleinsten Hof oder Garten noch eine Hütte gezwängt hatten. Die wohlhabenden Bürger hatten sich dagegen auf neue Grundstücke auf der »sauberen« Seite der Stadt zurückgezogen. In ’s-Hertogenbosch blieb das Geld im Westteil der Stadt, in der Gegend der Orthenstraat und des Vismarkt sowie in den südlichen Winkeln um Vughterstraat und Vughterdijk, Weverplaats und Kerkstraat. Vom Armenviertel um die Hinthamerstraat aus gesehen, waren die prächtigen Bauten im windwärts gelegenen (und daher von üblen Gerüchen verschonten) Teil der Stadt eine ganz andere Welt.

Dies war die Szenerie, die Hieronymus Bosch mit seinen grotesken Figuren bevölkert hatte. Der berühmte Maler starb zehn Jahre, bevor Gerhard Kremer nach ’s-Hertogenbosch gekommen war. Unter den zahlreichen ungewöhnlichen Werken, die er hinterließ, befand sich ein Triptychon, das die Geschichte der irdischen Torheit darstellte.[7] Auf die beiden Außentafeln des Triptychons malte Bosch ein düsteres Urgestirn, den Augenblick der Erschaffung der Erde. Auf den drei Innentafeln tummeln sich allerlei Gestalten aus dem Garten Eden, dem irdischen Paradies und der Hölle. Im mittleren Bild schwelgt die Menschheit im Banne einer verzauberten Landschaft mit Seen, Wiesen und Bergen. Dieses falsche Paradies wird von vier Flüssen durchquert, die in der Mitte zu einem zentralen See zusammenfließen; dessen Zentrum bildet ein bizarres Gebäude auf einer bläulich schimmernden Kugel mit einem Loch auf Höhe des Wasserspiegels, das wie ein Abflussloch in die Unterwelt aussieht. Dieses symmetrische Quartett diagonal verlaufender Flüsse und deren »Abfluss« sollten Gerhard, der das Werk zweifellos kannte, in späteren Jahren wieder zu Bewusstsein kommen.

*

Als Gerhard Kremer ’s-Hertogenbosch erreichte, ging er in die Hinthamerstraat, die lange Straße, die sich vom Marktplatz durch das ärmste Viertel zog. Etwa auf halbem Wege zwischen Markt und Stadtmauer bog er in die Schilderstraat. Fast am Ende dieser Straße fand er das *domus pauperum scolarium*, das Armenhaus der Bruderschaft. Hier sollte er für die nächsten dreieinhalb Jahre Herberge finden.

In seinem neuen Heim angekommen, wurde Gerhard von Joris van Langhveldt, besser bekannt unter seinem latinisierten Namen Macropedius, persönlich begrüßt. Macropedius hatte als Spross einer adeligen Familie auf Schloss Langhveldt, einen Tagesmarsch südöstlich von ’s-Hertogenbosch, das Licht der Welt erblickt, war in Löwen von den Brüdern unterrichtet worden, wurde später Priester und Lehrer (vor allem ein bekannter Grammatiker) und stieg zum führenden neulateinischen Dramatiker der Niederlande auf. Inzwischen Anfang vierzig, gehörte er der Bruderschaft vom gemeinsamen Leben seit fünfundzwanzig Jahren an und war der einzige wirkliche Humanist in dieser Vereinigung. Macropedius hatte bereits etwa sechs Dramen verfasst, die auf den lateinischen Komödien von Terenz und Plautus basierten.[8] Diese vulgären und zugleich moralisierenden »neulateinischen Schuldramen« wurden von seinen Schülern aufgeführt, die auch die weiblichen Rollen übernahmen.[9] In einem der derberen Stücke, *Aluta*, wurde das Publikum vor Mundgeruch und Flatulenz gewarnt und musste sich dann heftige Zechereien, Entblößungen und einen komischen Exorzismus ansehen. Macropedius entschuldigte sich für die deftigen Szenen, indem er erklärte, *Aluta* sei ausschließlich für Jungen bestimmt. Bilder von Ausschweifungen seien ein gesundes Erziehungsmittel, solange am Ende Tugend und Wahrheit

Der Dramatiker Georgius Macropedius, Mercators Lehrer in 's-Hertogenbosch (1486–1558); aus Joannes Franciscus Foppens, *Bibliotheca Belgica*, 1739.

obsiegten. Macropedius vertrat den ciceronischen Standpunkt, dass sich Laster und Tugend im Leben selbst spiegelten. Was eignete sich also besser dazu, die Moral zu festigen, als die Bestrafung des Bösen und die Belohnung des Guten zu dramatisieren? Auf diese Weise boten ihm die humanistischen Texte die Möglichkeit, den Jungen die nötigen Instrumente zur Erforschung der Wahrheit zu vermitteln.

Es ist sehr gut möglich, dass Gerhard während seiner Schulzeit in 's-Hertogenbosch sich aktiv an den Aufführungen beteiligte, und vielleicht hat er mit dem Schultheater sogar Geld verdient. Denn nach öffentlichen Aufführungen (beispielsweise in Shrovetide) verteilte Macropedius die Eintrittsgelder an seine ärmeren Schüler. Den Zuschauern versprach der Dramatiker künftig einen höheren, besseren Platz, wenn sie ihrem »Rang und Stand« entsprechend doppelt soviel für die Darbietung zahlten.[10] So wurden die bescheidenen Mittel, die Gisbert für die Ausbildung seines Neffen bereitstellte, möglicherweise durch Gerhards Bühnentalent aufgestockt.

*

Die Knaben im Armenhaus pendelten zwischen dem Konvent der Bruderschaft in der Schilderstraat und der Lateinschule in der Stadtmitte hin und her. Im Haus der Fraterherren war ein Bruder für die Wahrung der Disziplin zuständig, ein anderer für den Unterricht. Es wurde ausschließlich Latein gesprochen; persönliches Eigentum, der Genuss von Alkohol und der Kontakt zu Frauen waren untersagt.

Jeden Morgen marschierten die Jungen vor sechs Uhr in ihren grauen Kutten vom Armenhaus zur Schule. An klaren Tagen wärmte die Sonne ihnen den Rücken, bis sie an der Torenstraat in den kühlen Schatten der Sint Janskerk eintauchten. Hoch oben auf den Strebepfeilern hockten allerlei Figuren – winzige Sackpfeifer, Handwerker und zahlreiche Dämonen aus der Werkstatt des Steinmetzen Allart du Hameel, eines Freundes von Hieronymus Bosch.[11] Die Kirche war bereits zwei Jahrhunderte alt. Die Kapellen und Altäre in ihrem Inneren waren den Schutzheiligen der Zünfte geweiht; der Deckel des Taufbeckens von du Hameel war so mit Figuren überladen und so schwer, dass er nur mit einem gusseisernen Hebel anzuheben war. Außer den Schuljungen und den Leuten aus der Stadt, die jeden Tag auf den Bänken niederknieten, kamen auch Wundersuchende mit Opfergaben in die prachtvolle Liebfrauenkapelle, die bunte Glasfenster und ein Kruzifix von Bosch zierten. Die Schule lag gegenüber der Kirche, im Winkel zwischen Kerkstraat und Peperstraat.

Die »groote school« in ’s-Hertogenbosch war die größte Schule in der Stadt; sie war berühmt für ihr Latein und galt als eine der besten Oberschulen in Europa.[12] Es war weitgehend dem Einfluss von Erasmus’ Schulleiter in Deventer, Alexander Hegius zu verdanken, dass alte Erziehungsrichtlinien mit der »neuen Gelehrsamkeit« des Humanismus verschmolzen. Hegius, der wohl einflussreichste Pädagoge seiner Zeit, hatte es verstanden, die asketischen Ideale der Bruderschaft mit dem humanistischen Streben nach Erkenntnis und Beredsamkeit in Einklang zu bringen. Für Erasmus hatte Hegius die geistige Größe der antiken Klassiker erreicht.

In der Lateinschule befasste sich Gerhard mit dem kompletten Trivium, den drei Disziplinen Grammatik, Rhetorik und Logik, die das Fundament für sein Universitätsstudium bilden sollten.[13] Die Grundlagen für Gerhards humanistische Erziehung waren in Erasmus' pädagogischer Abhandlung *De ratione studii* umrissen; darin waren einige der wichtigsten Autoren aufgeführt, die ein Junge in der Oberschule studieren sollte. »Zuallererst«, schrieb Erasmus, kamen »die Griechen und die Klassiker der Antike«, Platon, Aristoteles und Theophrast, die »besten Lehrer der Philosophie«. Neben der Bibel sollten die theologischen Schriften der Kirchenlehrer Origenes, Chrysostomus, Basilius, Ambrosius und Hieronymus gelesen werden. Das Lehrreiche an den Dichtern war ihre Fähigkeit, »ihre Werke mit Wissen aus allen Bereichen zu würzen«, insbesondere der Mythologie; Homer galt als »Vater aller Mythen«, und auch Ovids *Metamorphosen* und *Fasti* waren »von nicht geringer Bedeutung«.[14]

Am Ende seiner Lektüreliste lenkte Erasmus die Aufmerksamkeit ganz besonders auf ein Gebiet, das Gerhards leidenschaftliches Interesse weit über den Lehrplan hinaus entfachen sollte. »Geographie«, erklärte Erasmus, »muss ebenfalls gemeistert werden.« Die Erdkunde sei »nützlich für die Geschichte und nicht zuletzt auch für die Poesie«. Die Quellen der Geographie seien »am prägnantesten von Pomponius Mela, am kompetentesten von Ptolemäus und am umfassendsten von Plinius behandelt worden«. Die Geographie solle vor allem vermitteln, so Erasmus weiter, »welche einheimischen Begriffe für Berge, Flüsse, Regionen und Städte mit denen der Klassiker korrespondieren«. Erasmus betrachtete die Geographie als ein etymologisches und lokatives Vorspiel; nur durch den Entwurf einer geistigen Landkarte werde ein Schuljunge überhaupt erst befähigt, die moralischen, politischen und philosophischen Koordinaten des Humanismus zu bestimmen.

Die geographischen Kenntnisse, die Gerhard in 's-Hertogenbosch mitnahm, dürften sich auf einige Ortsnamen beschränkt haben, die von einem Griechen, zwei Römern und einem Ägypter überliefert worden waren, welche alle kurz nach der Zeitenwende gelebt hatten. Der Junge lernte nicht nur, dass die Händler die Ostküste Äquatorialafrikas »Barbaria« nannten und dass die venezianischen Galeeren durch die Säulen des Herkules in den Westlichen Ozean gelangten; die antiken Autoren verliehen auch der imaginären Welt, die Gerhard damals mit seinen eigenen Sinnen zu entwickeln begann, Form und Detail. Bis zu dieser Zeit hatte er die Geographie bestenfalls unbewusst aufgenommen. Aufgrund der geographischen Texte, denen er in 's-Hertogenbosch vereinzelt begegnete, wurde aus der anfänglichen Neugier gezielte Wissbegier.

Der Unterricht an der Lateinschule dauerte von sechs bis acht Uhr früh und wurde nach einer Morgenandacht im Haus der Bruderschaft fortgesetzt. Jeden Tag sangen die Knaben im Kapitelchor und besuchten nach der Schule, um sechs Uhr abends, das Hochamt, das ein Bruder nach römischem Ritus zelebrierte. Am Sonntagnachmittag hörten sie im Haus der Fraterherren eine Predigt.

In der Stille des Armenhauses vervollkommnete Gerhard auch seine Handschrift. Bevor der Buchdruck aufkam, gehörte zu den Tätigkeiten der Ordensbrüder auch das Kopieren von Manuskripten. Sie vervielfältigten liturgische Texte und theologische Schriften nicht nur für den eigenen Gebrauch, sondern verdienten sich auch Geld damit, dass sie auf Bestellung Bibeln, Messbücher, Gebetbücher und illustrierte Heiligenbiographien abschrieben. Die Brüder saßen an zwei Abenden in der Woche jeweils eine Stunde lang an ihren Schreibpulten, und die Hausbibliothek war voll von Büchern, die von den Früchten ihrer Arbeit zeugten – Hieronymus, Chrysostomus und Boethius standen dicht neben Thomas von Aquin, Duns Scotus und Lorenzo Valla.[15]

Die Seiten waren übersät mit spitzen Reihen schwarzer gotischer Lettern. Vielleicht gewöhnte sich Gerhard hier seine »bastardisierte« Fraktur an, eine kursive Version der gotischen Schrift, die sich in Kanzleien entwickelt hatte, in denen eine flüssigere Handschrift erforderlich war. Bereits als Halbwüchsiger beherrschte Gerhard eine Reihe von Handschriften, von der römischen über die gotische bis zur alltäglichen »Sekretärsschrift«.

*

Außerhalb des Armenhauses und des Lehrplans lag die wahrnehmbare Welt. Die Schilderstraat führte über den letzten unbebauten Anger in 's-Hertogenbosch weiter bis zur Stadtmauer. Folgte man der Stadtmauer linker Hand ein Stück, so gelangte man an einen Aussichtspunkt mit Blick auf die glitzernde Dieze und die ausgefahrene Straße zu den Städten an Maas, Rhein und Ijssel. Unterhalb der Mauer hatte man für den Handel auf den Wasserwegen einen hölzernen Kai gezimmert, von dem jede Woche Schiffe nach Amsterdam und Delft, Den Haag, Schiedam und Rotterdam ablegten. Dieser Blick nach Norden bot mitunter eine so trübe und ungemütliche Aussicht, wie man sie nirgendwo sonst in den Niederlanden vorfand. Das Feuchtland zwischen den Flüssen ging in düstere Sümpfe über, in denen nur Gestrüpp wucherte.

Während Gerhards Schulzeit in diesem brabantischen Vorposten gab es Zeiten, in denen die Bürger von 's-Hertogenbosch fürchteten, die Unruhen im Norden könnten sich über die Maas hinweg ausbreiten und auf ihre Stadt übergreifen. Nach Herzog Karels Einfall in Utrecht war sein ausgewiesen brutaler Kommandant, der »Schwarze Marschall« Maarten van Rossum, mordend durch Holland gezogen und hatte Den Haag geplündert. Ein gewaltiger Gegenangriff hatte Karel gezwungen, Utrecht und Overijssel Kaiser Karl zu überlassen, doch er hielt Drenthe, Groningen und das von 's-Hertogenbosch aus sichtbare Geldern. Das Sumpfland war eine Grenze, die möglicherweise durchbrochen werden konnte, wie man in 's-Hertogenbosch immer mehr fürchtete. Wenige Monate, nachdem Gerhard in der Stadt eintraf, war dort eine Seuche und später auch die Pest ausgebrochen. Das Wasser selbst brachte den Tod: Es war noch nicht lange her, dass Albrecht Dürer an den Folgen eines Fiebers, das er sich auf den brackigen Wasserstraßen der Niederlande zugezogen hatte, im Alter von 54 Jahren dahingeschieden war.

*

Während Gerhard in ’s-Hertogenbosch weilte, starb seine Mutter. Der Achtzehnjährige war nun Vollwaise, heimatlos und mittellos. Zu dieser Zeit nahm Gerhard Kremer eine neue Identität an. Wie Erasmus, Macropedius und zahlreiche andere Zeitgenossen tauschte er seinen ererbten Familiennamen gegen einen lateinischen, humanistischen Nachnamen ein.

Welchen Namen sollte er wählen? Erasmus nannte sich zunächst »Herasmus Rotterdammensis« und änderte den Namen dann in »Desiderius Erasmus Roterodamus«, wobei er aus dem letzten Wort dem griechischen Proparoxytonon entsprechend ein »Roteródamus« machte. Macropedius mag vielleicht mit »Paedagogus« gespielt haben – nach den römischen Dramen von Terenz und Plautus, in denen so ein Sklave bezeichnet wurde, der ein Kind in die Schule begleitete, zu Hause beaufsichtigte und unterrichtete. Johann Reuchlin hatte das griechische Wort für »Rauch«, *kapnion*, gewählt. Sein Neffe, Philipp Schwarzerd, übersetzte die Wurzel seines deutschen Namens und nannte sich Melanchthon, nach der griechischen Bezeichnung für »schwarze Erde«. Die meisten Namensänderungen verrieten einen – bisweilen prätentiösen – Hang zur Gelehrsamkeit. Eine Ausnahme bildete der polnische Humanist Nicolas Vodka, der sich sinnigerweise »Abstemius« nannte. Es gab keine Einrichtung, welche die Modalitäten der Namensänderung regelte, und auch kein zentrales Register vergebener Namen, sodass mitunter auch Duplikate auftraten. Mehrere prominente Deutsche mit den bürgerlichen Namen Ackermann, Bauer und Schnitter hatten sich in »Agricola« – lateinisch für »Bauer« – umbenannt, vielleicht auch dem römischen Feldherrn Gnäus Julius Agricola zu Ehren, der die Biographie seines Schwiegersohnes Tacitus verfasst hatte, die Lebensbeschreibung jenes römischen Autors, der mit *Germania* die germanischen Stämme in Europa bekannt gemacht hatte. Es gab auch einen finnischen Agricola, der Bischof von Turku war, das Neue Testament ins Finnische übersetzte und Gebetbücher mit Anmerkungen zur Astronomie und Hygiene veröffentlichte.

Es dürfte nahe liegend gewesen sein, dass Gerhard für das deutsche »Kremer« (oder »Krämer«) das lateinische Wort für »Kaufmann« wählte – *Mercator*. Damit identifizierte er sich auch mit dem *mercator*, dem fahrenden Buchhändler, der von Stadt zu Stadt zog, und dem Kaufmann, der über die Grenzen von Kirche und Reich hinaus tätig war, spekulierte, handelte, auf Messen und in Häfen Geschäfte tätigte, Flotten unterhielt und die Künste förderte. Dank Macropedius dürfte Gerhard auch Plautus' populäre Komödie *Mercator* kennen gelernt haben. Macropedius, der in seinen Stücken gerne Plinius zitierte, machte seinen Schüler wahrscheinlich auch mit dem dritten Kapitel aus dessen *Naturgeschichte* vertraut; darin wird das Wort *mercator* in einer Weise verwendet, die dem jungen Mann zugesagt haben dürfte. Der römische Schriftsteller hatte nämlich den größten Fluss Italiens, den Tiber, als *mercator placidissimus* bezeichnet – den »gefälligsten Händler« von Erzeugnissen aus aller Welt.[16] Vielleicht war es Plinius' Metapher für den belebten Tiber als einem wohlwollenden Mittler und Förderer des weltweiten Austauschs, welche die Phantasie des Jungen von der Schelde am stärksten beflügelte.

Aus Gerhard Kremer wurde also Gerhard Mercator. Die Ausprägung einer neuen Identität ging jedoch noch weiter. Mercator folgte dem Beispiel Erasmus' und bekundete sein Bewusstsein von der Bedeutung geographischer Wurzeln, indem er seinem Namen einen Beinamen hinzufügte. Sein vollständiger Name lautete fortan »Gerardus Mercator de Rupelmonde«. Damit zollte Gerhard auch jenem Onkel an der Schelde Respekt und Dank, der seine Ausbildung finanziert hatte.

4

Het Castrum

Nach dreieinhalb Jahren in ’s-Hertogenbosch wurde Mercator von seinem Vormund, Onkel Gisbert, an die berühmte Universität von Löwen geschickt. Es war der Sommer 1530. Mercator machte sich auf den Weg Richtung Antwerpen; er marschierte bei Tag und schloss sich anderen Reisenden an, um das Kempenland zu durchqueren. Auf seiner nunmehr vierten großen Reise hatte er bereits weit mehr gesehen als so mancher junger Mann, der wohlbehalten hinter den schützenden Mauern einer Stadt oder eines Landsitzes aufgewachsen war. Die weiten Ebenen prägten Mercators Wahrnehmung. Die Ansichten und Perspektiven, die er kannte, waren fast ausnahmslos horizontal; selten traf das Auge eine Vertikale. Es gab keine Klippen oder Schluchten, die den Himmel ausblendeten und das Land verdunkelten, oder Bergspitzen, die eine andere Perspektive geboten hätten. Die Niederlande existierten ausschließlich in zwei Dimensionen. Die Welt, die Mercator kannte, war flach. Seine Welt war so plan wie eine Karte.

Die Stadt Löwen ragte hoch über die Ufer der Dyle auf. Hier hatte der Fluss den brabantischen Sand ausgespült, und über einer kleinen Insel hatte sich ein Abhang gebildet. Dieser Ort musste den Menschen anziehen. Das flache Tal war geschützt und gut entwässert und lag an einer der Straßen vom Rheinland nach Flandern. Schiffer von der Schelde kamen mühelos hierher. Nachdem Arnulf von Kärnten im Jahre 891 hier die Normannen geschlagen

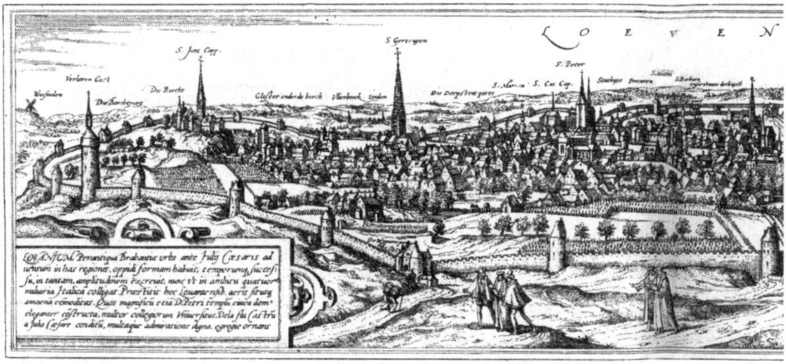

Löwen; aus *Civitates orbis terrarum*, 1572. Das Kolleg »Het Castrum« befand sich unweit des Fischmarktes auf tief liegendem Grund zwischen Gertrudiskirche und Peterskirche.

hatte, erbaute der erste Herzog von Löwen auf der Insel ein befestigtes Schloss, um das eine Siedlung entstand, die sich bald ausdehnte, später von Mauern umringt wurde und sich schließlich über ihre Wälle hinaus ausweitete. Ein zweiter Ring von Mauern wurde errichtet, der ein Gebiet einschloss, das siebenmal so groß war wie das Areal innerhalb der ersten Festungsmauer. Zu Beginn des 14. Jahrhunderts wurden in der Stadt 20000 Einwohner gezählt und 756000 Ellen Tuch im Jahr erzeugt.[1] Doch dann wurde Löwen in einer blutigen Fehde zwischen Bürgern und Patriziern aufgerieben. Die Weber flohen und mit ihnen ein Viertel der Einwohnerschaft.

Wenig später kehrte jedoch die Vernunft – in Form einer Universität – in die gelähmte Stadt zurück. In ganz Europa, von Salamanca bis Krakau, von St. Andrews bis Salerno, blühten die Universitäten. In Frankreich gab es siebzehn, in England zwei, in Schottland drei und in Deutschland etwa zehn Hochschulen. In den Niederlanden gab es keine einzige. Junge Männer, die eine höhere Bildung anstrebten, fanden die nächsten Professoren in Paris, Köln oder Trier. Nur in Skandinavien und Irland waren die Ausbildungsmöglichkeiten ebenso dürftig.

In Brüssel hatte man die Gründung einer Universität mit dem Argument abgelehnt, dass dies die Tugend der Töchter der Stadt gefährden würde. Auf Drängen des Magistrats von Löwen und des Kapitels der Peterskirche richtete Herzog Johann IV. von Brabant jedoch eine Bittschrift an den Papst, der 1425 in einer Bulle die Gründung genehmigte.

Vier Jahre bevor Mercator aus dem Kempenland auftauchte, hatte die Universität von Löwen mit einer Messe in St. Peter ihr hundertjähriges Bestehen gefeiert. Das »belgische Athen« hatte einen solch rasanten Aufstieg genommen, dass es sich bereits mehr hoch dotierte Professoren leisten konnte als die übrigen Hochschulen des Kontinents. Nur die Pariser Universität konnte in Bezug auf Größe und Ruhm mithalten. Im vorausgegangenen Jahrzehnt waren drei neue Kollegs gegründet worden: Das innovative Collegium Trilingue am Fischmarkt hatte mit seinen Vorlesungen in Latein, Griechisch und Hebräisch – laut Erasmus – in einem Jahr dreitausend Studenten angelockt; am Päpstlichen Kolleg in der Meiersstraat wurde eine neue Generation von Theologen ausgebildet, während das Kolleg des heiligen Hieronymus ganz auf die Philosophie ausgerichtet war. Die Studenten pilgerten über den ganzen Kontinent, um sich hier zu immatrikulieren. Sie kamen aus Portugal und Spanien, Italien und Ungarn, Norwegen, Schweden und Dänemark, aus Schottland und Irland und selbst aus Frankreich. Die meisten Studierenden aber kamen aus England.[2] Für weit herumgekommene Humanisten wie Erasmus und den spanischen Philosophen Juan Luis Vives (der, angewidert von der pedantischen Gelehrsamkeit an der Seine, Paris den Rücken gekehrt hatte) war Löwen das Zentrum des Humanismus im Norden. Selbst die Italiener mussten anerkennen, dass es auch nördlich der Alpen kluge Köpfe gab. Niemand, hatte Erasmus geschrieben, »konnte in Löwen einen Abschluss machen ohne Wissen, Benehmen und Reife«.[3]

*

Mercator wird die äußere Stadtmauer durch das Aarschoter Tor passiert haben und kam dann zunächst an Feldern, Obstgärten und strohgedeckten Hütten aus Flechtwerk vorbei. Danach wandte sich die Straße vom Fluss ab, wurde immer dichter von Häusern bedrängt und zog sich hinter einem Tor in der inneren Mauer gerade wie ein Lineal durch ein Labyrinth aus engen Gassen mit Geschäften, Kollegien, Bürgerhäusern, Kirchen und Märkten. Im Zentrum dieses Labyrinths gelangte Mercator auf einen freien, lichten Platz. Hoch über den Dächern der umliegenden Häuser ragte die Peterskirche auf, deren Westfassade dreißig Jahre zuvor abgerissen und durch drei Türme ersetzt worden war, die – so ihr Erbauer (Joos Metsys, der Bruder des Antwerpener Malers Quentin Metsys) – näher an den Himmel heranreichen sollte als jedes andere Bauwerk. Neben der Kirche erhob sich das Rathaus wie ein riesiger, kunstvoll gemeißelter Reliquienschrein aus Stein mit zahllosen Nischen und Zinnen.

Mercators Reise endete vor einem bescheidenen Gebäude in der Nähe des Fischmarkts. Das als *»Castrum«* oder »Schloss« bezeichnete Studienkolleg lag an der Straße, die nach Norden zum Mechelner Tor verlief. Hinter dem Gebäude erstreckte sich ein Garten bis zur Dyle, die sich in einer Schleife um das »Schloss« und seine unmittelbare Nachbarschaft wand.

Das »Schloss« war – neben der »Lilie«, dem »Schwein« und dem »Falken« – eines von vier Kollegs beziehungsweise Pädagogien in Löwen, die den zweijährigen Studiengang der Geisteswissenschaften anboten. *»Het Castrum«,* das einer der Kommilitonen Mercators als »führende und renommierteste Fakultät«[4] der Universität bezeichnete, hatte eine ganze Reihe gescheiter Studenten aus vornehmem Hause angezogen, die damit rechnen konnten, von diesem ersten geisteswissenschaftlichen Studiengang in eine der höheren Fakultäten der Universität – Medizin, Kirchenrecht, Zivilrecht oder Theologie – aufzusteigen.

Zu Mercators Mitstudenten im *Castrum* zählten auch Andreas Vesalius[5] und dessen Freund Antoine Perronet de Granvelle. Letzterer hatte sich zwei Jahre zuvor eingeschrieben. Als »reiche«

Studenten hatten diese beiden eigene Zimmer und mussten sich nicht, wie Mercator und andere Habenichtse, im großen Schlafsaal einquartieren. Trotzdem schlossen Mercator und Perronet während ihrer gemeinsamen Studienzeit eine enge Freundschaft. Beide stammten aus bescheidenen Verhältnissen; Perronets Stand und Name ließen zwar auf eine adelige Herkunft schließen, doch sein Vater, Nicolas Perronet de Granvelle, war der Sohn eines Schmieds, der es bis zum Großsiegelbewahrer des Kaisers gebracht hatte. Ein weiterer reicher Sprössling, der zwischen 1530 und 1532 im *Castrum* studierte, war Georg Cassander. Cassander war ein Jahr jünger als Mercator und war wie jener in Flandern zur Welt gekommen. Mit Vesalius, Perronet, Cassander und Mercator brachte das »Schloss« vier Männer hervor, die berühmt werden sollten – einen Anatom, einen Politiker, einen Theologen und einen Kosmographen. Darüber hinaus begannen auch der spätere Botaniker Rembert Dodoens von Mecheln und ein gewisser Andreas Masius, der in Mercators späterem Leben noch einmal eine Rolle spielen sollte, zeitgleich mit Mercator ihr Studium.

Das Amt des Rektors bekleidete stets ein zölibatärer Geistlicher, der mit seinen beiden Pedellen über Fehltritte von Studenten urteilte, die nur mit seiner Befugnis in Haft genommen werden konnten. Am 29. August 1530 stand Mercator vor Pieter de Corte und seinem Pedell. Seit der gemeinsamen Studienzeit am Kolleg der Lilie war de Corte mit Erasmus befreundet und hatte es stets verstanden, gleichzeitig dem christlichen Humanismus treu zu bleiben und für die katholische Orthodoxie einzutreten, vor allem in seinen Predigten gegen Luther in der Peterskirche.

Vor diesem Rektor bestätigte Mercator also, dass er mit dem Lateinischen vertraut war, er gelobte, die Statuten der Universität zu befolgen, und entrichtete seine Einschreibegebühr. Damit war er unter die *pauperes ex castro*, die »Armen aus dem Schloss« aufgenommen. In weit ausladender Sekretärshandschrift wurden Name, Herkunft und Stellung des neuen Studenten in das *Liber intitulatorium* eingetragen. Gerhard Kremer wurde als »Gerardus Mercator de Rupelmunda« geführt.

*

Das akademische Jahr begann am 1. Oktober mit einer Messe. Die Universitätsstatuten wurden verlesen, und je ein Professor der vier Fakultäten hielt eine feierliche Ansprache. Mercators Tage in den Mauern des *Castrum* wurden von einem strengen Stundenplan bestimmt. Aufstehen vor Tagesanbruch, Frühstück nach der Morgenandacht, Unterricht bis zum Mittagessen, gefolgt von einer Ruhezeit im Garten. Anschließend weiterer Unterricht und private Studien in einer Zelle bis zur Dämmerung; nach dem Abendessen Bettruhe.

Obwohl Mercator wie alle anderen eine knöchellange Kutte und eine schlichte Kappe trug, wurde er täglich an seine gesellschaftliche Stellung erinnert. Gemeinsam mit den anderen armen Studenten des Kollegs speiste er am niedrigsten Tisch, am hintersten Ende des Saals, weit weg von den Söhnen aus vornehmem Hause. Viele der älteren Studenten dürften dem Neuen mit größter Verachtung begegnet sein.

Seit Generationen scharten sich die Studenten in einer so genannten *schola* oder *familia* um ihren Lehrer. Die Bedingungen für eine Aufnahme in eine *familia* konnten weitaus strenger sein als die offiziellen Voraussetzungen für die Zulassung zur Universität. Meist wurden Studenten mit ähnlicher gesellschaftlicher oder geographischer Herkunft in einer *familia* zusammengebracht. Empfehlungen und die Unterstützung durch Gönner waren dabei hilfreich.

Das »Schloss« genoss zwar den Ruf des führenden Kollegs der Universität, doch seine Lehrer hingen noch immer den verzopften Traditionen der scholastischen Theologie an.[6] In den sieben geisteswissenschaftlichen Fächern kam Mercator nicht weit über die Grammatik, Rhetorik und Logik des Triviums hinaus. Man unterwies ihn in Arithmetik und vielleicht auch in den Grundlagen der Musik, doch mit Astronomie und Geometrie musste er sich nach dem Ende des Studiengangs selbst vertraut machen. Und auch die Lehrmethode war nicht eben fortschrittlich. Mercator und seine Mitstudenten ließen sich vorgeschriebene Texte vorlesen und lernten mechanisch auswendig. Nur vereinzelt bekamen sie, wenn es nötig war, Interpretationen und Kommentare an die Hand und konnten in den täglichen Disputationen Fragen stellen und über die Antworten diskutieren.

Die ersten neun Monate verbrachten Mercator und seine Kommilitonen mit Vorträgen über Logik, die ganz von Aristoteles ausgingen. Gelesen und erörtert wurde auch die kommentierte Einführung zu Aristoteles' Abhandlungen über die *Kategorien*, die Porphyrius im 4. Jahrhundert verfasst hatte. Für das Fach Physik, das später auf den Lehrplan kam, war der griechische Philosoph ebenfalls maßgeblich, und in der Mathematik galt Boetius' *Arithmetica* als Standardwerk.

Der »Meister der Wissenden«[7] galt noch immer als unbestrittene Autorität. Die Vorschriften der Universität von Löwen waren klar formuliert: Zu jeder Zeit »hat man sich an die Lehre des Aristoteles zu halten«, hieß es, »außer in Fällen, die dem Glauben widersprechen«.[8] Kritische Fragen waren nicht vorgesehen: »Niemand darf eine Ansicht des Aristoteles als ketzerisch verwerfen, welche die Katholiken gründlich für rechtens erklärt haben, es sei denn, die Ansicht ist bereits von der Theologischen Fakultät für ketzerisch erklärt worden.«[9] Wer an Aristoteles zweifelte, musste damit rechnen, von der Fakultät verwiesen und nur nach einem höchst demütigenden Widerruf wieder zugelassen zu werden.

Die Enttäuschung, die viele junge Akademiker in jener Zeit spürten, richtete sich vor allem gegen die Theologen, die *»den* Philosophen« falsch darstellten oder verzerrten. Der bereits erwähnte Philosoph Vives hatte sich im Sinne vieler junger Köpfe geäußert, als er mit seinem *In pseudodialecticos* die akademische Philosophie attackierte. »Sie wissen nicht einmal, wer Aristoteles ist«, wetterte der spanische Humanist. »Sie kennen weder seine

Naturphilosophie noch seine Moralphilosophie aus erster Hand, geschweige denn seine Logik, die sie schamlos zu lehren vorgeben, ohne je einen Blick in eines seiner Logikwerke geworfen zu haben.« Der Lehrplan ziele viel zu sehr darauf ab, Logik »um ihrer selbst willen« zu vermitteln, anstatt »zu den anderen Wissenschaften hinzuführen«.[10]

In den Mauern des *Castrum* musste Mercator wohl dasselbe »leere und sinnlose Geschwätz« ertragen, das Vives von der Pariser Universität vertrieben hatte. Einer der Lehrer des Kollegs schien direkt den Seiten des *Pseudodialecticos* entstiegen zu sein. Vesalius erinnerte sich an einen Theologen, der in seine Kommentare zu Aristoteles' *De anima* »seine eigenen frommen Ansichten« einfließen ließ und etwa behauptete, das Gehirn »bestehe aus drei Kammern«.[11]

Dem Wissensstand der Antike entsprachen auch Aristoteles' geographische Vorstellungen, die immerhin bald zweitausend Jahre alt waren. Danach gab es fünf parallele Zonen der Erde, deren gleichmäßige Anordnung jene Symmetrie spiegele, die sich auch in anderen Bereichen der Natur offenbare. Nach dieser Auffassung musste *Antarktikos* existieren, weil die Arktis ein ausgleichendes Gegenstück erforderte. Aristoteles' »bewohnbare Welt« beschränkte sich auf den Bereich zwischen der »kalten Zone« im Norden und der unbewohnbaren »heißen Zone«. Unterhalb der heißen Zone lag nach seiner Auffassung zwar eine weitere »gemäßigte Zone«, die er jedoch ebenfalls für unbewohnt hielt, und die kalte Zone der Antarktis. Auch der »schielende« Strabon war um Christi Geburt in seiner *Geographica* noch von denselben fünf Zonen ausgegangen, doch bereits Pomponius Mela hatte um die Mitte des 1. Jahrhunderts Zweifel an Aristoteles' Darstellung geäußert. Mela hatte nämlich erklärt, dass *beide* gemäßigten Zonen bewohnt seien; die südliche gemäßigte Zone sei die Heimat der Antichthonen beziehungsweise Antipoden. Allein die schreckliche Hitze der dazwischen liegenden heißen Zone trenne die Antichthonen von den Bewohnern der nördlichen gemäßigten Zone.

Mela war zur Zeit Mercators in Löwen durchaus bekannt, denn elf Jahre bevor Mercator sich einschrieb, hatte ein junger deutscher Humanist namens Wilhelm Nesen eine Vorlesungsreihe über Melas geographisches Kompendium *De situ orbis* angekündigt. Nesen hatte jedoch nicht die Genehmigung der Universitätsverwaltung eingeholt, privat dozieren zu dürfen. Er hatte sich nicht einmal an der Universität eingeschrieben, sondern einfach eine Notiz an der Tür der Peterskirche angeschlagen und den Studenten auf diese Weise mitgeteilt, dass seine Geographievorlesungen im Konvent der Augustiner stattfinden sollten. Die Geisteswissenschaftliche Fakultät war empört über Nesens unverschämte Anmaßung, und der Senat berief einen Untersuchungsausschuss ein. Nach einigem Hin und Her wurde Nesen aus Löwen vertrieben, worauf er seinen Rachefeldzug gegen die Löwener Theologen von Frankfurt aus fortführte, bis er in den Bann Luthers geriet und nach Wittenberg zog, wo er schließlich Geographie lehren durfte.

Vier Jahre nach seinem berühmten Streich in Löwen, anno 1522, ertrank Nesen in der Elbe. Inzwischen war Mela der Gegenstand ganz offizieller Vorlesungen, die Vives in der Stadt abhielt, und Aristoteles' Zonen waren von einfachen Seefahrern eindeutig widerlegt worden. »Mir scheint«, schrieb etwa Amerigo Vespucci, »dass durch diese meine Reise die Auffassung der meisten Philosophen widerlegt worden ist…« Die Luft der heißen Zone sei »frischer und gemäßigter« und keineswegs zu heiß für eine menschliche Besiedelung. »Vernunftgemäß darf man getrost flüstern«, bekannte Vespucci gleichsam mit einem Augenzwinkern, »dass Erfahrung gewiss mehr zählt als Theorie.«[12] Solche Enthüllungen strahlten wie ein Leuchtfeuer in den dunklen Hallen der Geisteswissenschaftlichen Fakultät.

*

Mercator war sicherlich einer von vielen, die auch die kostenlosen Vorlesungen im neuen Collegium Trilingue am nahe gelegenen

Fischmarkt nutzten. Hier konnten die Studenten die alten kanonisierten Texte überprüfen, hinterfragen und zerpflücken; die Quellen wurden nicht einfach übernommen, sondern kritisch beleuchtet – eine damals höchst abenteuerliche Lehrmethode. Dennoch demonstrierten die konservativen Studenten von Löwen mit Parolen wie »Schluss mit dem Fischmarktlatein!« vergeblich gegen die neue Lust am Disput.

Nach seinem ersten Jahr im »Schloss« erwarb Mercator Ende 1531 den akademischen Grad des *baccalauréat*. Vor ihm lagen noch vier Monate Metaphysik und Ethik und drei Monate *repetitiones* – die Praktika und Übungen, die ihn auf sein Abschlussexamen vorbereiteten. Ende Oktober 1532 wurde ihm der *magisterii gradum*, der Grad des Magisters, verliehen. Während Kollegen wie Masius und Vesalius nach einer der vier höheren Fakultäten Ausschau hielten, verabschiedete sich Mercator vom *Castrum* und ging hinaus in die Freiheit.

*

Zum ersten Mal in seinem Leben fand sich Mercator nicht von den Beschränkungen eines Elternhauses, eines Studentenheims oder eines Lehrplans eingeengt. Ganz allein, ohne Aufsicht, las er nun Philosophie und ließ sich von den Stürmen der Neugier weit über die geistigen Grenzen der Fakultät hinaustragen. Es war eine Reise, die dem Zwanzigjährigen »großen Genuss« bereitete.[13]

Dabei fiel es ihm immer schwerer, die Ansichten des Aristoteles mit »der wahrsten und heiligsten Geschichte« zu vereinbaren. Die Bibel, die der Heilige Geist diktiert hatte, offenbarte alle Wahrheiten, die um nichts zu ergänzen oder zu kürzen waren. Die Bibel solle, so schrieb Mercator später, »in ihrem vollständigen Zustand, mit allem was dazugehört, ihre verborgenen Mysterien offenbaren«.[14]

Das größte dieser Mysterium war das der Schöpfung. Stellte man Aristoteles neben die Bibel, so schien sich Moses im Widerspruch zum »Meister der Wissenden« zu befinden. Wie konnte

Aristoteles behaupten, dass »Veränderung« eine bereits existierende Materie erfordere, wenn Gott die Welt aus dem Nichts erschaffen hatte?

Für die Theologen war dieses Problem keineswegs neu. Dreihundert Jahre, bevor Mercator auf die Welt kam, hatte Thomas von Aquin (ein eifriger Anhänger des Aristoteles) den Widerspruch zwischen Aristoteles und Moses bezüglich der Schöpfung umgangen, indem er eingeräumt hatte, dass die Veränderungstheorie des Philosophen gelten könne, soweit sie ausschließlich auf die irdische Welt angewandt werde. Mercator dürfte aus seiner Zeit in 's-Hertogenbosch zumindest dessen *Summa Theologiae* gekannt haben.[15]

Und dennoch: Die Worte der Bibel und die Aussage des Philosophen waren unvereinbar. Für Mercator warfen sie Fragen zum gesamten Fundament seiner Ausbildung auf: »Als ich erkannte, dass Moses' Version der Schöpfungsgeschichte sich in vielerlei Hinsicht nicht ausreichend mit Aristoteles und den übrigen Philosophen deckte«, schrieb er später, »fing ich an, Zweifel an der Wahrhaftigkeit aller Philosophen zu hegen.«[16]

Aristoteles anzuzweifeln war indes gefährlich, besonders in Löwen, wo seine Ansichten als kanonisch galten.[17] Doch Mercator ließ sich nicht beirren und machte sich daran, »die Geheimnisse der Natur zu ergründen«. »Es war erstaunlich«, bekannte er später, »wie sehr mich die Betrachtung der Natur befriedigte.« Aus der Natur, fügte er hinzu, »erschließt sich die Ursache der Dinge, aus der sich alles Wissen ableitet«. Je mehr er las, desto eingehender interessierte sich Mercator für den Aufbau und die Beschreibung der bemerkenswerten Schöpfung Gottes. »Besonderes Vergnügen fand ich darin«, notierte er, »die Gestaltung der gesamten Erde zu studieren.« Die schwebende Erdenkugel, bemerkte er, »weist die klarste Ordnung, die harmonischsten Proportionen und die einzigartige Vortrefflichkeit alles Erschaffenen auf«.[18]

Eifrig machte sich Mercator daran, einen Kommentar zum ersten Kapitel des Buches Genesis zu schreiben. Dabei zog er verschiedene Quellen, von Platon und Parmenides bis Plinius, zu Rate. Mercator glaubte, dem Gerüst des biblischen Berichts mehr Substanz verleihen und eine vollkommen plausible Erklärung liefern zu können, die mit dem zeitgenössischen Wissen über die »irdische Maschine« übereinstimmte.[19] Solch ein Vorhaben lief indes Gefahr, die Aufmerksamkeit der Löwener Theologen auf sich zu ziehen, und tatsächlich stellte Mercator schon bald fest, dass sich seine Untersuchungen in einer Weise entwickelten, die ein weiteres Verweilen in Löwen unhaltbar machte.

Im Nachhinein dürfte Mercator es bereut haben, bereits so früh aufgefallen zu sein. Waren die konservativen Kräfte von Löwen einmal alarmiert, wurde aus einem forschenden Geist schnell ein Verdächtiger. Und der Unterschied zwischen einem Verdächtigen und einem Ketzer war höchst vage.

Später erinnerte sich Mercator jedoch, dass er »freiwillig und allein von Löwen nach Antwerpen ging«.[20] Er plante eine längere Abwesenheit von der Universität, um private Studien zu treiben. Doch es sollte eine Wanderung werden, die er als zweifelnder Philosoph begann und als überzeugter Geograph beendete.

5

Triangulation

Antwerpen war schon durch seine Lage eine Stadt, die zur Blüte prädestiniert war; es lag nahe der Mündung eines schiffbaren Flusses, der Schelde, deren Einzugsgebiet zu den am dichtesten besiedelten Regionen Europas gehörte. Die Bevölkerungszahl der Stadt war in nur vierzig Jahren von 33 000 auf 50 000 gestiegen.[1] Lediglich die Toskana wies eine ähnlich große Bevölkerungsdichte auf.

Die Stadt war das pulsierende Herz des europäischen Handels, in dem die verschiedensten Ideen und Kulturen, Schichten und Nationalitäten aufeinander trafen. Jeder Flussarm und jede Straße vibrierte vor Geschäftigkeit. Auf der bögigen Schelde fuhren Genueser Galeeren, einmastige englische Koggen, schnittige Karavellen von den Kanarischen Inseln und riesige dreimastige, mit Kanonen gespickte Galeonen aus Portugal. Zwischen dem Dickicht von Spieren und den massiven Stadtmauern wimmelte es von Lastenträgern, Karrenschiebern und Fuhrunternehmern, die Säcke mit Grünspan, Ingwer und Galgant aus Spanien, rheinischen Wein, flämisches Salz, ungarischen Stahl und sundanesische Kubebe verluden. Und in den Straßen und Gassen hinter den Kais tummelten sich die Kaufleute, Handelsvertreter und Zuwanderer.

Längst hatte die Hafenstadt Deventer als wichtigstes Druckzentrum zwischen Rhein und Seine abgelöst. Mehr als die Hälfte der etwa viertausend Bücher, die seit dem Jahre 1500 in den

Antwerpen im Winter, Blick vom Westufer der Schelde, von Joris Hoefnagel (1541–1600).

Niederlanden gedruckt worden waren, stammten aus Druckereien in Antwerpen. Eine blühende Gemeinde von Malern und Graphikern, Kartographen und Zeichnern, Druckern und Buchbindern belebte die Stadt, die zur führenden Kunstmetropole Nordeuropas aufgestiegen war.[2]

Mercator betrieb seine Forschungsarbeit in Antwerpen weiter, aber er verhielt sich notgedrungen diskret. Denn ganz offensichtlich wollten ihn gewisse Theologen in Löwen dazu provozieren, seine Ansichten im Druck offen zu legen. Im Verlaufe seiner Studien wurde er immer mehr von dem Wissensgebiet angezogen, das sich am besten dafür eignete, die Ordnung und das Geheimnis der Schöpfung Gottes zu erklären. Und diese Disziplin war die Geographie.

»Seit meiner Jugend«, erinnerte er sich später, »ist die Geographie für mich das wichtigste Studiengebiet gewesen. Als ich mich damit befasste und die Überlegungen der Naturwissenschaften und der Geometrie anwandte, fand ich nach und nach Gefallen nicht nur an der Beschreibung der Erde, sondern auch am Aufbau der gesamten Maschinerie der Welt, deren zahlreiche Elemente bisher noch niemandem bekannt sind.«[3]

Bei seinen Studien konnte Mercator auf ein Werk des Ptolemäus aus dem zweiten nachchristlichen Jahrhundert zurückgreifen, das lange als verschollen galt, aber etwa hundert Jahre vor Mercators Zeit in einer griechischen Abschrift von Konstantinopel nach Florenz gelangt war. Das zwölfhundert Jahre alte Werk über die Kartographie wurde zum Modell für moderne Kartenmacher. Mercators Schicksal sollte so eng mit dem Vermächtnis des in Ägypten geborenen Astronomen und Geographen verknüpft werden, dass einige den Sohn Rupelmondes bald als den Ptolemäus ihrer Zeit betrachten.

In der Einleitung der *Geographike hyphegesis* – »Anleitung zum Zeichnen einer Weltkarte«[4] – unterschied Ptolemäus zwei Formen der Kartographie. Die erste war die globale Kartographie, »eine zeichnerische Nachbildung des gesamten bekannten Teils der Erde«. Die zweite war die regionale Geographie, »eine unabhängige Disziplin zur Darstellung einzelner Lokalitäten«.[5]

Die Grundlage war ein Gitternetz geographischer Koordinaten, das wie ein Fischernetz über einen Globus gespannt oder flach auf einer Karte ausgebreitet werden konnte. Die Nord-Süd-Linien stellten die Längen, die Ost-West-Linien die Breiten dar. Jede Linie war nummeriert; die Zählung der Längen begann bei den »Glücklichen Inseln« (den heutigen Kanarischen Inseln), die der Breiten beim Äquator. Dies war ein uniformes, universelles System, das den Europäern des 16. Jahrhunderts genauso brauchbar erschien wie den Ägyptern des 2. Jahrhunderts.

In den Hauptteilen der *Geographike* lieferte Ptolemäus eine topographische Beschreibung Europas, Afrikas und Asiens, umriss die Rolle der Astronomie für das Sammeln geographischer Daten und erklärte, wie man die Erde auf Globen und Karten darstellte. Er erläuterte auch, wie man das »Gradnetz« erstellte – jenes Koordinatensystem aus Meridianen und Parallelkreisen, das der Ortsbestimmung und Orientierung diente. Jede Art von Gradnetz leitete sich aus einer Projektion nach einer mathematischen Formel ab, mit deren Hilfe der Kartograph Koordinaten von der dreidimensionalen Kugelform der Erde auf die zweidimensionale Fläche einer Karte übertragen konnte. In einem alphabetischen Verzeichnis listete Ptolemäus die Koordinaten von etwa 8000 Orten auf. Die meisten älteren Druckausgaben der *Geographike* enthielten etwa siebenundzwanzig Karten, die mit Hilfe dieser Koordinaten erstellt worden waren.

In Deutschland war es Johannes Regiomontanus, der 1472 ganz neue Maßstäbe gesetzt hatte, als er in seinem Nürnberger Haus eine Druckerpresse einrichtete und eine ganze Folge von Karten und Büchern ankündigte, darunter auch eine neue Übersetzung der ptolemäischen *Geographike*. Johann Stöffler von der Universität Tübingen, zu dessen Studenten auch Melanchthon zählte, gab eine ganze Palette astrologischer Traktate heraus. In Nürnberg übersetzte Johann Werner, ein Freund von Conrad Celtis, Werke von Ptolemäus und Euklid, verfasste zahlreiche Abhandlungen über Mathematik und Astronomie und veröffentlichte 1514 ein Werk über Kartenprojektionen, welches die Grundlage für Mercators Laufbahn als Kartograph bilden sollte. In Nürnberg lebte auch »der erfinderische Erhard Etzlaub«, der Kompassmacher, dessen Sonnenuhren »selbst in Rom gefragt« waren und dessen *Romweg* von 1500 die erste gedruckte Routenkarte gewesen war.[6]

Westlich des Rheins, in den Hügeln Lothringens, begann der bemerkenswerte Martin Waldseemüller im Jahre 1507 seine Laufbahn als Kartograph mit einem Buch – *Cosmographiae introductio* –, in dem er vorschlug, der von Kolumbus bereiste Kontinent solle nach Amerigo Vespucci benannt werden. »Da ein weiteres Viertel [der Erde] von Americus Vesputius entdeckt worden ist«, argumentierte der Autor der *Cosmographiae*, »kann ich mir nicht vorstellen, dass irgendjemand etwas dagegen haben sollte, wenn es nach dem Entdecker Americus … benannt und als Land des Americus beziehungsweise America bezeichnet wird.«[7] Zusammen mit der *Cosmographiae introductio* erschien ein Globus – auf dem der Kontinent erstmals als »America« bezeichnet war! – und eine große Weltkarte »mit den Inseln und Ländern, die kürzlich von dem Spanier Americus Vespucius im westlichen Meer entdeckt wurden«.[8] Diesem erstaunlichen Erstlingswerk ließ Waldseemüller neben anderen Schriften im Jahre 1513 eine neue Ptolemäus-Ausgabe folgen. Dieses Werk umfasste neben siebenundzwanzig auf Holzstöcken gedruckten Karten, Tabellen mit Koordinaten, einem Register mit über 7000 Ortsnamen, einer lateinischen Übersetzung des ptolemäischen Textes auch zwanzig moderne Karten. Indem Waldseemüller die Geographie des Ptolemäus von seinem eigenen *Supplementum modernior* abtrennte, war er der Erste, der eine systematische Sammlung moderner Karten veröffentlichte. Dies war jedoch nicht seine einzige Neuerung. Waldseemüller verwendete nicht nur als Erster den Namen »America«, sondern stellte den neu entdeckten Kontinent auch als Erster dar. Seine Weltkarte war die erste, die sich über 360 Längengrade erstreckte, und seine gedruckte Karte verzeichnete erstmals die gesamte Küstenlinie Afrikas.

Der österreichische Mathematiker und Dichter Johann Stabius und Albrecht Dürer stellten auf ihrer imaginären Weltkugel von 1515 eine perspektivische Ansicht der Erdoberfläche, wie vom Himmel aus gesehen, dar. Dies war zwar im Grunde ein Abbild eines Globus, wenn auch nur von einer Seite betrachtet, doch Dürer und Stabius hatten die erste Weltkarte erstellt, die sozusagen auf eine geometrische Kugel projiziert worden war. Im selben Jahr brachte Johann Schöner aus Karlstadt seinen ersten Erdglobus heraus: »Eine äußerst präzise Darstellung der gesamten Erde, mit vielen nützlichen kosmographischen Elementen und einer neuen und genaueren Abbildung unseres Europa als bisher.«[9] Im Jahre 1523 – nachdem die Überlebenden von Magellans Weltumsegelung nach Europa zurückgekehrt waren – fertigte er einen Erdglobus nach dem neuesten Stand, einschließlich der »Inseln und Länder, die kürzlich auf Betreiben Ihrer Durchlauchten Hoheiten, der Könige von Kastilien und Portugal, entdeckt worden sind«.[10]

Der junge sächsische Mathematiker Peter Apian verlieh mit seinem *Cosmographicus liber* der theoretischen Geographie neue Impulse. Apians »Buch der Kosmographie«, das von Ptolemäus inspiriert war und auf dem Prinzip der Berechnung beruhte, sollte einen großen Einfluss auf Mercators Leben ausüben. Für Apian war die »Kosmographie« weniger eine spezifische Disziplin als vielmehr ein Oberbegriff für das Studium des gesamten Universums mittels Beschreibungen, Karten und Diagrammen. Dies schloss die Astronomie, die Geographie und die theoretische Kartographie ein. Apians Kosmographie umfasste graphische Darstellungen der Klimazonen, Methoden zur Berechnung von Längen und Breiten sowie die Anwendung der Trigonometrie auf die Entfernungsberechnung. Das Buch behandelte auch verschiedene Formen der Kartenprojektion und enthielt eine aufwändig gedruckte Weltkarte und nicht weniger als vier bedruckte Rundscheiben, die gedreht werden konnten, um Längen und Breiten, Tierkreise sowie die Rotation der Erde um ihre Polachse zu veranschaulichen. Der zweite Teil enthielt die berichtigten Längen- und Breitengrade von nahezu 1500 Orten, von Antiochia bis Oxford, sowie diverse Neuentdeckungen auf den *»Insulae Americae«*.

*

Cosmographicus liber war in dem Jahr vor Mercators Immatrikulation in Antwerpen gedruckt worden, und die Verbreitung des Buches war einer der Gründe, weshalb sich das Zentrum der geographischen Gelehrsamkeit von Deutschland in die Niederlande verlagert hatte. Führend unter den niederländischen Geographen war Franciscus Monachus, ein in Mecheln, nicht weit von Antwerpen lebender Franziskanermönch. In einer Zeit, in der die meisten Geographen Theologen waren, hatte sich Monachus als einer der Ersten in den Niederlanden von der Mischung aus biblischer Kosmogonie und aristotelischer Theorie losgesagt, welche die orthodoxe Geographie seit Jahrhunderten geprägt hatte. Der kühne Mönch von Mecheln, der ebenfalls in Löwen studiert hatte, praktizierte eine Geographie, die auf Untersuchungsmethoden wie Erfahrung und Beobachtung zurückgriff. Sein Erdglobus war der erste, der in den Niederlanden konstruiert worden war.[11] Im Begleitbuch zu diesem Globus hatte der Mönch »den Unsinn des Ptolemäus und anderer früher Geographen«[12] widerlegt, indem er sich auf alle verfügbaren neuen Quellen stützte. Dazu zählten die Werke von Schöner und Apian sowie ein Bericht von Francisco de Hoces, der 1526 auf der südlichen Hemisphäre beim nullten Längengrad und beim 52. Breitengrad Land entdeckt hatte.[13] Darüber hinaus griff er auf Berichte der Überlebenden der Magellan'schen Weltumseglung zurück.

Monachus hatte sich noch nicht gänzlich von der traditionellen Geographie der alten Griechen verabschiedet. Die aristotelische Auffassung, wonach der südliche Pol der Erde von einer Landmasse bedeckt sein müsse, damit es einen Ausgleich zur Arktis im Norden gab, schien dem zu entsprechen, was Magellan und de Hoces (und auch Schöner) berichtet hatten. Der Mönch verband das Land, das Magellan südlich seiner Seestraße gesichtet hatte, mit dem Land, das de Hoces entdeckt hatte, und zog eine angenommene Küstenlinie um den Pol, die er mit der Erläuterung versah: »Dieser Teil der Erde von unsern Seefahrern noch nicht entdeckt.«[14] Die Karte in Monachus' Büchlein war eine der ersten, die von Magellans Umrundung der Südspitze Amerikas Notiz nahm und die Existenz des südlichen Kontinents bestätigte. In anderer Hinsicht waren die Darstellungen des Monachus strittiger. Abweichend von Waldseemüller hatte er »America« und »Asien« mit einem spitz zulaufenden Streifen Land verbunden. In der Mitte war der Landstreifen von einem Kanal durchschnitten, der breit genug war, um auf eine Seeroute von Europa nach Indien schließen zu lassen.

Monachus könnte Mercator, mit dem er wahrscheinlich in Kontakt stand, auch eine Karte der nördlichen Länder gezeigt haben, die er dem Buch *Inventio fortunatae* entnommen hatte, in dem die Reise beschrieben war, die ein verwegener Franziskaner aus

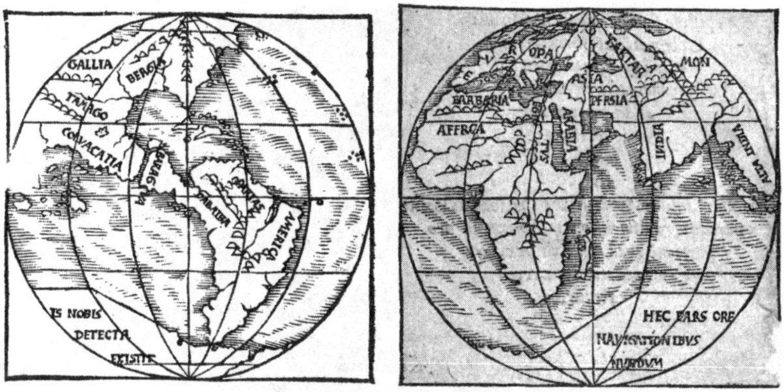

Die Weltansicht von Franciscus Monachus, *De orbis situ ac descriptione...*, ca. 1527.

Oxford zweihundert Jahre zuvor unternommen hatte und die ihn bis Grönland und möglicherweise sogar bis »Markland« (Labrador) geführt hatte.

Im Gegensatz zu de Hoces und dem unerschrockenen Franziskaner aus Oxford unternahm Monachus selbst keine Schiffsreisen, um Quellenmaterial zu sammeln. Seine Navigationskünste bewies er in Bibliotheken; er war ein Forschungsreisender auf der Suche nach verborgenen Texten. Von Monachus könnte der junge Mercator gelernt haben, dass das Streben nach kartographischer Korrektheit weniger von soliden Gewissheiten als von plausiblen Wahrscheinlichkeiten abhing.

*

Mercators Mentor wurde indes ein hagerer, brillanter Mathematiker: Gemma Frisius. Der Sohn armer Eltern aus dem friesischen Marschland war vier Jahre älter als Mercator und wurde in Groningen und dann in Löwen ausgebildet, wo er sich 1526 als armer Student am Lilien-Kolleg einschrieb. Im Gegensatz zu Mercator blieb Frisius an der Universität und studierte Arithmetik und Astronomie.

Gemma Frisius, Mercators Mathematiklehrer (1508–55).

Im Jahr 1530 veröffentlichte er »einen geographischen Globus mit den wichtigsten Sternen der achten Himmelssphäre«.[15] Dieser geniale Erd- und Himmelsglobus in einem wurde von einem Goldschmied aus Löwen, Gaspar van der Heyden, graviert. Dazu erschien eine dreiteilige Broschüre mit dem Titel *Gemma Phrysius de Principiis astronomiae & cosmographiae, deq[ue] usu globi ab eodem editi. Item de Orbis diuisione, & insulis, rebusq[ue] nuper inuentis* (Über die Prinzipien der Astronomie und Kosmographie, mit einer Anleitung zur Verwendung von Globen und Informationen über die Welt und Inseln und andere jüngst entdeckte Orte). So lang dieser Titel auch war, so verschleierte er doch die bahnbrechende Neuerung, die das Werk enthielt.

Denn das eigentliche Juwel in diesem schmalen Bändchen war im Schlussteil versteckt. Im 17. Kapitel löste Gemma nämlich das Problem der Längen. Die Spanier, erinnerte Gemma, hatten neue Länder bei Längenkreisen entdeckt, die »unbestimmt oder vollkommen unbekannt« waren. Die geographische Länge unter

Bezug auf Mondfinsternisse zu schätzen war unbefriedigend, weil Mondfinsternisse zu selten auftraten und Messungen durch parallaktische Verschiebungen beeinträchtigt wurden. Gemma stimmte mit Ptolemäus darin überein, dass Ortungen nach dem Mond aufgrund des gewundenen Kurses bei der Seefahrt für praktische Zwecke zu ungenau waren. »Deshalb möchte ich etwas anfügen«, erklärte er ohne großes Aufheben, »was ich mir ausgedacht habe...« Dieses »Etwas« war nichts weniger als die Lösung für das Problem der geographischen Länge. Im 18. Kapitel beschrieb Gemma auf einer halben Seite, wie ein Seemann mittels einer beweglichen Uhr, die auf die Ortszeit des Ausgangshafens eingestellt war, stets seine geographische Länge berechnen konnte, solange die Uhr nicht stehen blieb. »Kleine Uhren von genialer Bauart« existierten bereits, wie Gemma betonte. Solche Uhren waren »aufgrund ihrer geringen Größe kaum eine Last für den Reisenden« und liefen »oft 24 Stunden ununterbrochen und, wenn man will, mit beinahe unaufhörlicher Bewegung«.[16]

Gemma wurde von einflussreichen Kreisen, die weit über Löwen hinausreichten, an den kaiserlichen Hof nach Brüssel geholt. Eine maßgebliche Rolle spielte hierbei auch der polnische Botschafter Johannes Dantiscus, der schließlich versuchte, Gemma an die Weichsel zu locken, damit er dort mit einem anderen begabten Mathematiker namens Nikolaus Kopernikus zusammenarbeite. Dieser habe, so Dantiscus, gerade ein revolutionäres Werk zur Astronomie vollendet *(De revolutionibus orbium coelestium*, das erste Werk, das statt der Erde die Sonne in den Mittelpunkt des Universums setzte), war jedoch zu ängstlich, es zu veröffentlichen. Nach einigem Hin und Her zog Gemma jedoch nach Löwen zurück, wo er weiter lehrte und sich mit der graphischen Darstellung des irdischen Raums befasste. Und auch auf diesem Gebiet sollte er die Wissenschaft entscheidend bereichern.

Die Landvermessung hatte kaum Fortschritte gemacht, seit die Ägypter Felder vermessen hatten, indem sie drei Männer mit erhobenem Finger in einer Linie aufstellten. Auch im 16. Jahrhundert hantierten die Vermesser immer noch mit einem Seil und einer »hölzernen Stange, die eine Rute maß«, und mussten »umherfahren oder -gehen und sich jede Parzelle ansehen, um festzustellen, wie viele Morgen sie umfasst«.[17] Dies funktionierte bei Feldern und kleinen Besitzungen einigermaßen, war für die Vermessung größerer Areale jedoch ungeeignet. Karten größerer Regionen wurden zusammengestellt, indem man ungleichmäßig platzierte Meilensteine oder Radumdrehungen auf völlig ungeraden Straßen abzählte und die allgemeine Richtung der Straße mit einigen Kompasspeilungen abstimmte. Mittels regelmäßiger Bestimmungen der geographischen Breite ließen sich Nord-Süd-Abweichungen korrigieren; da aber die geographische Länge unmöglich genau zu ermitteln war, kam es mitunter zu enormen Ost-West-Abweichungen.

Gemmas neunzehnseitiges *Libellus de locorum* war in der zweiten Ausgabe seines *Cosmographicus liber Petri Apiani* enthalten, das 1533 in Antwerpen gedruckt wurde, etwa zu der Zeit, als Mercator dorthin kam. In diesem Traktat legte Gemma dar, wie man mittels einer einzigen Grundmessung ein Gebiet von beliebiger Größe vermessen könne. Dazu war lediglich ein simples Behelfsinstrument erforderlich: eine flache Holzscheibe mit einem Kreis mit Gradeinteilung und einem drehbaren Zeiger in der Mitte. Hielt man dieses »Planimetrum« waagrecht und richtete es mit einem Kompass so aus, dass seine Nord-Süd-Achse auf den magnetischen Nordpol zeigte, konnte der Vermesser den Zeiger auf einen bestimmten Geländepunkt ausrichten. Die Peilung ließ sich an der Skalenscheibe ablesen. Ermittelte man so die Werte zweier Geländepunkte, so ließ sich damit auch die Position eines dritten Punktes bestimmen. Gemma schlug vor, der Vermesser solle zuallererst eine geeignete Höhe erklimmen, etwa den höchsten Turm in der Stadt, dann ringsum eine Reihe von Peilungen vornehmen und diese in einen auf Papier gezeichneten Kreis eintragen.

In *Libellus de locorum* war weiter beschrieben, wie man diesen Vorgang von einem zweiten Turm aus wiederholt und dabei mit den sich überschneidenden Sichtlinien jeden Geländepunkt bestimmen kann. Schließlich wies Gemma darauf hin, dass sich mit einem dritten Durchgang von Peilungen eventuelle Probleme beheben ließen, die dann entstanden, wenn zwei Sichtlinien in einer Linie zusammenliefen. Küstenlinien und Flüsse, fügte er hinzu, ließen sich auf dieselbe Weise kartographieren.

Um eine Karte nach einem bekannten Maßstab zu zeichnen, so Gemma weiter, müsse der Vermesser eine Basislinie erstellen, indem er die tatsächliche Distanz zwischen zwei der zentralen Punkte maß. Er nannte Mecheln und Antwerpen als Beispiel und erläuterte, wie man die relative Position der beiden Städte in einem verkleinerten Maßstab auf eine Karte übertrug. Entfernungen zwischen anderen Orten auf der Karte ließen sich mit Hilfe ähnlicher Dreiecke berechnen. Eine abgemessene Basislinie zwischen Löwen und Antwerpen hätte genügt, um mit der ersten mathematischen Vermessung der Region zu beginnen.

Mit Gemmas Methode konnten Vermesser eine Region vollständig und präzise kartographieren, indem sie markante Punkte anpeilten. Und auf den weiten Flächen der Niederlande hatte die Kirche mit ihren Türmen die besten Voraussetzungen geschaffen. Die zweidimensionale Geographie dieser Flussebenen bot unbehinderte Sichtlinien, und die langen geraden Straßen eigneten sich ideal für das Abmessen von Basislinien.

Indem Gemma das Land mit imaginären Dreiecken überzog, gab er den Geographen auch ein verblüffendes neues Instrument an die Hand, um die Oberfläche zu vereinfachen, die sie graphisch darstellen wollten. Bei der Vermessung entstand durch die Triangulation eine mimetische (die Natur nachahmende) Karte, die in einem Maßstab von 1 : 1 gleichsam über die Landschaft gelegt wurde. Landkarten als Nachbildungen der Realität zu verstehen war eine der Wahrnehmungsveränderungen, die es den Kosmographen ermöglichte, sich von den imaginären Welten des Mittelalters loszulösen.

Einer der Ersten, der davon profitierte, war ein Bekannter Gemmas, ein *lantmetere* (Landvermesser) namens Jacob van De-

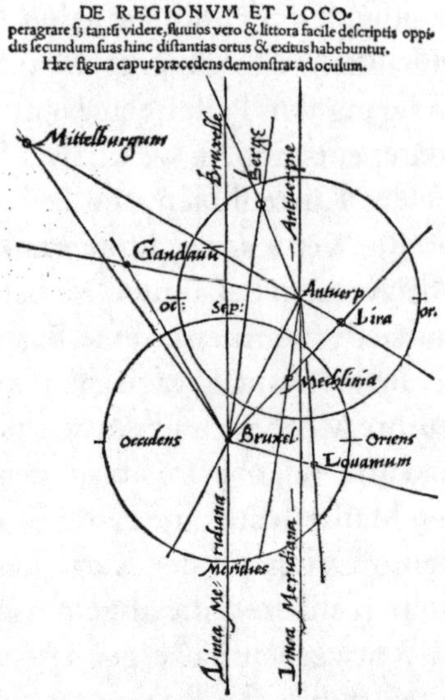

Die Verwendung der Triangulation bei der Vermessung, dargestellt von Gemma Frisius in seiner Abhandlung *Libellus de locorum describendorum ratione* ... (1533).

venter, der etwa um diese Zeit damit begonnen hatte, Brabant mit Hilfe der Triangulation kartographisch zu erfassen.[18] Die Konzentration geographischer Aktivität entlang der Achse Löwen–Mecheln–Antwerpen war gewaltig.

Monachus und Gemma waren Theoretiker, deren Erkenntnisse sich auch auf andere Berufe auswirkten – vom Vermesser und Kartographen über den Instrumentenbauer bis zum Verleger und Drucker. Vor allem die Antwerpener Drucker hatten eifrig auf die vielen Berichte über Reisen in ferne Länder reagiert. Verleger und Drucker wetteiferten um Anteile am Boom der Reiseliteratur und Kosmographie. Lateinische und landessprachliche Ausgaben von Vespuccis Reisen, Schilderungen exotischer Länder, die Eroberungszüge von Hernán Cortés, die Werke von Monachus, Apian und Gemma – alles wurde gedruckt und stand der Öffentlichkeit zur Verfügung. Die Geographie war nicht mehr darauf beschränkt, die Erscheinung der von Gott erschaffenen Welt zu beschreiben. In Deutschland interessierten sich die der lutherischen Reform folgenden Geographen viel mehr dafür, wie Gottes Welt tatsächlich *funktionierte*.

Mercator fand sich zwischen zwei Polen. Er bekannte sich zu dem göttlichen Weltplan, wie er in der Bibel dargelegt war, und fühlte sich zugleich vom Geist der mathematischen Geographie inspiriert. »Weisheit bedeutet, die Ursachen und Zwecke der Dinge zu kennen«, schrieb er später, »und diese können nirgendwo besser erkannt werden als im Gefüge der Welt, das vom weisesten aller Architekten gemäß den Ursachen, die in ihrer Ordnung zu beobachten sind, so herrlich entworfen und bereitgestellt worden sind.«[19] Gott und die neuen Erkenntnisse schienen auf dasselbe weise Ziel hinzuarbeiten.

Die Geographie war auch aus anderen Gründen unwiderstehlich. Jedem, der die Grundlagen der Mathematik beherrschte, bot dieses aufblühende Gebiet Geld, Gunst und Ansehen – allesamt Vorzüge, über die der arme Sohn eines eingewanderten Schusters nicht einfach so hinwegsehen konnte. Die Geisteswissenschaften versprachen nichts dergleichen. Mit offensichtlichem Widerstreben sah Mercator ein, dass seine philosophischen Studien »es ihm nicht erlauben würden, in den kommenden Jahren eine Familie zu ernähren, und dass sie ihn in noch viel größere Unkosten stürzen würden, bevor sie ihm eine gute Einkommensquelle für sich und seine Angehörigen bieten würden«.[20] Einen gewissen Druck auf den jungen Idealisten übte vielleicht auch Onkel Gisbert aus, der mit seiner Großzügigkeit die beiden privaten Studienjahre wahrscheinlich überhaupt erst ermöglicht hatte. Mercator hatte deshalb wohl auch das Gefühl, die Erwartungen seines Onkels, der sicher stets an eine klerikale Laufbahn gedacht hatte, enttäuscht zu haben.[21]

Zusätzlich verstärkt wurde der finanzielle Druck, der auf Mercator lastete, durch die wirtschaftliche Krise, die seit 1527 in großen Teilen Europas herrschte. Die auf dem Kontinent wütenden Kriege, Missernten, Hungersnöte und Seuchen verursachten Einbrüche im internationalen Handel und damit einhergehende Finanzkrisen. Die Löhne und auch die Nachfrage nach Gütern waren gesunken. Zuwächse verzeichnete allein die Zunft der Bettler. In Flandern und Brabant konnten sie zwischen dem Gang über die Grenze und dem Gang zum Galgen wählen.

Mercator wählte im Jahre 1534 einen dritten Weg.[22] Als mathematische Disziplin bot die Geographie eine sichere Einkommensquelle, sei es im Bereich der Lehre oder des Instrumentenbaus, vielleicht sogar auch der Kartographie. Er war knapp bei Kasse, nicht heiratsfähig und hatte nichts veröffentlicht. Also »verwarf er das Studium der Philosophie« und beschloss, dem Beispiel des unschätzbaren Gemma zu folgen. Mit dem Eifer des frisch Bekehrten »stürzte er sich auf die Mathematik«.[23]

6

Globen und andere praktische Geräte

Ende 1534 kehrte Mercator nach Löwen zurück und fand sich in Gemmas Vorlesungen über »Die Theorien der Planeten« ein.[1] Es ist nicht überliefert, wie lange Mercator brauchte, um zu erkennen, dass er seine Zeit und sein Geld verschwendete, doch es besteht kein Zweifel, dass es so war. Denn sein Studium an der Universität hatte ihn nicht ausreichend auf diese Thematik vorbereitet, und so überstieg Gemmas Unterricht seinen Horizont. Später erinnerte sich Mercator, dass die Vorträge »wenig Nutzen« bargen, weil er »noch nie Geometrie studiert« hatte.[2] Doch Gemma zeigte Mitleid mit seinem Studenten und gab ihm eine Lektüreliste.

Schließlich erinnerte sich Mercator an die Prinzipien des Juan Luis Vives: »Ein Hilfsmittel sollte schnell erworben werden«, hatte dieser geraten, »und der Vorbereitung sollte nicht mehr Aufmerksamkeit geschenkt werden, als der Ausführung einer Aufgabe angemessen ist.«[3] Also beschränkte sich Mercator ganz auf die Themen, die mit seinem Endziel zusammenhingen. »Ich habe die Mathematik vollkommen der Kosmographie untergeordnet«, erinnerte er sich später.[4] »Ich wählte aus diesen Themen nur das aus, was ich für meine Bedürfnisse für erforderlich hielt.« Und das war das notwendige Wissen, »um die Prinzipien der Geographie zu analysieren, den Aufbau, die Dimensionen und die Organisation des gesamten Weltapparats«.

Einige Elemente der Kosmographie waren leichter zu begreifen als andere. In der Astronomie konzentrierte er sich auf »die

Einteilung der Welten, das harmonische Verhältnis der Bewegungen, die Entfernungen und Größenordnungen der Sterne«, gab aber zu, dies nur »mit Schwierigkeiten« zu meistern.

In der Geometrie befasste sich Mercator »nur mit dem, was mich befähigte, die Positionen von Orten zu messen, chorographische [regionale] Karten zu zeichnen, die Ausmaße von Regionen zu bestimmen [sowie] die Entfernungen und die Größe von Himmelskörpern zu errechnen«. Auf Gemmas Rat hin studierte Mercator zu Hause das *Elementale Geometricum* von Johannes Vögelin, wobei er sich stets an den Friesen wandte, wenn er nicht mehr weiter wusste. Nachdem Mercator sich »die Grundlagen der Geometrie ohne große Schwierigkeiten angeeignet« hatte, nahm er Euklids *Elemente* in Angriff, von denen er die ersten sechs Bücher »innerhalb weniger Tage« bewältigte. Auch hier ging er wieder selektiv vor und suchte sich nur jene Sätze heraus, »die für meinen Beruf einigermaßen nützlich zu sein schienen«. Dazu zählten beispielsweise die Eigenschaften und Merkmale von Linien. Für die praktische Anwendung der mathematischen Theorie befasste sich Mercator mit den Werken des brillanten jungen französischen Mathematikers Oronce Finé.

Vives hatte Recht behalten. Waren die Prinzipien der Mathematik erst einmal verinnerlicht, öffnete sich plötzlich »der weitere Weg ... zum Verständnis der Fragen um die Erdkugel«, und »die Beurteilung der Planetenbewegungen« erschien wie »im hellsten Licht«. Endlich konnte Mercator sehen, wohin es mit ihm ging. Er erkannte rasch, dass die Anwendung der Mathematik »auf die Zusammensetzung des Universums einige ungeheuer ansprechende Überlegungen« ergab.[5]

*

Während sich Mercator zum Mathematiker wandelte, eignete er sich auch eine neue »mathematische« Handschrift an. Die *cancelleresca*, die »Kanzleischrift«, war aus Italien eingeführt worden; italienische Kopisten, die es als störend empfanden, bei den getrennten, lotrechten Lettern der Antiqua unendliche Male die Feder abzusetzen, hatten eine kursive Variante entwickelt, bei der die Buchstaben gerundet, nach rechts geneigt und miteinander verbunden waren. Diese neue Schrift, die ein viel schnelleres Schreiben erlaubte, hatte sich von den Kanzleien des Vatikan bis in die Schreibstuben von Florenz, Ferrara und Venedig ausgebreitet und wurde von Aldus Manutius sogar in den Buchdruck übernommen. Es dauerte zwanzig Jahre, bis die neue Schriftart in die Niederlande gelangte; der erste niederländische Drucker, der sie 1522 erprobte, war Dirk Martens aus Löwen.

Für die Löwener Landvermesser war die *cancelleresca* die Schrift der Zukunft. Aufgrund ihrer Klarheit, Verdichtung und Offenheit für dekorative Schnörkel eignete sie sich ideal für die Beschriftung von Instrumenten, Landkarten und Globen. Abgesehen von ihrem visuellen Wert, fand die *cancelleresca* besonderen Anklang bei Mathematikern. Trotz ihrer scheinbaren Flüchtigkeit folgte die Schrift ganz klaren mathematischen Prinzipen mit präzise definierten Regeln in Bezug auf die Form und den Neigungswinkel eines jeden Buchstaben.

Gemma hatte als einer der Ersten in Löwen die Kursivschrift auf einer Landkarte gesehen, denn in Apians *Cosmographicus liber* von 1524 war auf einer Karte Griechenlands für regionale Namen, wie etwa »*Macedonia*«, versuchsweise eine *cancelleresca* verwendet worden, während das übergeordnete »GRECIA« weiterhin in Großbuchstaben stand. Bei genauerem Hinsehen dürfte Gemma erkannt haben, wie klar und Raum sparend die Kursivschrift war.

Ein gelungenes Beispiel für die Anwendung der neuen Schrift war Benedetto Bordones *Isolario*, das 1528 in Venedig erschien.[6] Bordone, ursprünglich Miniaturenmaler und Illustrator aus Padua, legte ein höchst gelungenes Buch mit Inselkarten vor, die er sehr wirkungsvoll mit einer Kombination aus großen Antiqualettern und fließenden Kursiven beschriftete. Bordone hegte ähnliche Vorstellungen wie Gemma, denn als Miniaturist hatte er ebenfalls erkannt, dass »eine Weltkarte in der runden Form einer

Kugel etwas ganz Neues und vor allem von unglaublichem Nutzen« sei.[7] Weil die Kursivschrift leicht zusammenzurücken war, eignete sie sich ideal für die Beschriftung von Globen, auf denen der Raum noch beschränkter war als auf Karten.

Etwa zur gleichen Zeit wurde die neue Schrift auch im Werk zweier führender Kosmographen eingesetzt. Im Jahre 1533 veröffentlichte Sebastian Münster *Horologiographia*, eine Abhandlung über Sonnenuhren mit komplexen Abbildungen, deren detaillierte Beschriftung mit eng gesetzten Kursiven erfolgte. Und im selben Jahr erstellte Gemma die zweite Ausgabe der Apianschen Kosmographie für den Drucker Johannes Grapheus. Diese Ausgabe zeichnete sich durch mehrere verblüffende Veränderungen aus: Die zweite Rundscheibe und die himmlische Hemisphäre des *Cosmographicus liber* waren in kursiven Lettern beschriftet, und die Einführung sowie die Einleitung zum zweiten Teil des Buches, *Libellus de locorum*, waren nun in Lettern gesetzt, die den Einfluss des Aldus Manutius zeigten. Jede Illustration in Gemmas Handbuch der Vermessung war mit der neuen Kursivtype beschriftet.

Als Mercator sich die neue Handschrift aneignete, könnte er sich auf zwei Anleitungen gestützt haben, die Schreibhandbücher von Ludovico Cicentino (Arrighi) und Giovanniantonio Tagliente, die beide in den zwanziger Jahren des 16. Jahrhunderts erschienen waren. Dazu kam eventuell noch eine Anthologie von Ugo da Carpi. Mercator mochte sich die Technik der Kursivschrift in wenigen Tagen angeeignet haben, doch es sollte Jahre dauern, bis es nichts mehr zu verbessern gab.

*

Mercator wurde bald für seinen rigorosen Lerneifer belohnt. Die Universität gestattete ihm, Privatunterricht in Mathematik zu erteilen. Und es dauerte nicht lange, bis er sich auch mit der Konstruktion mathematischer Instrumente zusätzliches Geld verdiente. So baute er unter anderem »Sphären und Astrolabien... astronomische Ringe und ähnliche Apparate aus Bronze«.[8]

Unter den Löwener Handwerkern, von denen Mercator seine Kenntnisse im Instrumentenbau erworben haben könnte, kommt am ehesten der Graveur und Globenmacher Gaspar van der Heyden in Frage.[9] Van der Heyden war ein vollendeter Künstler, der zu Beginn seiner Laufbahn Kupfersiegel und Silberketten für die Obrigkeit der Stadt gefertigt und für Monachus die erste gedruckte Erdkugel in den Niederlanden konstruiert hatte.

Beim Sägen, Feilen, Bohren, Polieren und Gravieren wurden Mercators Hände schwarz vom oxidierten Kupfer und Messing. Es war eine schweißtreibende Arbeit, aus Klumpen stumpfen Metalls komplizierte glänzende Instrumente herzustellen. Das Glitzern des Goldstaubs legte eine ganz besondere Aura über die Vermesser von Löwen. Mit diesen Instrumenten ließ sich die Wahrheit des Kosmos überprüfen. Gemmas Kreis mathematischer Praktiker wirkte außerhalb der Grenzen der akademischen Fakultät und der theologischen Dogmatik. Die komplizierte Gerätschaft, die in van der Heydens Atelier zusammengestellt wurde, sollte zu revolutionären Zwecken eingesetzt werden.

Einige der Geräte, die auf van der Heydens Werkbänken Form annahmen, hatte man noch nie zuvor gesehen. Andere, wie das Astrolabium, kannte man seit langem. Das Astrolabium hatte sich als solides, vielseitiges Instrument erwiesen; man konnte damit den Breitenkreis bestimmen, Kompasspeilungen vornehmen, die Zeit feststellen, Berghöhen berechnen und Horoskope erstellen. Eine Seemannsversion dieses »mathematischen Juwels«[10] war mit Kolumbus mitgesegelt.

Einer der Prototypen, der aus van der Heydens Werkstatt kam, war Gemmas »Astronomischer Ring«. Dieses Instrument, das Gemma in einer kurzen Schrift vom Februar 1534 beschrieb, war alles andere als leicht zu bauen; es bestand aus drei Ringen, die so zusammengesetzt waren, dass sie eine hohle Kugel bildeten, die in der hohlen Hand gehalten werden konnte. Der innere Ring musste sich innerhalb der beiden äußeren drehen lassen, und jeder Ring musste mit Skalen versehen werden, auf denen Grade, Stunden, Monate und Wochen, Tangenten und die Sternzeichen eingezeichnet waren.[11] Mit Gemmas Ring konnte jede Winkelmessung vorgenommen werden.

Der Ring, so gestand Gemma, war »nicht ausschließlich eine Erfindung von mir«. Er behauptete jedoch, er habe »den Ring so weit verbessert, dass er nicht mehr bloß die Stunden des Tages und die vier Himmelsrichtungen anzeigt, sondern inzwischen mit jedem beliebigen mathematischen Instrument konkurriert«. Was andere »hier und da in langen Abhandlungen über Quadranten, Zylinder und Astrolabien [sagen], kommt in diesem einen Ring zusammen«. Der Ring bewies aufs Neue, in welchem Maße Gemma fähig war, bereits bestehende Wissensgebiete in ein einheitliches Konzept zusammenzuführen.[12]

*

Von den diversen Instrumenten, die zu jener Zeit unter Mercators Händen Gestalt annahmen, sollte ihm besonders eines große Anerkennung einbringen. Zwar hatte bereits der alte Strabon erkannt, dass sich der Globus am besten dafür eignete, die bekannte Welt darzustellen, doch in den nachfolgenden Jahrhunderten waren Globen nur begrenzt verwendet worden, weil es sehr kostspielig und schwierig war, die Merkmale der Erde auf einer Kugel darzustellen. Einige Geographen hatten die geographischen Details auf Metallkugeln graviert, andere hatten sie auf Holz oder Papier gemalt. Keine zwei Globen glichen sich vollkommen. Durch den Druck wurde es möglich, mehrere identische und weniger teure Globen herzustellen. Auch hier hatte die Erfindungsgabe der Deutschen den Weg gebahnt. Auf Waldseemüllers bedruckten Globus von 1507 folgten Schöners bedruckte Erd- und Himmelsgloben. »Unzulängliche Kopien der Arbeit Schöners«[13] veranlassten Jean Carondelet, einen Geheimen Rat und Sonderberater Königin Marias von Ungarn, der Regentin der Niederlande, van der Heyden zuzureden, einen gedruckten Himmelsglobus anzufertigen. Für Carondelet war der Löwener Goldschmied »der fähigste Stecher von Weltgloben, den er kannte«.[14]

Von den Instrumenten, die in van der Heydens Atelier gefertigt wurden, war keines so kompliziert und teuer wie der Globus. Gedruckte Globen – ob Himmels- oder Erdkugeln – wurden unter größter Sorgfalt aus Papiermachehalbkugeln zusammengesetzt, die austariert, zusammengeleimt und mit Gips beschichtet werden mussten, damit sie eine perfekte Kugel bildeten, bevor die gedruckten Papiersegmente beziehungsweise »Keilstücke« auf die Oberfläche geklebt werden konnten. Diese wurde dann von Hand koloriert und lackiert. Die fertige Kugel musste auf ein relativ kompliziertes Gestell montiert werden. Ein Erdglobus wurde normalerweise mit einem Horizontring sowie einem skalierten Meridianring versehen, an dem sich ein »Stundenkreis« und ein Zeiger befanden. Schräg zum Meridianring verlief ein *circulis positionis*, mit dem Orte auf dem Globus markiert werden konnten. Der Globus konnte zudem mit einem *gnomon sphericum* ausgestattet sein, mit dem sich die geographische Breite bestimmen ließ.

Der bei weitem komplexeste Arbeitsgang beim Herstellen eines gedruckten Globus war das Stechen der Druckplatten sowie das Drucken und Aufkleben der Papierkeile auf die Kugeloberfläche. Bei dieser Technik, die in Deutschland erstmals von Waldseemüller und Schöner entwickelt wurde, mussten die kosmographischen Daten, die der Globus enthalten sollte, auf zwölf separate, spitz zulaufende Blätter gedruckt werden, die sich (theoretisch) nahtlos zusammenfügten, wenn man sie auf die Kugeloberfläche des Globus auftrug. Da Küstenlinien und Flüsse zwangsläufig über mehrere solcher Keilstücke hinweggingen, war die Gefahr unpassender Anschlüsse groß. Die Stecher lernten schnell, die Schriftzüge für Ortsnamen jeweils auf einem einzigen Keilstück unterzubringen. Die gedruckten Blätter wurden sorgfältig angepasst und aufgeklebt, wobei es darauf ankam, keinerlei Verschiebungen oder Falten entstehen zu lassen.

Wie Strabon betont hatte, ließ sich keine andere Form der Erddarstellung mit dem verkleinerten Kugelmodell vergleichen. Und als sich die seit alters her vertraute symmetrische Form der Erde in eine scheinbar willkürliche Anordnung von Land und Meer auflöste, wandten sich jene, die sich eingehender für die Geographie der Erde interessierten, an das ausgefeilteste Modell, das verfügbar war – den Globus. In den Niederlanden waren die führenden Köpfe auf diesem Gebiet Gemma Frisius und van der Heyden.

Seit 1531 hatten die beiden von einem gedruckten Erdglobus gesprochen, der das Modell ablösen sollte, das sie 1529 fertig gestellt hatten. Ihr geplantes Werk hatten die beiden geschützt, indem sie eine Reihe kaiserlicher Konzessionen erwirkten, zunächst eine für zehn Jahre und dann für eine revidierte Fassung eine für vier Jahre, die später auf zehn ausgeweitet wurde. In der letzten Fassung der kaiserlichen Urkunde vom Dezember 1535 hieß es, die beiden beabsichtigten, »einen Globus oder Ball der gesamten Welt herauszubringen, auf dem die kürzlich entdeckten Inseln und Länder hinzugefügt werden und der besser und vollständiger und schöner sein wird als ihr früherer [Globus]«. Die Urkunde erwähnte auch einen zweiten Globus, einen Himmelsglobus, »zum allgemeinen Gebrauch der Enthusiasten«.

Kaiser Karl V. hegte hohe Erwartungen. Der neue Erdglobus sollte etwas ganz Besonderes sein, ein Symbol für die technische Tüchtigkeit und den weltlichen Horizont seines Reiches. Der Globus, so wurde in der Charta verkündet, sollte »die Mathematik noch berühmter machen ... das Andenken an alte Königreiche und Ereignisse lebendig halten ... künftige Generationen mit unserer Zeit (und unserem Reich) vertraut machen, in der durch die Gnade Gottes sehr viele Inseln und Gebiete, die in früheren Jahrhunderten unbekannt waren, entdeckt wurden und von denen mehr als nur ein paar glücklicherweise mit der christlichen Religion bekannt gemacht werden ...« Gemmas neuer Globus sollte das Reich als irdischen Hüter der Vergangenheit und der Zukunft würdigen.

Als Gegenleistung dafür, dass die beiden Kosmographen die Erde nach den Maßstäben des Kaisers modellierten, sollte Karl sie vor Nachahmern schützen. Eine Strafe von zehn Silbermark drohte absolut jedem, der ohne Erlaubnis jedwede Globen oder damit verbundene Handbücher veröffentlichte, die den Namen Gemmas oder van der Heydens trugen. In der Charta wurde jegliches Kopieren »in derselben oder irgendeiner anderen Form« ausdrücklich untersagt. Damit sicherten sich die beiden Globenmacher das Urheberrecht an ihrem Material. Gemma und van der Heyden konnten ihr Privileg bis Februar 1539 geltend machen.[15]

Um den Wortlaut der Charta zu erfüllen, musste Gemma eine Kugel konstruieren, wie sie keiner am Hofe Karls V. je gesehen hatte, einen Globus von erlesener Schönheit, übersät mit den neuesten geographischen Daten – den aktuellsten Küstenlinien, Hunderten von Ortsnamen, Legenden, geographischen Beschreibungen, den wichtigsten Sternen …

Solch ein Globus konnte nicht mit hölzernen Druckstöcken gedruckt werden, da diese viel zu grob und unflexibel waren. Die jüngsten Werke von Monachus und Apian litten beide unter klobigen, unklaren Beschriftungen, übermäßig dicken Linierungen, Tintenflecken und plumpen Schraffuren. Der neue Globus musste also in Kupferplatten gestochen werden. Kupferplatten waren ein relativ neues Medium; sie waren sehr teuer, erzeugten aber bemerkenswerte Drucke. Man konnte größere Platten verwenden (weshalb sich Kupferplatten ideal für den Kartendruck eigneten), und in die gefügige Oberfläche ließen sich rundere Kurven und feinere Linien einritzen. Gravurfehler konnte man auf Kupferplatten viel leichter korrigieren, indem man den Fehler von hinten heraushämmerte und die Oberfläche neu polierte. Kupfer ermöglichte auch die Verwendung kleinerer, klarerer Beschriftungen. Sollte es van der Heyden und Gemma gelingen, einen von Kupferplatten gedruckten Globus herzustellen, so konnten sie – und der Kaiser – eine Premiere für sich in Anspruch nehmen.

Doch die Erwartungen des Kaisers (und der Ehrgeiz Gemmas) überstiegen die Fähigkeiten van der Heydens. Im Jahre 1535 hatte Gemma die ursprüngliche Konzession bereits zweimal geändert, aber den »besseren, vollständigeren und schöneren« Erdglobus hatte er noch immer nicht fertig gestellt. Van der Heyden war zwar der erfahrenste Globenbauer in den Niederlanden, und Gemma verfügte über die notwendigen mathematischen Kenntnisse, doch auch ihre vereinten Kräfte reichten für das geplante Vorhaben nicht aus.

Vielleicht verzögerte sich das Ganze auch aufgrund geographischer Zweifelsfälle, weil Gemma beispielsweise nicht sicher war, ob er zu seiner Behauptung stehen solle, »Amerika [sei] nicht mit Asien verbunden«. Oder sie suchten einen Kupferstecher, der die italienische *cancelleresca* beherrschte. Möglicherweise warteten sie auch auf einen Gönner, der einem Magellan'schen Globus Gültigkeit garantierte. Was auch immer der Grund für die Verzögerung gewesen sein mag – Ende 1535 sahen die beiden endlich ein, dass sie für ihren Globus einen dritten Mann brauchten. Dieser Dritte im Bunde sollte Gerhard Mercator sein.

7

Weder bekannt noch erforscht

Im Jahre 1535 war Maximilianus Transylvanus bereits ein alter Mann. Er hatte ein Leben lang im Dienste der kaiserlichen Diplomatie gewirkt, sich dann aber in seinen Palast in Brüssel zurückgezogen. Doch Transylvanus, eine vornehme, gebildete und weit gereiste Persönlichkeit, genoss unter Forschern und Kartographen als Autor des Berichts über die erste Weltumsegelung, *De Moluccis Insulis*, großes Ansehen. Der Diplomat war den Überlebenden der Magellan-Expedition persönlich begegnet, hatte mit ihnen gesprochen und ihre Erzählungen und Beobachtungen notiert, und er hatte das Ende von Magellans Entdeckungsreise als Augenzeuge erlebt.

Die arg mitgenommene Karavelle *Victoria* war am 6. September 1522 vom Atlantik in den Guadalquivir eingefahren und nach Sevilla gesegelt, an Bord die achtzehn ausgezehrten Überlebenden einer Flotte, die einst fünf Schiffe und 265 Mann gezählt hatte. Die Vormaststange der *Victoria* war verschwunden, und ihre Segel waren geflickt und befleckt. Bei der Flussgabel La Horcada wurde die Karavelle von einem Schiff aus Sevilla begrüßt und kroch um die letzte Flussbiegung an die Anlegestelle zu Füßen des achteckigen Torre del Oro. Unter den Augen einer neugierigen Menge feuerte das Geisterschiff seine Salutschüsse über den schlammigen Fluss. Am folgenden Tag führte Sebastian Elcano seine kranken Männer über die Hafenmauer. Barfuß, gebeugt und humpelnd schleppten sie sich dahin. Jeder trug eine flackernde

Kerze in das Franziskanerkloster. Vor dem Schrein von Santa Maria de la Victoria beteten sie für die Seele ihres Kapitäns und Generals Magellan, der mit einem Speer durch den Hals ums Leben gekommen war. Sie beteten auch für ihre gefallenen Kameraden – und für ihren Kaiser. Fünf Tage später wurde Elcano vom Kaiser an den spanischen Hof nach Valladolid zitiert. Vor dem Untersuchungsausschuss schilderten Elcano und seine hageren Kumpane, wie sie schließlich die verborgene Meerenge an der Spitze von Vespuccis »America« entdeckt hatten und achtundneunzig glühende Tage lang gesegelt waren, um das andere Ende des riesigen unbekannten Ozeans zu erreichen. Der Hof hörte von Schlachten und Schiffbrüchen und ließ sich berichten, wie Magellan sein Leben gelassen hatte, um in der mörderischen Brandung vor einer fernen Insel seine Männer zu retten. Und staunend lauschte der Hof den Berichten von den Molukken, den Gewürzinseln.

Zum Kreis der Zuhörer gehörte auch Maximilianus Transylvanus, ein Sekretär des Kaisers, der ihm über viele Jahre in England und Italien, Flandern und Deutschland gedient hatte. Transylvanus hatte die Aufgabe, die Heimkehrer zu befragen. Sein Bericht, *De Moluccis Insulis*, wurde 1523 in Köln gedruckt – in dem Jahr, in dem der Sohn eines Schusters im nahe gelegenen Gangelt elf Jahre alt geworden war.

Zwölf Jahre später wurden der ergraute Diplomat und der Schusterssohn durch einen Globus zusammengeführt. Denn zu den Globusbauern Gemma, van der Heyden und Mercator gesellte sich als vierter Transylvanus, der aus erster Hand von den Entdeckungen Magellans berichten konnte – für Mercator ein faszinierendes Erlebnis. Mercator sollte gemeinsam mit van der Heyden die Druckplatten für den neuen Globus stechen. Die Verbindung aus Kupferplattendruck und Cancelleresca-Beschriftung versprach ein Meisterwerk an kosmographischer Dichte, wie man es bei Globen bisher nicht gekannt hatte.

Bevor sie jedoch das Kupfer bearbeiten konnten, musste Gemma seine geographischen Daten erhärten. Dies war ein ermüdender

Koordinierungsprozess, denn der Mathematiker musste alle verfügbaren Berichte, Karten und ptolemäischen Koordinaten zusammentragen und aufeinander abstimmen. Eine präzise Darstellung der Welt hatte immerhin auch kommerzielle Bedeutung, denn je genauer die kontinentalen Umrisse bestimmt werden konnten, desto länger sollte der neue Globus im Druck bleiben.

Nur über einen einzigen Kontinent herrschte weitgehende Übereinstimmung. Die portugiesischen Karavellen, die seit vierzig Jahren die Handelswege nach Indien befuhren, hatten zu einem klaren Bild der afrikanischen Küste geführt. Afrika erstreckte sich nicht mehr mit parallelen Seiten direkt bis an die »Terra incognita«, die sich wie ein Band um die südlichen Gebiete des Planeten zog. Ptolemäus' Riesenkontinent war zugespitzt und bei etwa 35 Grad südlicher Breite gekappt. Zudem hatte Waldseemüller in seinem Holzdruck von 1513 über dreihundert Küstenorte rings um den Kontinent verzeichnen können.

Bei Gemma sollte Afrika also in dieser revidierten Form erscheinen – mit Küstenorten, die von den Portugiesen benannt worden waren, und einem Binnenland, das von den alten Stämmen aus der Zeit des Ptolemäus bevölkert waren: den Trogloditae in den Bergen an der Ostküste sowie den Nigritae und Garamantes im Norden. Die Bezeichnungen der beiden afrikanischen Inseln Madagaskar und Sansibar sollten vom großen Namengeber des Ostens, Marco Polo, übernommen werden. Um zu zeigen, dass ihre Gelehrsamkeit die Kluft zwischen der Autorität der antiken Lehrer und den Zeugnissen der modernen Seefahrer überbrückte, gaben die Globenmacher der Insel Madagaskar zusätzlich die Bezeichnung »vel S. Laurentu« (St. Laurent), unter der das Eiland bei jüngeren portugiesischen Besuchern bekannt war.

Alle übrigen Kontinente verwirrten Gemma mit unvereinbaren Widersprüchen. In Europa warfen die Küsten im Norden und im Süden große Fragen auf. Erst drei Jahre zuvor hatte der bayerische Kartograph Jacob Ziegler eine neue Karte Skandinaviens herausgebracht, die neben »Finlandia« einen zusätzlichen Meerbusen aufwies. Diese Karte stellte auch ein nicht-ptolemäisches

Schottland dar, das nördlich von England herausragte, ohne den traditionellen Knick nach Osten zur dänischen Küste hin. Obwohl Johann Ruysch in seinem Kupferdruck bereits 1507 ein ähnlich ausgerichtetes Schottland gezeigt hatte, hielt sich Gemma an Waldseemüller und Apian – und damit an Ptolemäus – und stellte ein rechtwinkliges Schottland dar. An Zieglers neuem Meerbusen fand er dagegen Gefallen.

Die südliche Begrenzung Europas war schon immer praktisch und zuverlässig durch das Mittelmeer bestimmt worden, doch seit der Antike war das Meer im Laufe verschiedener Kontroversen geschrumpft. Die jüngste Entdeckung riesiger Landmassen zwischen Europa und Indien bedeutete, dass Europa und Asien zusammengepresst werden mussten, wenn auf dem Globus genügend Platz für den neuen Kontinent bleiben sollte. Seit der Zeit des Ptolemäus hatte das Mittelmeer eine Breite von insgesamt über 60 Längengraden, das heißt ein Sechstel des Erdumfangs, eingenommen. Oronce Finé, auf dessen Karte von 1531 das Mittelmeer 56 Grad breit war, hegte mit mehreren Kartographen die Überzeugung, dass Europa bislang zu viel Raum auf dem Erdenrund eingenommen hatte. Die Verkleinerung des Mittelmeers hatte jedoch zur Folge, dass auch Spanien schrumpfte – was den Hof des Kaisers kaum begeistert haben dürfte. Der Franzose Finé musste auf derlei Empfindlichkeiten keine Rücksicht nehmen; er verkleinerte Spanien auf weniger als die Hälfte der Größe, die Bernardus Sylvanus dem Land in seiner ptolemäischen Version zwanzig Jahre zuvor verliehen hatte. Gemma fühlte sich außerstande, Ptolemäus zu widersprechen.

Galt Afrika als weitgehend erforscht, so eröffneten die Längenkreise östlich und westlich davon zunehmend Raum für Spekulationen. Die Erkundung Asiens war noch längst nicht abgeschlossen. Seit die Portugiesen den arabischen Händlern an die Küste Indiens gefolgt waren, hatte sich bestätigt, dass es sich bei dieser Halbinsel im westlichen Teil Asiens um ein Dreieck handelte, das zum Äquator hin spitz zulief. Das asiatische Festland östlich davon wurde jedes Jahr neu gezeichnet, wobei nur wenige

Berichte von so großem Einfluss waren wie *De Moluccis Insulis;* dieses Werk hatte eindeutig belegt, dass sich dieses Land nicht, wie bei Ptolemäus, von Südostasien bis halb zum Pol erstrecken konnte. Wie Monachus und Finé hackte Gemma den Stamm ab und ließ nur einen Stumpf übrig. Transylvanus hatte auch bestätigt, dass die vermeintlich größte Insel der Welt gar nicht existierte: »Denn wo Ptolemäus, Plinius und andere Geographen Taprobane verzeichnet hatten«, schrieb Transylvanus, »befindet sich jetzt keine Insel, die auch nur annähernd damit gleichgesetzt werden könnte.«[1] Darauf hatte schon Ruysch hingewiesen, der sich auf die Portugiesen berufen hatte. Im Jahre 1507 hatte er Taprobane über den Indischen Ozean geschoben, vor Malacca festgemacht und auf eine schwimmende Landmasse verkleinert, die nur wenig größer war als Madagaskar. Monachus, Waldseemüller und Finé waren ihm darin gefolgt. Dieser Darstellung schloss sich nun auch Gemma an.

Der Südpol war von einigen Kartographen mit einem Kontinent überzogen worden, der größer war als Europa, und von anderen mit einem Ozean. Die unerforschte Landmasse, die Monachus eingezeichnet hatte, leitete sich wahrscheinlich von der »Brasilia regio« ab, die nach Ansicht Schöners südlich von Amerika lag. Apian war Schöner gefolgt und verzeichnete eine Landmasse zwischen der Magellanstraße und dem Südpol. Dann platzierte Finé seine riesige herzförmige »Terra Australis« über den Pol, zusammen mit einigen Gebirgszügen und einer »Brasilie regio« an dem Teil seines Kontinents, der südlich von Indien lag. Obwohl Waldseemüller und Münster am Südpol überhaupt keinen Kontinent eingezeichnet hatten, folgte Gemma den Darstellungen von Monachus und Finé und skizzierte eine riesige Landmasse, die von der Spitze Amerikas durch die Meerenge getrennt wurde, welche Magellan entdeckt hatte. Indem Gemma den antarktischen Kontinent wieder aufgriff, verwarf er die Ansicht Elcanos und seiner Männer, die »meinten, es gebe keinen Kontinent, sondern nur Inseln, da sie auf jener Seite hin und wieder den Widerhall des tosenden Meeres an einem ferneren Teil der Küste hörten«.[2] Ohne solch einen Kontinent, der ein Gegengewicht zu den Landmassen auf der nördlichen Hemisphäre bildete, drohte die Welt in ein Ungleichgewicht zu geraten.

Amerika selbst hatte sich inzwischen in einer ziemlich zuverlässigen Form eingerichtet. Die »Neue Welt« verbreiterte sich von der Magellanstraße in einer Art Dreiecksform bis zu ihrer größten Breite etwas oberhalb des Äquators. Und hier oben waren die Probleme, die sich den europäischen Kosmographen stellten, am größten.

So wie Monachus und Finé es sahen, bildeten Amerika und Asien eine miteinander verbundene Landmasse. Monachus hatte die beiden Kontinente allerdings durch eine Meerenge getrennt, die gerade breit genug war, damit die Schiffe des Kaisers nach Ostindien und zu den Molukken gelangen konnten. Nach dieser Auffassung blieb Asien dort, wo Kolumbus es vermutet hatte, nämlich nur relativ unweit westlich von Europa.

Die Deutschen waren anderer Ansicht. Waldseemüller und später auch Apian und Münster hatten die Neue Welt von Asien weggerückt, wodurch ein riesiger Ozean entstand, in dem Marco Polos »Cipangu« (oder Apians »Zipangri«, das heißt Japan) lag. Alle drei Kosmographen vertraten die Auffassung, es gebe einen Seeweg vorbei an Waldseemüllers »Terra ulteri incognita« (oder »Terra de Cuba«, wie es auf Apians und Münsters neueren Karten hieß) nach Indien. Kein europäischer Hof wünschte sich so sehr wie der von Karl V., dass dies zuträfe. Es hätte nämlich bedeutet, dass die spanischen Schiffe nach der Überquerung des Atlantiks an Kuba vorbei nach Norden segeln und dann durch die noch unentdeckte Nordwestpassage nach Cipangu und nach Ostindien und zu den Molukken gelangen könnten.

Gemma schloss sich der Auffassung der Deutschen an. Der gemeinsam gefertigte neue Globus sollte einen schlanken Kontinent aufweisen, der nicht mehr als 30 Grad breit und von der arktischen Landmasse durch eine schmale Nordwestpassage und von Asien durch einen spitz zulaufenden Ozean getrennt war. Ihre Überzeugung stützte sich auf Berichte, die Monachus nicht gekannt – oder aber ignoriert – hatte, als er zehn Jahre zuvor mit van der Heyden seinen Erdglobus erstellt hatte. Die betreffenden Berichte stammten von den Gebrüdern Corte Real und von den Cabotos.

Als Giovanni Caboto 1497 von Bristol aus nach Westen gesegelt war, sichtete er Land, das er für Asien hielt. Zwölf Jahre später brach sein Sohn Sebastiano nach Nordwesten auf, um nach der Einfahrt der vermuteten Passage zu suchen. Etwa um dieselbe Zeit – 1501 oder 1502 – stießen zwei portugiesische Brüder, Gaspar und Miguel Corte Real, jenseits des Westlichen Ozeans ebenfalls auf Land. Beide Brüder blieben jedoch verschollen. Der Löwener Globus sollte andeuten, dass die Brüder Corte Real die Küste Asiens erreicht hatten.

Schließlich stand noch die Frage des Nordpols im Raum. Während Finé und vor ihm Ruysch vier Inseln um einen wasserbedeckten Nordpol verzeichnet hatten, war Gemma der festen Überzeugung, dass die gesamte Polarregion aus einer gewaltigen Landmasse bestand, die mit Asien und Europa durch zwei Arme verbunden war, welche ein riesiges »Mare glaciale« umschlossen. An dieses Bild von vier Inseln sollte sich Mercator später noch einmal erinnern.

*

Als der Schustersohn seinen Grabstichel zur Hand nahm und die Namen neuer Länder in die Druckplatte ritzte, wusste er, dass es noch nie solch einen Globus gegeben hatte. Allein schon die Zahl der Ortsnamen, die Mercator auf den Keilstreifen unterbrachte, musste Gemma in Staunen versetzt haben. Während Waldseemüller fünfzig Orte auf eine Wandkarte Amerikas brachte, die so breit war wie ein Mensch groß, packte Mercator sechzig auf eine Kugel mit einem Durchmesser von ganzen zwei Handspannen.[3] Am Ende waren bekanntere Küsten wie die von »Brasilia« und Afrika so mit Namen übersät, dass dazwischen gar kein Raum mehr blieb. All diese Namen mussten auf die Landoberflächen gequetscht werden, damit sie nicht die wichtigeren Seeseiten der Küsten verdeckten. Die freie Küstenlinie bedingte also ein überfülltes Hinterland, wo der Name eines Hafens etwa mit dem eines Flusses, eines Berges oder eines Sterns um Platz rang.

Damit jene, die den Globus einmal verwenden sollten, die verschiedenen Arten von Information besser unterscheiden konnten, führte Mercator eine kalligraphische Konvention ein: Er benutzte Großbuchstaben für Regionen, Antiqua für Ortsnamen und Kursiva für Sternnamen und geographische Beschreibungen. In Europa, wo es nicht genügend Raum für die Namen sämtlicher großen Städte gab, zeichnete Mercator Zahlen ein, die in einer im südlichen Atlantik platzierten Legende erläutert wurden.

In verschiedenen Legenden wurde betont, dass man bei der Anfertigung des Globus die allerneuesten Berichte berücksichtigt hatte. Gegenüber der arktischen Verbindung zu den Molukken brachte Mercator einen Hinweis auf die Cabotos an: »Arktische Straße oder Straße der drei Brüder, durch welche die Portugiesen versuchten, nach Indien und zu den Molukken zu gelangen.«[4] Die Nordwestpassage existierte also, weil Seefahrer *versucht* hatten, sie zu finden – und sie existierte, weil Globenmacher versucht hatten, sie darzustellen. Um ihre Überzeugung zu bestärken, dass die Brüder Corte Real an der Arktis entlang nach Asien vorgestoßen sein mussten, schufen die Globenbauer auf halber Höhe der asiatischen Küste eine stummelartige Halbinsel, die Mercator als »Promontorium Corterealis« bezeichnete.

Die Globenbauer von Löwen bestätigten auch, dass es zwischen Florida und der »arktischen Meerenge« Land gab, auch wenn dieses noch unerforscht war. Zieglers Buch *Quae Intus* hatten sie entnommen, dass das östliche Ende der Küste Grönlands – beziehungsweise »Terra Bacallaos«, das »Land des Kabeljaus« – mit dieser unbekannten Küste übereinzustimmen schien, und so wurde »Baccalearum Regio« zum obersten Ende dieses nördlichen Kontinents. Da es keinen allgemein anerkannten Namen für dieses Neuland gab, benannten sie es nach Nuño Guzmans jüngster Goldsucherexpedition: »Hispania major a Nuño Gusmano devicta anno 1530.«[5]

Gemma und seine Partner gaben damit dem Erdteil, der sich nördlich von Amerika anschloss, eine präzisere Form, als es Waldseemüller vermocht hatte. Die Westküste dieses Kontinents war jedoch vollkommen unbekannt. Zwischen Hispania nova und Baccalearum Regio war von keiner Landsichtung berichtet worden. Neben diese riesige und äußerst auffällige Zone absoluter Spekulation platzierte Mercator eine Erklärung, mit der jede Verantwortung zurückgewiesen wurde: »Diese Küsten«, schrieb er, »vom Hafenort Matonchel bis zur Mündung der arktischen Straße sowie das betreffende Binnenland sind weder bekannt noch erforscht.«[6]

*

Die Arbeit an dem Globus dauerte bis in den Winter 1535 und zog sich bis in das neue Jahr. Eine der letzten Aufgaben bestand darin, den Text für die ausschmückenden Kartuschen zu entwerfen. Die drei Globenbauer widmeten ihr Werk dem altehrwürdigen Maximilianus Transylvanus, der einige der wichtigsten Details beigesteuert hatte; ihre eigenen Namen erschienen in einer zweiten Kartusche unterhalb des Tropicus Hybernus. Das Werk war von »Gemma Frisius, Arzt und Mathematiker … nach diversen Beobachtungen durch Geographen« gestaltet. Der letzte Abschnitt des Textes gab zu verstehen, dass das jüngste Mitglied des Teams den größten Teil der Kupferstiche ausgeführt hatte: »Gerard Mercator von Rupelmonde stach sie mit Gaspard van der Heyden, bei dem das Werk, ein Produkt von ungewöhnlichem Wert und nicht minderem Aufwand, zu erwerben ist.«[7]

Noch nie hatte jemand in Löwen solch einen Globus gesehen. Gemma hatte die Kontinente unter ein Netz von nummerierten Längen- und Breitenkreisen geheftet. Amerika und sein nördliches Anhängsel waren zwischen dem euro-afrikanischen Block und Asien festgemacht. Jeder, der Karten von hölzernen Druckstöcken gewohnt war, dürfte gestaunt haben, wie klar und exakt Mercators kursive Beschriftung war. Und der Globus war auch hübsch verziert mit Segelschiffen und Meerestieren, ein paar versprenkelten Sternen und einigen von Vespuccis sexbesessenen Kannibalen im brasilianischen Binnenland. Die Weltkugel zeichnete sich darüber hinaus durch sensationelle Aktualität aus: Die Siedlung »S. Michaelis« in der Neuen Welt war erst drei Jahre zuvor von Pizarro gegründet worden; der Hinweis auf »Nuño Gusmano« bezog sich auf die Expedition des Spaniers von 1530; und der Reichsadler, der über den Dächern von Tunis schwebte, symbolisierte die Eroberung der Stadt durch Karl V. im Juli 1535, nur wenige Monate vor Drucklegung der Keilblätter dieses Globus.

Der Name Mercator war damit in die Zukunft der Kartographie eingraviert. Aber Mercator selbst – und vielleicht *nur* er selbst – wusste, dass seine Beschriftung alles andere als perfekt war. Die paar Jahre, die er zum Üben gehabt hatte, genügten nicht, um einen ungezwungenen, persönlichen Stil zu entwickeln. Die Buchstaben *m* und *n* bereiteten nach wie vor Schwierigkeiten, da sie leicht verrutschten und sich unregelmäßig neigten, und er wusste, dass auch das *f* und das *c* nicht ganz korrekt aussahen.

Durch seine Mitarbeit an dem Globus hatte sich Mercator auf eine ganz besondere Gestalt der Schöpfung Gottes festgelegt. Die Kartenmacher hatten ihre Ungewissheiten stets verbergen können, indem sie die bekannte Welt – Europa, Afrika und das westliche Asien – ins Zentrum ihrer Blätter rückten. Unbekannte Zonen wurden an die Ränder der Karten gedrängt, an denen vage Kontinentalumrisse in dekorative Umrandungen und Kartuschen übergingen. Ein Globenbauer konnte weniger bekannte Landmassen nicht in dieser Weise verschleiern, denn eine Kugel hatte keine Ränder.

8

Himmlische Jungfern

In den zwei Jahren, seit Mercator aufgehört hatte, mit der Philosophie zu liebäugeln, hatte sich viel verändert. Er hatte nun ein Einkommen, sein Ruf wuchs beständig – und er hatte ein Mädchen aus Löwen kennen und lieben gelernt. Barbara Schelleken war die Tochter von Jan Schelleken und dessen Frau Johanna, geb. Switten. Wie Mercator war Barbara eines von sieben Kindern, und auch sie hatte ihren Vater sehr früh verloren. Jan Schelleken war im März 1528 gestorben, ein paar Jahre, bevor Mercator nach Löwen gekommen war. Mit einer Schwester und fünf Brüdern war Barbara, wahrscheinlich nicht ohne Not, von der unverwüstlichen Johanna großgezogen worden.[1]

Im Haus der Schellekens lernte Mercator nach langer Zeit wieder ein Familienleben kennen. Er fand Barbaras Gesellschaft ausgesprochen reizend. Sie war ein Mädchen von »keuscher Moral« und zeigte sich ungeheuer tüchtig im Haushalt.[2] Es gab jedoch noch einen anderen Grund, weshalb es Mercator über die Schwelle der Schellenkens zog. Während die Mutter in den Traditionen der katholischen Kirche verhaftet blieb[3], begeisterte sich die Tochter Barbara wie Mercator für das Evangelium.

Mercator konnte Barbara mit einiger Sicherheit die Gewähr bieten, inzwischen eine Familie ernähren zu können. Das Paar heiratete Anfang September 1536. Mercator war vierundzwanzig. Er war zwar immer noch karg bemittelt, doch er war fleißig, fromm und redlich, und sein Name prangte auf einem Werk, das weitere Aufträge erhoffen ließ. Nach Jahren in Wohnheimen für arme Studenten dürfte er sich innig nach dem Schoß einer Familie gesehnt haben. In der fleißigen Barbara fand er nicht nur eine Gefährtin, die seine Liebe erwiderte und seinen Glauben teilte, sondern eine Braut, die kochen, nähen und ihm Kinder gebären konnte. Im Dezember trug Barbara ihr erstes Kind unter dem Busen.

*

Es war eine Zeit, in der Vertrauliches am besten zwischen den Wänden des Schlafzimmers bewahrt wurde. In den Straßen von Löwen herrschte ein Geist des Misstrauens. Seit den religiösen Verfolgungen der zwanziger Jahre hatte die gebildete Schicht einiges von ihrer Begeisterung für die neuen Lehren eingebüßt. Für die konservativen Theologen Löwens war Luther die Wurzel allen Übels, und alle Andersdenkenden galten gleich als »lutherisch«. Ein unbedachtes Wort, ein mitgehörtes Gespräch oder ein verlegter Brief konnten den Vorwurf der Ketzerei zur Folge haben.

Die Gefahren für die heimlichen Anhänger des Evangeliums in Löwen waren noch größer geworden, als der gefürchtetste Theologe der Universität, Jacobus Latomus, wieder in die Stadt kam. Der kleine, Furcht einflößende Gelehrte mit seinen schmalen Lippen, düster verquollenen Augen und hinkendem Gang hatte seit dem Jahr 1500 an der Universität von Löwen studiert und gelehrt, war aber wenige Monate vor Mercators Immatrikulation auf eine Stelle nach Cambrai gewechselt. Latomus war einer der eifrigsten Vorkämpfer der katholischen Kirche gegen Luther und ein scharfer Gegner des Erasmus.

Beinahe ebenso bekannt wie Latomus war der Theologieprofessor Ruard Tapper, der in Löwen einst aristotelische Physik und Logik gelehrt hatte. Trotz schlechter Umgangsformen, nachlässiger Kleidung und eines Sprachfehlers war Tapper zum Rektor des Kollegs vom Heiligen Geist, zum Kanon von St. Peter und kurz zuvor zum Kanzler der Universität aufgestiegen. Er war ein gefürchteter Sachverständiger in theologischen Fragen und verfügte über mehr als zehnjährige Erfahrung mit Ketzerprozessen. Sein Urteil schätzte nicht zuletzt der Generalprokurator Pierre Dufief, der sich den schaurigen Ruf eines perfekten Beweismittelbeschaffers gesichert hatte, indem er Briefe auf ketzerische Passagen untersuchte, und der Verhöre und Folterungen vornahm, Geständnisse erpresste und sich persönlich um Autodafés kümmerte.

Mercator hatte guten Grund, sich Dufiefs Aufmerksamkeit zu entziehen, denn erst kurz zuvor hatte der Generalprokurator den Engländer William Tyndale in die Falle gehen lassen. Ein Jahr bevor Mercator heiratete, weilte der englische Übersetzer der Lutherbibel in Antwerpen, wo er von einem gewissen Henry Phillips an den Brüsseler Hof verraten wurde. Tyndale wurde verhaftet und in das Schloss Vilvorde verbracht, eine düstere alte Festung zwischen Löwen und Brüssel. Tyndales Besitztümer und Bücher wurden beschlagnahmt und verkauft, um die Kosten für seine Haft zu decken. Latomus und Tapper leiteten als maßgebliche Theologen in einer siebzehnköpfigen Kommission unter Dufiefs Vorsitz das Verfahren. Sie verstrickten Tyndale in einen Disput über lutherische Thesen. Ein paar Wochen nach Mercators Heirat wurde Tyndale aus seiner Zelle geführt, erdrosselt und verbrannt.

*

Die Vermesser von Löwen gingen weiterhin ihren Forschungen nach. Im Mittelpunkt dieser Gruppe stand Gemma, der 1536 das Lizentiat in Medizin erworben hatte.

Im Herbst tauchte auch Andreas Vesalius – der eifrige Medizinstudent, der mit Mercator im *Castrum* gewohnt hatte – wieder in Löwen auf. Nach drei Jahren hatte er seinen Aufenthalt in Paris abbrechen müssen, weil Karl V. im Juli Frankreich angegriffen hatte. Vesalius war von Hippocrates und Galen so inspiriert wie Mercator von Ptolemäus und hatte bereits mit eigenen Studien des menschlichen Körpers begonnen. Über die Rückkehr in das

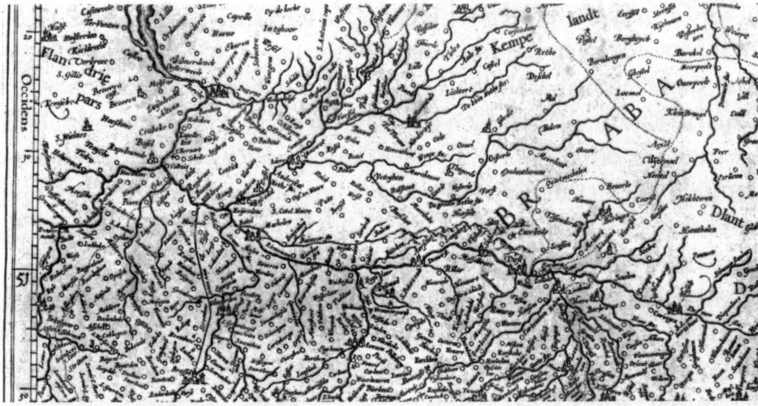

Mercators Heimat in seiner ersten Lebenshälfte. Ausschnitt aus seiner unbetitelten Karte von 1585 mit Rupelmonde und Antwerpen (oben links), Löwen (unten Mitte) und Brüssel (unten links). Mecheln ist zwischen Antwerpen und Löwen zu erkennen.

konservative Löwen war er alles andere als begeistert. An der Medizinischen Fakultät in Paris hatte Vesalius einige Male beim Sezieren zugesehen und auf der Rückreise aus Frankreich auch erstmals an einer Autopsie teilgenommen. Nun begann er, den Aufbau des Körpers methodisch zu erfassen. Nach seinem Eintreffen in Löwen lernte er »den gefeierten Arzt und Mathematiker Gemma Frisius« kennen, mit dem er sich auf die »Suche nach Knochen« machte. Vor den Stadtmauern, »wo die hingerichteten Verbrecher gewöhnlich neben den Landstraßen deponiert werden«, stießen sie auf einige Leichen, von denen eine »über einem Strohfeuer teilweise verbrannt und verkohlt war und dann an einen Brandpfahl gebunden« worden war. Wie Vesalius später schwärmte, war dies »eine unerwartete, aber willkommene Gelegenheit«, denn »die Knochen waren vollkommen bloßgelegt und nur noch durch die Ligamente verbunden, sodass nur noch die Ansätze der Muskeln erhalten waren«. Mit Hilfe Gemmas erklomm Vesalius den Scheiterhaufen und trennte den Oberschenkelknochen vom Hüftbein ab. In den folgenden Nächten kehrte er an die Stelle zurück und schmuggelte die übrigen Leichenteile in die Stadt, wo er die Knochen kochte und das Skelett so schnell zusammensetzte, dass er jeden überzeugen konnte, er habe es »aus Paris mitgebracht«.[4]

Auch Gemma war inzwischen Vater geworden und hatte sich immer mehr der Medizin verschrieben. Daher dürfte es Mercator gefreut und erleichtert haben, als der Friese den Vorschlag machte, als Pendant zu ihrem Erdglobus einen Himmelsglobus zu konstruieren. Gemma hatte seine eigenen, astrologischen Gründe, ein Modell des Himmels zu bauen. Ein Himmelsglobus diente nicht nur dazu, die Position neuer Sterne zu bestimmen, den Breitenkreis eines Ortes auf der Erde zu ermitteln und die Dauer der Dämmerung zu schätzen, sondern gab auch Auskünfte über die Tierkreiszeichen und ermöglichte es so, die Kulmination eines Sterns vorauszusagen. Himmelsgloben galten als unentbehrlich, wenn es darum ging, den günstigsten Zeitpunkt für eine Entscheidung oder eine Unternehmung auszusuchen. Himmelsgloben waren allerdings keine getreuen Abbildungen des Himmels in dem Sinne, wie ein Erdglobus ein Modell der Erde darstellte. Weil sich der Himmel nicht in der Weise abbilden ließ, wie er von der Erde aus sichtbar war, stellten die Konstrukteure von Himmelsgloben die Planetenkonstellationen auf einer künstlichen Sphäre dar. Der Benutzer betrachtete den Himmel gleichsam von einem Standpunkt außerhalb des Universums.

Gemma suchte nach der besten Quelle und gab ihr eine neue, stilvolle Form. Diese Quelle waren die beiden Holzschnittplanisphären der nördlichen und südlichen Himmelshemisphären, die Albrecht Dürer und die Mathematiker Johann Stabius und Conrad Heinfogel 1515 veröffentlicht hatten. Die beiden Planisphären waren die ersten gedruckten Sternenkarten. Die Darstellungen der Konstellationen waren nicht nur vollendet ausgeführt, sondern auch exakt berechnet.

Gemma und seine Mitarbeiter zeichneten und stachen die Himmelskarten in Form von Globuskeilen. Die Abbildungen der Konstellationen wurden mit geringfügigen Änderungen übernommen. Am Ende des Sternenflusses namens Eridanus wurde eine plumpe Stelle auf Dürers Original mit einer nackten Jungfrau verziert, die aus einer der jüngsten Ausgaben des *Hyginus fabularum liber* stammte.[5] In gewinnender Pose schwamm sie gleichsam dem Südpol entgegen. Die Erscheinung dieser himmlischen Badeschönheit war ebenso eindrucksvoll wie sinnlos, doch dürfte sie dem kommerziellen Erfolg des Globus nicht geschadet haben. Gemma führte auch Symbole für die sechs Sterngrößen ein, die Ptolemäus in seinem *Almagest* beschrieben hatte.

Das Kopieren erforderte wenig Aufwand, und so wurde der Himmelsglobus bereits 1537 fertig gestellt. Das Ergebnis war phänomenal. Es war ein Dürer mit einer zusätzlichen Dimension. Die Namen der drei Schöpfer wurden auf dem Globus genannt, diesmal jedoch ohne Unterscheidung ihrer Rollen. Es hieß, der Globus sei das Werk »von Gemma Frisius, Arzt und Mathematiker, Gaspard van der Heyden und Gerard Mercator von Rupelmonde«.[6] Damit gewann Mercator – wenn vielleicht auch ungerechtfertigt – eine größere Bedeutung als bei dem Erdglobus. Da dies das zweite Stück eines Globenpaares war, schien es nicht nötig, die einzelnen Aufgaben erneut genau zu benennen. Wer jedoch nur den Himmelsglobus sah, musste den Eindruck gewinnen, Mercator und van der Heyden hätten den gleichen Rang inne wie Gemma. Mercator war zu den Sternen aufgestiegen.

*

Barbara brachte am 31. August 1537 ihr erstes Kind, einen Jungen, zur Welt. Sie gaben ihm den Namen Arnold. Für Mercator war dies eine Zeit von berauschender Zuversicht, eine Zeit der Produktivität, Kühnheit und Hingabe. Angeregt durch seinen »erfreulichen Fortschritt in den mathematischen Künsten, konzentrierte er sich ganz darauf, Karten zu stechen«.[7]

Mercator hatte auch allen Grund, zufrieden und zuversichtlich zu sein. Er hatte sich in Mathematik geschult, konnte widersprüchliche geographische Quellen in Einklang bringen und hatte sein Talent als Kartenstecher und als Meister der Kursivschrift unter Beweis gestellt. Damit beherrschte er sämtliche Aspekte der Kartenstecherkunst.

Und die Nachfrage nach Karten stieg. Die erhöhte Zuverlässigkeit von Karten und deren Massenverbreitung durch die Drucktechnik ermöglichte es Soldaten, Politikern, Fürsten, Kaufleuten und Seefahrern, Regionen unter die Lupe zu nehmen, ohne einen Schritt vor die Tür zu machen. Strategien und Vorgehensweisen konnten auf einem Blatt gedruckten Papiers geplant und überprüft werden.

Auch der aufstrebende friesische Jurist Vigius van Aytta gewann auf diese Weise die Kenntnis von Orten, Regionen und Menschen. Er sammelte eifrig Karten, unter anderem auch von der Region, die damals vom Aufkommen des Anabaptismus aufgerührt wurde, denn Vigius war ein unverblümter Gegner religiöser Freiheiten.[8]

Wie Vigius war auch Frans van Cranevelt ein Kenner und Sammler kartographischer Werke. Er hatte in Köln und Löwen studiert und lebte inzwischen mit seinen Büchern und Karten in einem großen Haus in Mecheln, wo er seit 1522 auch dem Großen Rat angehörte.

Möglicherweise machte Mercator die Bekanntschaft mit Cranevelt durch seinen alten Studienkollegen Antoine Perronet, der kurz zuvor zum Bischof von Arras ernannt worden war. Ziemlich sicher dürfte Mercator jedoch Perronets Vater kennen gelernt haben – Nicolas Perronet de Granvelle, des Kaisers Ratgeber und Siegelbewahrer, der ebenfalls mit Vigius und Cranevelt befreundet war. Mercator fing bereits an, nützliche Kontakte zum Hof zu pflegen; einer seiner Vermittler war der Grammatiker Adrien Amerot, der von Granvelle mit der Ausbildung seines Sohnes, Antoine Perronet, betraut worden war. Er sollte sich bald auch für Mercator einsetzen.[9]

Cranevelt konnte Mercator viele Türen öffnen. Er war mit dem Rektor der Universität, Pieter de Corte, und auch mit Gemma Frisius bekannt; eine enge Freundschaft verband ihn ferner mit dem polnischen Gesandten Johannes Dantiscus und mit Nicolaus Olah (Olaus), dem langjährigen Berater der Schwester des Kaisers und Statthalterin in den Niederlanden, Königin Maria von Ungarn. Aus diesem Kreis höfischer Humanisten trat nun Cranevelt hervor und unterstützte Gemmas jungen Kartenstecher bei der Herstellung seiner ersten Landkarte. Es sollte eine Karte Palästinas sein, jenes fernen Landes jenseits des Mittelmeers, in dem sich Gott erstmals offenbart hatte. Die dortigen Städte, Flüsse und Stämme waren zwar in den Bibelkarten Liesvelts und seiner Nachfolger eingezeichnet gewesen, doch dem vielseitigen Cranevelt, der sich selbst Hebräisch beigebracht hatte, schwebte eine Karte vor, die er an die Wand hängen konnte und die in einer Klarheit und Genauigkeit erstrahlte, wie sie nur mit einem Kupferdruck zu erzielen war.

Mercator kannte Palästina besser als jede andere Region außerhalb der Niederlande. Er war mit der Geschichte und den Geheimnissen dieses Landes aufgewachsen, denn die erste Karte, welche die meisten Menschen seiner Generation je zu sehen bekamen, war eine Karte Palästinas. Und wie die Bibelkarten seiner Kindheit, so sollte auch seine Karte die Strecke zeigen, die im 4. Buch Mose beschrieben wird. Der Sohn eines Einwanderers begann seine Laufbahn als Kartenmacher, indem er jene Wanderung nachzeichnete, die das Volk der Israeliten aus der Knechtschaft in Ägypten ins Gelobte Land geführt hatte.

9

Terrae Sanctae

Die erste regionale Karte, die je gedruckt wurde, war ein Holzschnitt Palästinas. Als Mercator und Cranevelt einander begegneten, war das Heilige Land wahrscheinlich das am meisten auf Karten verewigte Gebiet überhaupt. Der Ort, an dem Gott sich erstmals offenbart hatte, sollte auch der Ort sein, den die Kinder der Kirche Jesu Christi als Erstes kennen lernten. Als die Drucktechnik Verbreitung fand, erschien das Heilige Land auf einer Pilgerkarte von Bernard von Breitenbach, auf einer Pariser Kopie von Lucas Brandis' Originalholzschnitt und als moderne Karte in neueren Ausgaben der *Geographike* des Ptolemäus.

Das Volk der Niederlande kannte die Geographie des Heiligen Landes durch die Doppelkarte im Folioformat, die in die Bibeln eingebunden war, welche nach dem Erfolg von Liesvelts Lutherausgabe von 1526 massenweise von den Antwerpener Pressen kamen. Im Jahre 1537 war Mercator wohl auch mit Liesvelts verkleinerter Version von Cranachs Wandkarte vertraut und kannte wahrscheinlich auch eine zweite Bibelkarte, die seit 1535 in Umlauf war und die Miles Coverdale der ersten vollständigen englischen Bibel beigegeben hatte. Das Titelblatt von Coverdales Ausgabe hatte Hans Holbein gestaltet, der auch an der Karte – einer weit klareren Version als Cranachs – mitgearbeitet haben könnte.

Holbein – oder der tatsächliche Zeichner – hatten viele zusätzliche heilige Orte verzeichnet. Seine sorgfältig schattierten Berge, seine brausenden Flüsse und wogenden Meere, seine zierlich überdachten Städte und schattigen Wälder verliehen der biblischen Landschaft eine weitaus realistischere Atmosphäre als Cranachs Karte. Während die Wanderstrecke der Israeliten bei Cranach geradewegs durch den Sinai führte, wand sich der steinige Pfad bei Holbein unsicher und tastend durch das unwirtliche Land und war von exquisiten kleinen Vignetten unterbrochen: Hier drängten sich die Flüchtigen zwischen den geteilten Wogen des Roten Meeres zusammen; dort überkreuzten sich die Speere der Hebräer und der Amalekiten. Leere Stellen von Meer und Wüste waren mit Schriftrollen, Windrosen und einer prächtigen Kartusche üppig verziert, und die Letztere wurde von einer giftigen Seeschlange beäugt.

Verglichen mit den Globuskeilen, an denen Mercator mit Gemma und van der Heyden gearbeitet hatte, wirkten die Holzdrucke in den Bibeln von Liesvelt und Coverdale ausgesprochen primitiv. Die Bergketten auf Liesvelts holzgeschnittener Bibelkarte sahen aus wie gepflügte Erde, und es wurden weniger als dreißig Siedlungen genannt, von denen die meisten falsch platziert waren. Holbeins Karte wies zwar glaubwürdigere Hochländer auf, doch diese waren so schraffiert, dass sie mit den Kämmen und Wellentälern des Mittelmeers verschmolzen. Holbein hatte deutlich mehr Siedlungen eingezeichnet, aber die Beschriftung sah neben den fabelhaft gearbeiteten Kartuschen und hübschen Windrosen umso mangelhafter aus. Außerdem hatte Holbein seine Karte seitlich gekippt. Dies hatte zwar den gestalterischen Vorteil, dass das Meer am unteren und die Berge am oberen Rand der Karte lagen, doch dadurch verlief der Reiseweg der Israeliten gleichsam rückwärts, von rechts nach links.

*

Während es Cranach und Holbein darum gegangen war, die *terra cognita* bildlich darzustellen, hatte der deutsche Humanist Jacob Ziegler davon geträumt, Vermesser in die ganze Welt auszusenden. Ziegler, der vierzig Jahre älter war als Mercator, hatte das letzte Jahrzehnt des 15. Jahrhunderts an der Universität Ingolstadt verbracht, wo er unter anderem mit Conrad Celtis und dem bedeutenden Humanisten Willibald Pirckheimer verkehrte, die er in seine Pläne eingeweiht hatte, Afrika und Indien zu beschreiben, die Schriften von Strabon, Plinius und Ptolemäus herauszugeben, eine Karte mit den neuesten Entdeckungen zu entwerfen und – als hätte all dies nicht schon genügt – »den kompletten Ptolemäus in einer neuen Ausgabe auf der Grundlage neuer Forschungen und Erkenntnisse« herauszubringen.[1] Sein Gesamtplan sah vor, den ganzen Planeten zu vermessen, indem er Gruppen von Vermessern zu astronomischen Ermittlungen aussandte, mit denen er eine neue Generation von Karten erstellen wollte. Ziegler wollte mit der Veröffentlichung seines enzyklopädischen Wunders so lange warten, bis die kartographischen Folgen der Entdeckung Amerikas abzusehen waren.

Kein Wunder, dass Ziegler die Zeit davonlief, doch 1532 brachte er immerhin das Buch heraus, das Gemma nach Daten über Skandinavien durchsah. *Quae Intus Continentur* enthielt außerdem detaillierte Beschreibungen Palästinas und Arabiens mit sieben Karten von bisher unerreichter Präzision. Im Vorwort zu dem dreihundertseitigen Originalmanuskript, das in einer peniblen Kanzleihandschrift verfasst war, nannte Ziegler als seine Quellen »Die gesamte Heilige Schrift, von Moses bis zu den Makkabäern, Hieronymus sowie andere, die die von den Hebräern bewohnten Orte beschrieben: Josefus, Strabon, Plinius, Ptolemäus und Antonius«.[2] Als er sich an die letzte Fassung des Manuskripts machte, hatte er auch die modernen *auctores*, Bernard von Breitenbach und Burchard von Mt. Sion, zu Rate gezogen. Jeder Ort musste durch mindestens zwei Quellen bestätigt sein, um auf der Karte eingezeichnet zu werden.

Obwohl die meisten Daten, die Ziegler verwendete, bereits über tausend Jahre alt und längst überholt waren und obwohl seine Pläne, Vermesser zur Datenerhebung auszusenden, gescheitert waren, musste es Mercator eingeleuchtet haben, dass *Quae Intus* das Ergebnis unzähliger Recherchenstunden darstellte.

Quae Intus war jedoch ein unfertiges Projekt. Ziegler hatte sich zwar die Mühe gemacht, viele der geographischen Koordinaten der Exodusroute anzugeben, hatte es jedoch versäumt, deren Verlauf auf seinen Karten zu verzeichnen. Ein Blick auf die siebente und letzte Karte von Zieglers Serie über das Heilige Land erweckte den Eindruck, es habe dem Bayern an Geduld oder Zeit gemangelt, denn er hatte mit der Überquerung des Roten Meers gleichsam die erste »Szene« dargestellt, der jedoch keine weiteren folgten. Auch hatte Ziegler viele der Ortsnamen nicht aus dem Lateinischen und Griechischen übersetzt. Und es gab Unstimmigkeiten: Auf einer Karte erschien Jerusalem als »Aeeia«, auf einer anderen als »Ierusalaim«.

Zieglers Karten wiesen noch weitere, eher äußerliche Mängel auf, die das Selbstvertrauen eines kompetenten jungen Kartenstechers wie Mercator beflügelt haben dürften. Die plumpe Linienführung und der Mangel an Details waren nichts Ungewöhnliches für Holzschnittkarten jener Zeit, doch verglichen mit den Kupferdrucken aus van der Heydens Werkstatt sahen diese Blätter absolut veraltet aus. Und obwohl Ziegler die Kursivschrift beherrschte, hatte er alle seine Karten mit denselben feisten Großbuchstaben beschriftet.

Wenn es Mercator gelang, Zieglers Koordinaten in ein ptolemäisches Gitternetz einzufügen, konnte er die biblischen Landstriche geographisch greifbar machen. Zum ersten Mal sollte der Auszug der Israeliten mathematisch nachvollziehbar sichtbar werden.

*

Als Erstes musste Mercator die Grenzen des Ausschnitts, den er erfassen wollte, und eine geeignete Ausrichtung festlegen. Leider verlief die Längsachse des Heiligen Landes von Nordost nach Südwest. Auf einem Gitternetz mit Längengraden von Nord nach Süd und Breitengraden von Ost nach West erschien Palästina daher als schmaler, schräger Streifen, eingefasst von leeren Meeren und Wüsten, die die Hälfte der Kartenfläche einnahmen. Dies waren die freien Flächen, die Cranach und Holbein mit übertriebenen Bergen, gewaltigen Flotten und riesigen Kartuschen ausgefüllt hatten.

Mercator ersann eine geniale, wenn auch unptolemäische Lösung. Er drehte die Karte so, dass sich Nordwest oben befand, und steckte als Kartenfläche das Gebiet zwischen Sidon und Onuphis ab, wodurch sich natürliche Begrenzungen ergaben – der Nil zur Linken und die Berge Libanons zur Rechten. Das Mittelmeer ließ sich somit auf einen schmalen Küstensaum am oberen Rand der Karte begrenzen, und auch die Arabische Wüste am Fuß der Karte wurde deutlich beschnitten. In der Kartusche erklärte Mercator, er habe auf der Karte jene Flächen minimieren wollen, die *inutilia*, überflüssig, seien. Die dabei entstandene Form mag breiter ausgefallen sein als der goldene Schnitt, die Abweichung in die Breite war aber kaum größer als die umgekehrte der Karten Cranachs und Holbeins, die durch Verschmälerung entstanden war. Mercator hatte auch eine ansprechende Symmetrie in der Komposition geschaffen, denn dem Meeresstreifen am oberen Kartenrand standen unten links der Einschnitt des Roten Meeres und unten rechts eine Kartusche gegenüber.

Es war eine elegante Lösung; allerdings geriet auf diese Weise das geometrische Gitternetz in eine Schieflage. Dieses Problem behob Mercator, indem er die vier Ränder seiner Karte mit einem Fischgrätenmuster einfasste. Mit Hilfe zweier Lineale ließen sich die Koordinaten ebenso leicht ablesen, als wenn die Gitterlinien parallel zu den Kartenrändern verlaufen wären. In der Mitte der Karte zeigte ein Kompass die vier Himmelsrichtungen an und erinnerte den Betrachter daran, dass die Karte nicht so ausgerichtet war, dass Norden direkt »oben« lag.

Nachdem die Grenzen abgesteckt waren, musste die Landschaft gestaltet und bevölkert werden. Dazu zeichnete Mercator zunächst die Koordinaten bekannter Merkmale ein. Es lagen zwar keine Daten von Vermessungen nach dem Triangulationsverfahren vor, aber immerhin verfügte Mercator über die Beschreibungen und Angaben aus Zieglers *Quae Intus*. Doch als sich der Fünfundzwanzigjährige daran machte, die Daten zu übertragen, stellte er fest, dass *Quae Intus* ebenso viele Fehler und Unstimmigkeiten aufwies wie die Karten von Cranach und Holbein. Vergleiche mit zwei Stechzirkeln zeigten, dass jede der acht Karten in *Quae Intus* nach einem anderen Maßstab gezeichnet worden war. Es gab auch Anzeichen von Flüchtigkeit und Nachlässigkeit. Auf der letzten Karte des Heiligen Landes in *Quae Intus* hatte der Holzschneider die Breitenkreise an einer Seite des Blattes falsch nummeriert. Außerdem deuteten Zieglers fehlerhafte Schreibweisen von Ortsnamen darauf hin, dass er des Hebräischen unkundig war. Gravierender war indes, dass die Koordinaten in Zieglers Text teilweise nicht mit den jeweiligen Positionen auf seinen Karten übereinstimmten.

Später erinnerte sich Mercator, wie er »die Städte, Berge und andere Orte aus Zieglers Beschreibung in Übereinstimmung mit den Entfernungsproportionen platzierte«, dabei aber feststellte, dass die Angaben des Bayern »ohne Proportion und verworren« waren.[3] Dennoch übernahm er Angaben über vierhundert Orte sowie die Gebiete der zwölf Stämme Israels aus Zieglers Text.

Nachdem Mercator den geographischen Rahmen festgelegt hatte, versuchte er als Nächstes, den zentralen erzählerischen Faden der Karte, die Route des Exodus zu skizzieren. Auch hier hatte Ziegler unerklärlicherweise Örtlichkeiten angegeben, die fern von jenen Koordinaten lagen, die er wenige Seiten zuvor so methodisch aufgeführt hatte. Paran, Chaseroth und Sepher bildeten drei Beispiele im ersten Teil der Route. Auf seiner Karte platzierte Ziegler diese Orte unweit des 64. (ptolemäischen) Längengrades; dem Text zufolge lagen sie jedoch alle dicht am 63. Längengrad – nur ein Grad weiter westlich, aber weit genug, um die Hebräer den Nil hinunter ans Mittelmeer geführt zu haben. Zieglers Beschreibung der Exodusroute nahm zwar dreizehn Seiten Text in Anspruch, doch bei seinen bibliographischen Ausgrabungen hatte er nicht die genauen Stellen aller 42 Lager, die im 4. Buch Mose aufgezählt sind, ausfindig machen können. Die einzigen

Abschnitte der Wanderstrecke, die Mercator mit einiger Sicherheit skizzieren konnte, waren der Anfang und das Ende. Von den elf Lagern zwischen Hazeroth und Hashmonah im mittleren Teil der Route hatte Ziegler nur für eines die Koordinaten angegeben. Sowohl vor als auch nach dem Lager unterhalb des Berges Shapher gab es jeweils fünf Lagerstätten, deren Positionen nicht bestimmt werden konnten. Dies ließ eine verwirrende Vielzahl von Streckenvarianten zu. Cranach und Holbein hatten auf ihren Karten mit kleinerem Maßstab diesem Problem ausweichen können; sie hatten gar nicht daran gedacht, sämtliche Lager einzuzeichnen. Cranach hatte der Route eine ziemlich willkürliche Zickzackform durch die arabischen Berge verliehen; bei Holbein kreuzte sich die Wegstrecke in einer Schleife selbst. Beides war möglich. Mercator entschied sich für die Schleife.

Der Kartenstecher aus Rupelmonde versuchte gar nicht erst, die Positionen der unbekannten Lager anzugeben. In zwei Kästchen neben der Route nannte er lediglich die Namen und merkte an, dass die Positionen dieser Lager »ungewiss« oder »unbekannt« seien. Diese Warnung konnte auf die gesamte Karte bezogen werden. Da in den Quellen für die meisten Orte mehr als eine Position genannt war, blieb Mercator kaum etwas anderes übrig, als die tatsächliche Lage so gut wie möglich zu erraten.

*

Nachdem Mercator jeden Ort auf seiner Karte festgelegt hatte, blieb eine letzte Schwierigkeit: das Verzieren seiner Koordinaten mit Symbolen, aus denen eine biblische Landschaft erwuchs.

Wie alle Kartenmacher musste sich Mercator vorstellen, der Betrachter seines Werkes blicke gleichsam durch ein Himmelsfenster auf die Erde. Je höher der Betrachter stand, desto verkürzter war der Maßstab und desto kleiner das Bild. Kartenmacher hatten gelernt, diese Entrücktheit künstlich zu verringern, indem sie Bildsymbole verwendeten, die in einem viel größeren Maßstab erschienen als die Karte selbst. Aufgrund dieser Illusion wurde der Betrachter näher an die Landschaft herangerückt. Für Mercator war es ganz entscheidend, dass der Schauende direkt in die zerklüfteten Gefilde Palästinas gelockt wurde.

Er war nicht der Erste, der bei einer Landkarte einen perspektivischen Trick anwandte, doch er tat es vortrefflich. Indem er die Berge im unteren linken Teil der Karte, wo die Exodusroute begann, sperrte und die Bergketten des Gelobten Landes im oberen rechten Teil dicht zusammendrängte, lenkte Mercator den Blick entlang der Exodusstrecke von den öden Wüsten Ägyptens zum fernen fruchtbaren Jordan.

Viele der Landschaftsformen, die sich beinahe reliefartig von der planen Kartenfläche erhoben, zeigten eine merkwürdige Ähnlichkeit mit den Landschaftsvignetten, die auf den »Weltansichten« des flämischen Malers Joachim Patinir zu sehen waren, dessen Arbeiten Mercator gut gekannt haben dürfte. Mercator stach mit größter Sorgfalt symbolische Bergketten, die sich über Baumkronen und sanfte Hügel zu einem steilen Gipfel auftürmten. Auch ein paar von Patinirs Felsbögen schlichen sich ein. Die beiden Fische, die die Kartusche des Urhebers hielten, waren dagegen eindeutig Kopien des geschuppten Ungeheuers, das auf einem Stich Dirk Vellerts von 1522 an Land gezerrt wurde.[4] Mercator ersetzte Zieglers starre, künstliche Flüsse und Seen mit lebendigen Gewässern im Stile Holbeins; und das Meer, welches der Bayer so aufgewühlt und massig dargestellt hatte, dass es regelrecht das Land zu überspülen drohte, wurde bei Mercator eine fein schraffierte sanfte Fläche, auf der sich Schiffe und seltsame Fische tummelten. Unter seinem Grabstichel traten an den Küsten von Samachonitis neues Waldland und in Arabien kleine Berge in Erscheinung. Von Zieglers topographischen Merkmalen übernahm Mercator nur die Berge. Ziegler, der mit den gezackten Bergen Bayerns vertraut war, hatte Cranach kopiert und aus jeder Bergkette Palästinas einen steil gezahnten Alpenkamm gemacht. Mercator, der noch nie einen Felsen, geschweige denn ein Gebirge gesehen hatte, übersetzte Zieglers Bergketten in brüchige Zahnreihen mit gespaltenen Kuppen und verwitterten Stümpfen. Ein Berg sah aus wie das aufgesperrte Maul eines auftauchenden Wals; ein anderer erinnerte mit seinen Überhängen an einen Pilz. Die Arbeit mit dem Grabstichel auf der Kupferplatte erforderte ein extremes Maß an Präzision, wie sie von der Hand des Holzschneiders niemals verlangt wurde. Mercators Wasserläufe waren keine plumpen Rinnen, sondern sorgfältig in ihrer Breite abgestufte Flussläufe, sodass der Betrachter klar zwischen dem muskulösen Strang des Jordan und dem dicht geflochtenen Zopf des Nils unterscheiden konnte.

Anders als Cranach, Holbein und Ziegler bevölkerte Mercator die geteilten Wogen des Roten Meers nicht mit fliehenden Hebräern; er ließ den Durchgang leer und lud den Betrachter ein, sich an die Stelle der Hebräer zu versetzen. An anderer Stelle wurden die biblischen Szenen mit winzigen Figuren ausgeschmückt. An dem angemessen steilen Berg Horeb strahlte Gott wie ein Leuchtfeuer vom Gipfel, während eine kleine Gestalt weit unten gegen den Felsen schlug, um eine Quelle zu erschließen. In Kanaan war die Landschaft plötzlich mit Städten, Dörfern und Burgen übersät. Nicht jeder entdeckte sofort die leuchtende Gestalt, die auf dem Berg Tabor »vor ihren Augen verwandelt« wurde, deren »Gesicht wie die Sonne leuchtete« und deren Gewand »blendend weiß wie das Licht« ward.[5]

Den biblischen Vignetten der Karte lag eine systematische Darstellung der Ortschaften zugrunde. Ausgehend von Zieglers Text schuf Mercator verschiedene Symbole für ländliche Siedlungen, Dörfer und Festungen. Städte waren mit einem offenen Kreis gekennzeichnet, und größere Metropolen wie Damaskus und die Städte des Nils waren in bildlichen Ansichten dargestellt.

Mercators Exodusroute sah aus, als sei sie von römischen Ingenieuren angelegt worden. Statt der holprigen Pfade bei Cranach und Holbein skizzierte Mercator eine regelrechte Straße mit nummerierten Feldern; die Erläuterungen dazu fanden sich in einer Kartusche mit den entsprechenden Zahlen. Diese Technik hatte er bereits bei dem mit Gemma und van der Heyden gefertigten Erdglobus angewandt, als es galt, auf dem kleinen Kontinent Europa ungeheuer viele Städtenamen unterzubringen.

Als die physikalische Landschaft gestochen war, fügte Mercator die Beschriftung, erläuternde Kartuschen und verschiedene dekorative Elemente hinzu, die ungenutzten Raum füllten. Einige von Zieglers Ortsnamen wurden durch Entsprechungen ersetzt, die Mercator dem hebräischen Register im Anhang einer jüngeren lateinischen Bibelübersetzung von Sanctes Pagninus entnahm.

Damit der Kartenbenutzer zwischen verschiedenen Arten von Lokalitäten unterscheiden konnte, verwendete Mercator drei Schriftformen: Antiqua, Kursiva und die vom Gotischen abgeleitete Bastardschrift *(lettre bâtarde)*. Inzwischen besaß er ein größeres Selbstvertrauen als bei der Beschriftung des Globus, und so schrieb er die regulären Ortsnamen kursiv und die weniger häufigen Namen für Regionen in Antiqua. Die praktisch unlesbare Bastardschrift blieb den Namen der Stämme Israels vorbehalten. Die kernigen Inschriften, die den Landschaften und Bibelszenen beigefügt waren, stammten zum größten Teil wortwörtlich aus Zieglers Text.

In die zentrale Kartusche am oberen Kartenrand setzte Mercator zwei Passagen aus dem Alten Testament. Über der Kartusche thronte Christus und blickte auf das Heilige Land und einen zentral platzierten Kompass herab. Die am reichsten verzierte Kartusche war jedoch dem Förderer der Karte vorbehalten; die Widmung an »Francisco Craneueldio Caesaris« war von einem riesigen Kranz von Früchten umrankt, der wie eine Oase der Fruchtbarkeit in der Arabischen Wüste erblühte. Die Widmung an Cranevelt hatte er in die rechte Hälfte der Karte gesetzt, während seine eigene Kartusche bescheiden auf der Linken stand, am Beginn der Wanderstrecke.

Die redaktionelle Sorgfalt und die technische Exaktheit, die Mercator seinem ersten eigenen Werk angedeihen ließ, waren beeindruckend. Und auch die Verpackung bewies großes Geschick. Wie Ziegler hatte Mercator seine Karte auf mehrere Blätter gedruckt, allerdings in einheitlichem Maßstab. Die sechs Kartenblätter, die jeweils einmal gefaltet waren, steckten in einem Umschlag, zusammen mit einem zusätzlichen Blatt, auf dem beschrieben war, wie der Benutzer die Blätter zurechtschneiden und zu einer Wandkarte zusammenkleben konnte.[6] Mitgeliefert wurden ferner zwölf Papierstreifen mit einem dekorativen Randmuster. Zusammengesetzt war die Karte nahezu viermal so groß wie Holbeins Holzschnitt in der Bibel Coverdales. Vor allem aber war sie weitaus detaillierter.

Mit diesem Produkt, das in einem Bücherregal verwahrt oder an einer Wand aufgehängt werden konnte, vergrößerte Mercator seinen Absatzmarkt. Sein Kartensatz zur »Selbstmontage« ließ sich auch leichter aufbewahren und transportieren als herkömmliche Wandkarten, die gerollt oder umständlich gefaltet werden mussten. Der Satz Einzelkarten war außerdem leichter zu verstecken. Mercator hatte seine ersten Schritte als Missionar des geographischen Raums getan.

*

Die Karte war vor Ende 1537 druckfertig. Trotz Mercators eigener Vorbehalte in Bezug auf ihre Qualität gewann sie »die Bewunderung vieler«.[7] Zu den »vielen« zählten sicherlich nicht Latomus und Tapper, denn auf fast provokative Weise hatte Mercator im Titel der Karte klargemacht, dass er mit der kartographischen Darstellung des Heiligen Landes ein besseres Verständnis der beiden Testamente bezweckte. Zudem wies Mercators Christusfigur sowie die Gesamtkomposition der Karte bemerkenswerte Ähnlichkeiten mit den Werken Lucas Cranachs auf, in denen sich die lutherische Lehre im Bild verdichtete.

Auch kann es kein Zufall gewesen sein, dass Mercator bei seiner Exodusroute die krönende Episode wegließ. Wo war die Vignette mit Moses, der die steinernen Tafeln schwang? Bezeugte Mercator mit dem Ausklammern des Gesetzes, dass seine Karte ein Loblied auf die Evangelien des Matthäus, Markus, Lukas und Johannes sein sollte? Oder war das Fehlen des Gesetzgebers eine apokalyptische Warnung an jene, die sich von der Kirche entfernten?

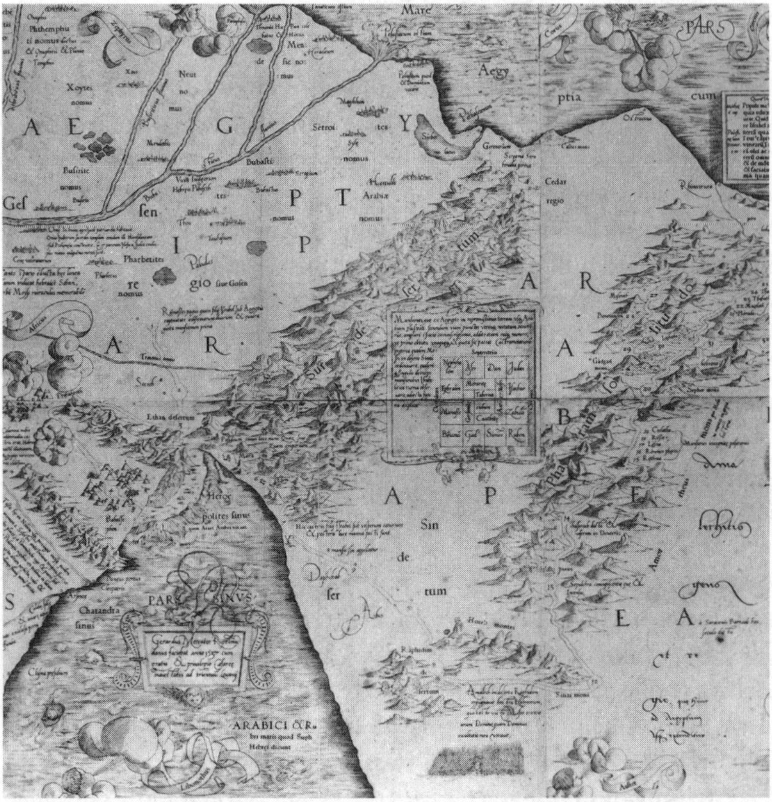

Mercators erste Karte: Der Ausschnitt aus seiner Karte des Heiligen Landes von 1537 zeigt die Route des Auszugs der Israeliten aus Ägypten.

Abgesehen von diesen verborgenen Ambiguitäten ließ bereits die Herstellung einer Palästinakarte ausgerechnet in Löwen Verdacht aufkommen. Mercators *Terrae Sanctae* reihte sich in eine kartographische Tradition ein, die mit den Lutherbibeln von Froschauer, Liesvelt und Coverdale begonnen hatte. Die Karten der Bibeln von Froschauer und Liesvelt stammten aus der Werkstatt Lucas Cranachs, dem Paten von Luthers Sohn und »Chefpropagandisten« des Reformators.

Mercators Verbindung zu Jacob Ziegler war sogar aus der Karte selbst abzulesen, denn in den ersten Zeilen der Hauptkartusche wurde das Werk des Bayern gewürdigt. Im Kreis der Löwener Theologen löste bereits der Name Ziegler Skepsis aus. Hatte Ziegler nicht in seinen Druckwerken Erasmus verteidigt? War er nicht sogar von Erasmus gerühmt worden? Hatte er sich nicht mit Luther und Zwingli getroffen? War ihm nicht eine Professur in Wittenberg, der Wiege des Luthertums, angeboten worden? Darüber hinaus war auch Mercators Widmungsträger, Frans van Cranevelt, bei den Löwener Theologen nicht besonders beliebt.

Und dann diese Aufmachung. Mercator hatte in seinem Hinweis an den Leser auf dem Umschlag des Pakets erklärt, dass das Format dazu beitragen solle, Beschädigungen beim Transport zu vermeiden und die Einzelhandelskosten zu senken. Doch was erleichterte den Schmuggel einer Wandkarte mehr als die Lieferung in Form einer Mappe?

Und wer war bloß jene winzige, einsame Gestalt, die am Fuß des Berges Tabor nach Nazareth deutete? Einer der Propheten des Alten Testaments? Der Apostel Paulus auf dem Weg zu seiner Bekehrung? Ein Pilger? Der heilige Hieronymus? Der Betrachter der Karte? Mercator selbst?

Nur eine einzige Vignette zum Neuen Testament tauchte auf Mercators Karte auf. Viele Betrachter sahen in der kleinen leuchtenden Gestalt den verwandelten Jesus auf dem Berg Tabor und erinnerten sich an die biblischen Worte: »Das ist mein geliebter Sohn, an dem ich Gefallen gefunden habe; auf ihn sollt ihr hören.«[8] Hört auf die Heilige Schrift, schien die Karte zu mahnen.

*

Als Mercator die Karte des Heiligen Landes anfertigte, warf er sicher einen Blick auf Zieglers Hauptkarte, *Universalis Palestinae*, welche die Form eines Kreises innerhalb eines Quadrats hatte. In dem Kreis waren die vier Haupthimmelsrichtungen eingezeichnet; der Norden lag oben. Im Mittelpunkt des Kreises war eine Kompassnadel verankert, die jedoch nicht nach Norden zeigte. Anhand des Winkels zwischen der Nadel und dem Meridian der Karte dürfte Mercator erkannt haben, dass die Nadel bei Ziegler von einer Magnetquelle angezogen wurde, die ungefähr 28 Grad westlich des Nordpols lag.[9]

In dieser verblüffenden Diskrepanz zwischen »magnetischem« Norden und »Kartennorden« lagen die Anfänge für Mercators Erforschung der Geheimnisse der Kompassnadel – einer Forschung, die schließlich zu einer seiner größten Entdeckungen führen sollte.

10

Die Taufe Nordamerikas

Als 1538 die Karte des Heiligen Landes gedruckt war, fühlte sich Mercator bereit, ein Projekt zu vollenden, das er seit seiner Jugend heimlich verfolgt hatte, als er die Geographie zu seinem »wichtigsten Studiengebiet« erklärt hatte. Seine frühe Faszination für die Gestalt der Erde und seine Neugier bezüglich jener »zahlreichen Elemente«, die »bisher noch niemandem bekannt« waren, hatten nun endlich ein Ausdrucksmittel gefunden.[1] Mercator wollte den gesamten Planeten mit Hilfe von Karten systematisch beschreiben. Eine Übersichtskarte sollte dem Leser »die Aufteilung der Welt in groben Umrissen« vermitteln; dieser sollten »nach und nach« einzelne Karten von »speziellen Regionen« folgen, die jede Region der Erde detailliert beschreiben sollten.[2]

*

Jeder, der eine neue Weltkarte erstellen wollte, stand vor zwei großen Aufgaben: Er musste die geeignetste Projektion wählen, und er musste die neuesten geographischen Informationen beschaffen. Dabei war zu beachten, dass jede Art von Projektion die mathematische Genauigkeit opfert. Egal wie man eine Kugel auf eine Fläche übertrug, es entstand immer eine Verzerrung. Die Tatsache, dass jede Projektion einen Kompromiss darstellte, hatte die Mathematiker nicht davon abgehalten, neue Methoden zu erforschen, wie sich drei Dimensionen in zwei übertragen ließen.

Schon Ptolemäus hatte eine Projektion entwickeln wollen, welche die mathematischen Proportionen der Erde bewahrte und es dem Auge zugleich ermöglichte, so über eine flache, gezeichnete *oikoumene* zu schweifen, als betrachte es eine runde Kugel. Immerhin erzielte er eine »Proportionalität der parallelen Bögen«[3], die seinen Nachfolgern 1300 Jahre später den Ausgangspunkt für ihre eigenen Bemühungen lieferte, die Proportionen der zweidimensionalen Weltkarte zu verbessern. Vier Jahre, nachdem Waldseemüller die Spanne von Ptolemäus' zweiter Projektion von 180 Grad auf volle 360 Grad erweitert hatte, entwickelte Bernardus Sylvanus in Italien eine Projektion, bei der die Grade des zentralen Längenkreises in richtigem Verhältnis zu denen der Breitenkreise standen. Durch Sylvanus' konzentrische Breitenkreise, die von einem Punkt auf dem zentralen Längenkreis 100 Grad nördlich des Äquators gemessen wurden, entstand eine Weltkarte, die eine seltsame Ähnlichkeit mit dem menschlichen Herzen aufwies.[4] Drei Jahre später veröffentlichte Johann Werner in Nürnberg ein Projektionsschema, bei dem sich die Breitenkreise ebenfalls proportional zum zentralen Längenkreis verhielten.[5] Doch er verschob das Zentrum der halbkreisförmigen Breitenkreise zum Nordpol, wodurch die Weltkarte eine vollkommene Herzform erhielt. In Frankreich verwendete Finé bei einem Kartenentwurf von 1519 die herzförmige Projektion, und Apian könnte den Franzosen kopiert haben, als er 1530 ebenfalls eine herzförmige Karte herausbrachte. Es war jedoch Finé, der Mercator die Anregung zu seiner ersten Weltkarte gab.

Finés Karte entdeckte Mercator wahrscheinlich in der Pariser Ausgabe des Reisebuches *Novus orbis regionum*, das 1532 erschienen war und ein ungewöhnlich neues Bild der Welt darbot.[6] Hier hatte Finé den Globus am Äquator halbiert und zwei Karten gestaltet, die – bis auf eine gekrümmte Einkerbung – kreisrund waren. Im Mittelpunkt jeder halbkreisförmigen Karte lag einer der Erdpole. Die nördliche Hemisphäre war auf der linken Karte abgebildet, die südliche auf der rechten. Die beiden Karten berührten sich an der Stelle, an welcher der 90. östliche Längenkreis eine gerade Linie zwischen den beiden Polen bildete. Alle anderen Längenkreise wölbten sich strahlenförmig von den Polen, während die Breitenkreise sich konzentrisch umringten. Die beiden Karten wirkten wie ein Paar kosmischer Zahnräder, die sich gegeneinander drehten.

Finés eingekerbte Halbkreise bildeten einen beträchtlichen mathematischen Fortschritt gegenüber seiner früheren herzförmigen Weltkarte, deren proportionale Eigenschaften durch eine starke geographische Verzerrung in der südlichen Hemisphäre beeinträchtigt worden waren. Die neue Karte enthielt eine geringere und gleichmäßige Verzerrung über beide Hemisphären. Die geographischen Formen der Karte bewahrten eine getreuere Gestalt und waren auch besser zu erkennen. Doch trotz aller Verbesserungen dürften sich nur wenige Leser Finés Produkt angesehen haben, ohne sich den Kopf zu kratzen. Das Blickfeld wurde ganz von den beiden Polargebieten beherrscht, Afrika und Amerika waren entzweigerissen, Europa balancierte auf Portugal, und China schwebte in himmlischer Entrücktheit im Zierwerk des oberen Kartenrandes. Indem Finé sozusagen die Haut des Planeten in dieser symmetrischen, bipolaren Weise abgeschält hatte, illustrierte er jedoch höchst anschaulich, wie sich die Landmassen der bekannten Welt in der nördlichen Hemisphäre versammelten. Die größte Landmasse auf der südlichen Halbkugel schien unbewohnt zu sein.

In seiner Legende machte Finé den Leser auf drei Eigenschaften seiner genialen doppelpoligen Projektion aufmerksam. Erstens stand sie »in Einklang mit den Erkenntnissen der modernen Geographen und Hydrographen«. Zweitens bewahrte sie die Proportionen der Breitenkreise und des Äquators zum Hauptmeridian. Und drittens besaß sie »die Doppelform des menschlichen Herzens, wobei die linke Seite den nördlichen Teil der Erde beinhaltet und die rechte den südlichen«.[7]

Finés gespaltene Halbkreise mochten mathematisch berechnet gewesen sein, waren aber dennoch hoch symbolisch aufgeladen, besaß doch das Herz als wichtiges Zentrum des menschlichen

Organismus eine tiefe symbolische Bedeutung. Es bildete den Wesenskern des Seins. Vielleicht spielte Finé auch auf das Herz im lutherischen Sinne an: Für Melanchthon drückte es Wesen und Zweck des christlichen Glaubensritus aus; das Wort Gottes drang durch das Ohr ein, »um das Herz anzurühren«.[8] Für den Reformator war das Herz entscheidend für die Erfahrung des Evangeliums – und ebenso entscheidend war Finés Projektion für das Verständnis der wahren Proportionen der Welt auf zweidimensionaler Ebene.

Mercator verstand seine neue Weltkarte von 1538 als Zwischenbericht über den Fortschritt der Forschung. Küsten, die bekannt und kartographisch erfasst waren, wurden in herkömmlicher Weise als Linien dargestellt, die zur Meerseite hin schraffiert waren, während unerforschte, spekulative Küstenlinien allein durch Schraffierung gekennzeichnet wurden. Der Betrachter konnte damit auf einen Blick erfassen, inwieweit die Umrisse der größeren Landmassen bekannt waren. Die Karte sah auch eindrucksvoll aus. Im Gegensatz zu Finé, dessen Karte ein Holzschnitt war, stach Mercator seine Karte natürlich auf Kupfer und beschriftete sie in seiner feinen Kursivschrift. Um den Absatz noch zu steigern, druckte er die Karte in einer geeigneten Größe, damit sie sowohl in Bücher eingebunden als auch separat verkauft werden konnte.[9]

Mercators erster Versuch, eine dreidimensionale Kugel auf ein zweidimensionales Blatt zu übertragen, bot dem jungen Kartenmacher auch die Gelegenheit, grundlegende Fehler zu korrigieren, die er inzwischen an dem Globus festgestellt hatte, an dem er zwei Jahre zuvor beteiligt gewesen war.

Einige Teile seiner neuen Weltkarte wurden mehr oder weniger unverändert von dem Globus übernommen. Mercator kopierte die Küstenlinien der Antarktis, Afrikas und Amerikas, dessen unerforschte Westküste er als »Littora incognita« bezeichnete und südlich des 10. Breitengrades schraffierte. An der Ostküste zeichnete er allerdings ein neues Flusssystem ein.[10] Das Mittelmeer behielt seine alte ptolemäische Spannweite von 62 Längengraden.

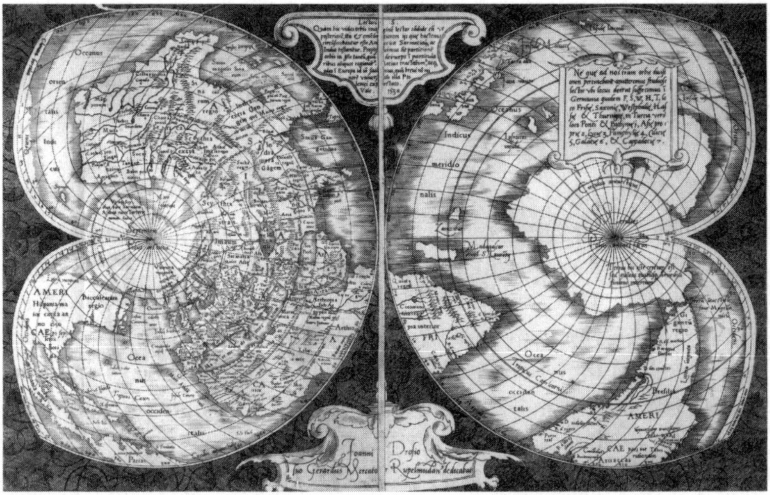

Mercators erste Weltkarte, das herzförmige »Orbis imago« von 1538.

An anderen Stellen traten indes deutliche Veränderungen auf. In der Arktis sah Mercator das Gletschermeer nicht länger als Binnenmeer, sondern öffnete es zu einer Bucht, die hinter dem nordöstlichen Zipfel Asiens mit dem offenen Meer verbunden war. In der zentralen Kartusche instruierte er den Kartenleser, besonders die mit »India«, »Sarmatia«, und »America« bezeichneten Gebiete zu studieren – und das nicht ohne Grund.

»India«, das auf Karten wie der von Apian noch die Hälfte Asiens eingenommen hatte, wurde unter Mercators Hand sogar noch größer, weil er die Ostküste des Subkontinents erstaunlicherweise um 30 Grad nach Osten verschob, wodurch der Pazifik in seiner Breite so weit schrumpfte, dass er nicht einmal mehr halb so breit war wie das Mittelmeer. Damit wäre ein Schiff schneller von Amerika nach China gesegelt als von Sevilla nach Antwerpen. Um diese seltsame tektonische Verschiebung auszugleichen, konnte Mercator kaum in die Regionen beiderseits des Ganges – »India intra Gangem« und »India extra Gangem« – eingreifen, weil diese bereits von den Portugiesen erkundet worden waren. Der Teil, den er streckte, war das weniger bekannte östliche Asien – »Thebet«, »Cathai« und die gedrungene Halbinsel, die Gemma 1536 als »Lequii populi« bezeichnet hatte.[11] Bei Mercator weitete sich das »Land der Lequii« zu einem großen rechteckigen Vorsprung aus, der viermal so groß war wie die indische Halbinsel.

Die zweite Region, die Mercator seinen Lesern ans Herz legte, war Sarmatia. Dies war das »Sauromatae« beziehungsweise »Sarmatae« der Griechen und Römer, das Herodot zufolge jenseits des Flusses Tanais am östlichen Rand von Scythia lag und von Menschen bewohnt war, die von Amazonen und Skythen abstammten. Ptolemäus hatte für Verwirrung gesorgt, indem er behauptete, die Grenze zwischen Asien und Europa verlaufe von »dem Fluss Tanais und dem Meridian von diesem zu dem unbekannten Land [im Norden]«,[12] und zugleich Sarmatia als eine ungeheuer große Region beschrieb, die sich sowohl über das nördliche Europa als auch das nördliche Asien erstreckte und einen eigenen »Sarmatischen Ozean« im Norden aufwies. In einem anderen Winkel der Erde hätte diese Unklarheit weniger ausgemacht, doch die genaue Lage und Größe Sarmatias schien nun von grundlegender Bedeutung für die Festlegung der östlichen Grenze Europas, für dessen Ausdehnung man sich in jüngster Zeit ungeheuer interessierte. Die Notwendigkeit, genau anzugeben, wo Europa aufhörte, veranlasste Mercator, hier die einzige Binnengrenze auf seiner Karte zu verzeichnen. Und so zog er eine gepunktete Linie von der Quelle des Flusses Tanais zum Nördlichen Polarkreis. Knapp 10 Grad weiter östlich zog er eine parallele Linie, die von der Wolga nach Norden verlief. Die Region zwischen diesen beiden Linien wurde nun zur »Sarmatia Asie«, einer Pufferzone zwischen der schrecklichen Leere Skythiens und den Landstrichen der Russen, Polen und Preußen, der »Sarmatia Europe«.

Die dritte und letzte Abänderung verwandelte eine wenig bekannte Insel in einen bedeutenden Subkontinent. Seit Waldseemüller Amerika von Asien abgetrennt hatte, schwamm eine restliche nördliche Landmasse vor der Insel Isabella. Der deutsche Kosmograph hatte sie als »Terra ulteri incognita« bezeichnet. Diese Landmasse, die kaum größer war als Java, war durch Kartenprojektionen, die Afrika, Asien und Europa veranschaulichen sollten, radikal ausgegrenzt worden. »Terra ulteri incognita« war in der Regel ganz oben am linken Rand einer Weltkarte zu finden, symmetrisch gegenüber dem ebenso unauffälligen Schnipsel von Sipangi auf der rechten Seite. [13]

Aber Mercator war schließlich auch ein Globenbauer, und wer schon einmal eine Erdkugel angefertigt hatte, wusste um die Probleme von relativer Entfernung und Fläche. Durch eine Drehung des Globus, den er gestochen hatte, konnte Mercator die »Terra ulteri incognita« ins Zentrum seines Blickfeldes rücken. Die Projektion in der Doppelherzform lieferte einen ähnlichen Effekt. Die beiden Herzen schoben die »Terra ulteri incognita« in den Vordergrund der Karte, wo sie auf einmal riesig wirkte, sogar größer als Europa. Der neue Kontinent war unübersehbar – und namenlos. Doch es war kaum denkbar, eine solch große Landmasse ohne Bezeichnung darzustellen. Denn durch das Drehen des Globus, durch eine Veränderung der Projektion und einen Wechsel der Perspektive wurde das Unbekannte plötzlich sichtbar. Doch wie sollte man es benennen? Apian war Waldseemüller gefolgt und hatte es »Ulteri terra incognita« genannt. Münster hatte die Bezeichnung »Terra de Cuba« gewählt. Bei Gemma und Mercator hatte es »Hispania major a Nuño Gusmano« geheißen. Als diese Region noch als Teil des asiatischen Festlandes galt, wurden auch Bezeichnungen wie »Baccalearum Regio« und »Terra Francisca« verwendet; die letztere Bezeichnung hatte Finé für die Küste nördlich von Florida gewählt.

Mercators Lösung war möglicherweise kein eigener Einfall. Über die Lage der »Terra ulteri incognita« ließ sich nur eines mit Gewissheit sagen, nämlich dass sie nördlich von Amerika lag, also schien es einigermaßen logisch, sie als »Americae pars Septentrionalis« – Nordamerika – zu bezeichnen. Doch dabei blieb es nicht.

Vielmehr besetzte der Kartenmacher »Nordamerika« mit dem einzigen historischen Bildtext von dieser Größe auf der gesamten Karte – einem Schriftzug mit dem Wortlaut »Hispania maior capta anno 1532« (»Großspanien, eingenommen 1530«). Stand Mercator unter dem Einfluss des spanischen Hofes in Brüssel? Da seine beiden bisherigen Arbeiten kaiserlichen Ratsherren gewidmet waren, hatte er sich vielleicht tatsächlich diesem Einfluss geöffnet. Und Antoine Perronets Vater, der ungeheuer einflussreiche Erste Rat Nicolas Perronet de Granvelle, musste inzwischen erkannt haben, dass Mercator durch seine geographischen Werke eine wichtige Persönlichkeit wurde. Es ist also anzunehmen, dass Berater des spanischen Hofes Mercator zu seinem Schritt bewogen haben.

Somit bestätigte die modernste Weltkarte in den Niederlanden, dass Amerika nicht nur von Asien getrennt war, sondern auch einen nördlichen Verwandten hatte, der größer war als Europa, und dass beide Teile Amerikas zu Spanien gehörten. Gleichsam mit einem Federstrich hatte Mercator eine kaiserliche Barriere errichtet, die von Pol zu Pol verlief.

*

Während Mercators Arbeit an der Weltkarte gebar Barbara ihr zweites Kind, diesmal ein Mädchen.[14] Die Eltern tauften ihre erste Tochter nach Mercators Mutter auf den Namen Emerentia.

Mercator war knapp an Werkzeug, ohne eigene Werkstatt und hatte einige Mühe, seinen kosmographischen Ehrgeiz mit der Notwendigkeit des Broterwerbs zu verbinden. Als er die Weltkarte fertig gestellt hatte, wollte er eigentlich gleich die erste der angekündigten regionalen Karten – Europa – produzieren. Bereits in der Legende seiner Weltkarte hatte er seine Leser unterrichtet, dass die Arbeit im Gange war und die Europakarte bald vorliegen werde. Mercators Leser – und sogar Mercator selbst – hatten jedoch keine Ahnung, welch immenses Ausmaß diese Karte schließlich annehmen sollte. Sie wurde nach den aktuellsten

Vermessungen zusammengestellt; die Verläufe von Küsten, Flüssen und Gebirgen wurden überarbeitet; und sie enthielt mehr Städte, Orte und Dörfer als jede andere Karte zuvor. Die Europakarte war, wie Mercator später gegenüber Antoine Perronet gestand, ein »gewaltiges« Unterfangen.[15] Die Arbeit an diesem Projekt war bereits weit fortgeschritten, als Mercator unerwartet eine ganz andere Aufgabe übertragen wurde.

11

Das Gericht über Gent

Um 1540 befand sich Gent in Aufruhr. Das alte Zentrum der Tuchherstellung, historischer Sitz der Grafen von Flandern und Geburtsort Kaiser Karls V., war einst so reich gewesen, dass es 20 000 Bürger mit Waffen ins Feld schicken konnte. Doch mit dem beginnenden Niedergang des Textilgewerbes hatten die Unruhen zugenommen. Zu Beginn des 16. Jahrhunderts waren immer mehr Einwohner der Armut verfallen, während ein kleiner Rest von Ratsherren, Adeligen und reichen Kaufleuten nach wie vor von den uralten Privilegien der Stadt profitierten, die ihre Sonderstellung gegenüber dem Grafen von Flandern und dem Reich begründet hatten. Die Stadträte steckten in der Zwickmühle: Sie standen zwischen den Forderungen der verarmten Bürger, den Wohlstand und die Unabhängigkeit der Vergangenheit zu erhalten, und den Plänen der Habsburger, ein zentralistisches Reich zu schaffen.

Ein Aufstand zeichnete sich bereits im April 1537 ab, als sich der Rat von Gent trotzig weigerte, Geld in die Kriegskasse zu zahlen, die Königin Maria von Ungarn als Statthalterin in den Niederlanden für den Feldzug ihres Bruders Karl gegen die Franzosen füllte. Die Weber und die kleineren Zünfte der Stadt fürchteten, der Stadtrat stecke mit dem kaiserlichen Hof unter einer Decke, anstatt auf die Privilegien zu pochen, die zwischen der Stadt und den Fürsten vereinbart waren. Im August 1537 bewaffneten sie sich, besetzten die Stadttore und ernannten ein neunköpfiges Komitee, das die Stadt verwalten sollte. Die ehemaligen Ratsherren flohen, und die Rebellen machten sich daran, die alte Ordnung wiederherzustellen.

In dieser Situation fertigte ein Genter namens Pieter van der Beke im Holzdruckverfahren eine prächtige neue Wandkarte Flanderns, auf der die Grafschaft als mächtiger Standort mit einer strategischen Lage zwischen dem Kaiserhof in Brüssel und den großen Meereszufahrten Europas dargestellt wurde. Die Karte wurde 1538 von dem Genter Pieter de Keysere gedruckt.[1]

Van der Beke verfasste einen Begleittext auf Französisch, Holländisch und Lateinisch und erklärte seinen Lesern, dass die neue Karte notwendig geworden sei, weil »bisher keine genaue Beschreibung erfolgte, die der Situation des besagten Landes entspricht«. Der Autor hielt es nun, im Jahre 1538, für »nötig und höchst nützlich, das besagte Land neu zu porträtieren und zu kartographieren«.[2] Unter den drei Legenden ordnete van der Beke sein flaggengeschmücktes Flandern geographisch neu, und zwar so, dass die fürstliche Würde und die bürgerliche Macht widergespiegelt wurden. Im Zentrum eines Netzes sternförmig ausstrahlender Flüsse erhoben sich die zahlreichen Türme, Spitzen und Giebel von Gent, während Antwerpen winzig klein am Rand der Karte klebte. Ostflandern hatte van der Beke mit gepunkteten Linien umrissen und in Großbuchstaben als Land »ONDER GHENT« bezeichnet. Wappenschilde und Flaggen quer über die ganze Karte unterstrichen die feudalen Privilegien und die Unabhängigkeit der Städte und Adelshäuser der Grafschaft. Es fiel auf, dass auf der Karte jegliche Widmung an den kaiserlichen Sohn der Stadt fehlte.

Ende 1538 brodelte es in Flandern. Nach dem Erscheinen der Karte folgte 1539 ein »Festival« für Drama und Poesie, das die älteste der vier »Rhetorikkammern« der Stadt veranstalten und so »Handel und Lebensunterhalt« in Gent fördern wollte.[3] Das Fest begann im April eigentlich ganz harmlos mit neunzehn Rhetorikkammern (fünfzehn aus Flandern und vier aus Brabant und dem Hennegau), die auf den Gebieten der didaktischen, komischen und romantischen Dichtung miteinander wetteiferten. Als das Festival im Juni mit den Moralitäten seinen Höhepunkt erreichte, forderten einige Rhetoriker ihr Publikum auf, über den Zusammenhang zwischen Glaube, Barmherzigkeit und Erlösung nachzudenken. Zeitgleich mit dem Festival zirkulierte eine neue lutherische Moralität mit dem Titel *Der Baum des Evangeliums*, die den Ablasshandel, den Ämterkauf, die Bilderverehrung und die Gier des Klerus nach Pfründen anprangerte. Nach Auffassung des Kanzlers von Brabant, Adolf van der Noot, waren die Stücke »voll der Sünde und der falschen Lehren und Versuchungen und traten für das Luthertum ein«.[4] Später schrieb Richard Clough, ein durchreisender Engländer, das Festival von 1539 »war eines der wichtigsten Ereignisse bei der Zerstörung der Stadt Gent«.[5]

Nach dem Festival eskalierte die Situation, als unter den Webern von Gent das Gerücht umging, gewisse Ratsmitglieder hätten im Stadtarchiv die Urkunde beiseite geschafft, die den Gentern das Recht einräumte, die Zahlung von Steuern zu verweigern. Ende August wurde Lieven Pyn, ein 75-jähriger ehemaliger Ratsherr, der des Verrats an den Bürgern beschuldigt wurde, hingerichtet. Andere folgten. Gents Adelige und Patrizier flohen aus der Stadt.

Im fernen Spanien hörte Karl V., dass sein habsburgisches Erbe zu zerfallen drohte. Karl war ein versierter Leser kartographischer Werke und könnte durchaus einen Abdruck von van der Bekes Vision eines unabhängigen Flandern zu sehen bekommen haben. Der Kaiser reagierte umgehend: Im November 1539 machte er sich auf den Weg in die Niederlande.

*

Dies war wohl der Zeitpunkt, an dem »gewisse Handelsherren« *(mercatores)* einen Plan ausheckten, um den Zorn des Kaisers abzuwenden, und Gerhard Mercator damit beauftragten, van der Bekes Bild eines trotzigen, sich unabhängig gebärdenden Flandern zu korrigieren. Das Ersuchen der Kaufleute war »dringend«.[6]

Gerhard Mercator im Alter von zweiundsechzig Jahren auf einem Stich von Frans Hogenberg, 1574. Aus *Atlas sive cosmographicae meditationes de fabrica mundi et fabricati figura*, 1595.

Mercators Erdglobus von 1541.

Südamerika auf Mercators Erdglobus von 1541. Die Beutelratte wurde zum Symboltier der südamerikanischen Tropen, nachdem sie erstmals auf Martin Waldseemüllers *Carta marina* von 1516 erschienen war.

Mercators Himmelsglobus von 1551.

Die südliche Konstellation Centaurus auf Mercators Himmelsglobus von 1551.

Ein Zeitgenosse Mercators, Pieter Bruegel (ca. 1525–69) zeigte einige Globen auf seinem Gemälde, das über einhundert flämische Sprichwörter darstellte. An der Mauer des Gasthauses symbolisiert ein umgekehrter Globus die auf den Kopf gestellte, chaotische Welt des 16. Jahrhunderts – der Narr scheißt auf die Welt. Zur Rechten ist ein Mann zu sehen, der die Welt auf seinem Finger tanzen lässt. Gleich darüber Gottes Weltkugel im Schoße Christi, der von einem Heuchler mit einem falschen Bart maskiert wird. Am unteren Bildrand rollt ein Mann einen vierten, größeren Globus; der Mann muss sich winden, um seinen Weg in der Welt zu finden. Die fehlenden Ziegel auf dem Dach des Gasthauses verweisen auf das Sprichwort »Wände haben Ohren«. Zu jener Zeit konnte eine indiskrete Äußerung zu Verhaftung und Hinrichtung führen. Pieter Bruegel, *Flämische Sprichwörter*, 1559.

NOVA ET AVCTA ORBIS T
uigantium

DESCRIPTIO AD VSVM NA
accommodata.
PARS CON
TINENTIS AV
STRALIS
Organum directorium

Universalis tabula iuxta Ptolemeum, Köln, 1578. Die Weltkarte aus Mercators Ausgabe der *Geographie* des Ptolemäus.

Vorangehende Doppelseite: *Nova et aucta orbis terrae descriptio ad usum navigantium emendate accomodata*, Duisburg, 1569. Mercators »Neue und erweiterte Darstellung der Welt, zum Gebrauch für die Schifffahrt verbessert und eingerichtet« war eine Weltkarte mit einem geradlinigen Netz von Längen- und Breitengraden – eine Darstellung, die später als »Mercator-Projektion« bezeichnet wurde.

Asiae XII Tab, Köln, 1578. Die Insel Taprobana in Mercators Ausgabe der *Geographie* des Ptolemäus. Man beachte die Figur des Kartenstechers, der rechts auf der Kartusche sitzt.

Gerhard Mercator und Jodocus Hondius, *Atlas sive cosmographicae meditationes de fabrica mundi et fabricati figura*, 1619. Der Amsterdamer Kartograph Hondius (1563–1611), der 1604 die Kupferdruckplatten für Mercators *Atlas* kaufte, wollte Mercators Ruhm erben, indem er sich auf einem Doppelporträt in fruchtbarer Zusammenarbeit mit Mercator darstellte, der allerdings bereits seit 1594 tot war.

Zu diesen einflussreichen Kaufleuten zählten wahrscheinlich auch der Löwener Buchhändler Barthelémi de Grave, Pieter de Keysere, der Verleger der illoyalen Karte van der Bekes, und Karel Utenhove, seit 1539 Ratsherr und ein eifriger Reformer.[7] Utenhove war sicher einer der einflussreichsten Rebellen. Sie alle hatten erkannt, dass ihrem Gewerbe und Leben wohl bessere Zukunftsaussichten beschieden wären, wenn sie den Druck einer neuen Karte förderten, die Flandern wieder als treuen Untertan eines zentralisierten Reiches darstellte. Zu dieser Ansicht neigte auch Mercator. Als Wahlflame hatte er keinerlei Verlangen, Flandern dem beschützenden Arm der Habsburger entrissen zu sehen.

Mercator reagierte dementsprechend »mit Begeisterung« auf das Ersuchen.[8] Ebenso begeistert war anscheinend auch der Vermesser Jacob van Deventer, der Flandern im Rahmen seines Programms zur Erstellung regionaler Karten für die gesamten Niederlande bereits vermessen hatte.[9] Van Deventer war führend in der Anwendung der Triangulation und verfügte damit über das mathematische Wissen, das notwendig war, um die erste wirklich präzise Karte der Niederlande anzufertigen. Mercator wiederum konnte diesen Auftrag auch als Gelegenheit betrachten, als Erster eine mittels Triangulation vermessene Regionalkarte in Kupfer zu stechen. Auch die Regierung in Brüssel musste hinter der neuen Karte gestanden haben. Von der vierjährigen Konzession für van der Bekes Karte waren erst ein oder zwei Jahre verstrichen, und Mercator brauchte und erhielt die Genehmigung des Hofes, um gegen die Lizenz zu verstoßen – vielleicht durch den Einfluss des Kanzlers Granvelle.

Mercator arbeitete schnell.[10] Van Deventer hatte bei seinen Vermessungen wahrscheinlich eine provisorische Karte erstellt. Mercator musste nur van Deventers geographische Merkmale nachzeichnen und sich dann bei van der Beke beschreibende Details beschaffen.[11] Er ließ Flandern nach den Grundsätzen der Reichspolitik systematisch neu erstehen. Die neunundachtzig Fahnen und Wappenschilder, die bei van der Beke trotzig neben den privilegierten Städten und Festungen geprangt hatten, wurden eingezogen und als historische Dekoration an die seitlichen Kartenränder verbannt. Am oberen und unteren Rand wurde die Karte von runden Medaillons geschmückt, in denen die Grafen Flanderns – von Bauduin mit dem eisernen Arm bis zum aktuellen Amtsinhaber, Kaiser Karl V. – aufgeführt waren. In jedem der Medaillons nannte Mercator den Namen, die Dauer der Regierungszeit und das Sterbedatum eines jeden Grafen.[12]

Mercator korrigierte auch van der Bekes Ausrichtung. Der Genter hatte Flandern so dargestellt, dass Südost oben lag. Dies ließ sich vielleicht damit erklären, dass er die Grafschaft auf seinen vier Holzblöcken unterbringen musste oder dass er das Meer als symmetrischen Wasserstreifen parallel zum Unterrand der Karte abbilden wollte. Mit seiner seltsamen Ausrichtung hatte van der Beke aber eine alte Verbindung zwischen Flandern und England wiederhergestellt. Er verschob England nach Osten, und so lag Dover plötzlich so nahe an dem flämischen Hafen Grevelinghe wie Antwerpen bei Mecheln. In Wirklichkeit befindet sich England nicht einmal annähernd dort, wo van der Beke es auf seiner Karte eingezeichnet hatte, ja im Grunde war es unmöglich, auch nur einen Teil Englands auf einer Karte abzubilden, die Flandern nach einer ptolemäischen Nord-Süd-Ausrichtung darstellte, denn das Land lag viel näher bei Frankreich als bei Flandern. Mercator jedenfalls drehte Flandern. Weil sich die Grundkoordinaten seiner Karte nach den Winkeln und Entfernungen richteten, die mittels Triangulation gemessen worden waren, neigte sich seine Flandernkarte um 9 Grad nach Westen. Dass auch hier wieder diese Diskrepanz zwischen magnetischem Nordpol und »wahrem« Nordpol auftrat, erneuerte Mercators Interesse an der Lage des magnetischen Pols. Dank van Deventers Vermessungen konnte der Kartenmacher auch mit beinahe unglaublicher Genauigkeit etwa eintausend flämische Orte einzeichnen, zweihundert mehr als van der Beke.[13] Mit der korrekten Ausrichtung und der präzisen Lokalisierung verlor Flandern allerdings wieder die Sicht auf seinen alten Verbündeten von der Insel.

Durch wiederholte Hinweise auf van der Bekes fragwürdiges Flandern erinnerte Mercator seine Leser daran, dass die neue Karte keine wahlweise zu verwendende, sondern die einzig legitime Fassung sei. An einigen Stellen erschienen (wie etwa Loo PM, Dorceel AF oder Berghen AM AF) auch van der Bekes Buchstabencodes, A und P (für Abteien und Prioreien) sowie M und F (für Glaubensgemeinschaften für Männer und Frauen). Die vier wilden Bären als Symbole der vier alten flämischen Herrschaftsgebiete wurden ebenso von van der Bekes Karte übernommen wie die Militärvignette an der südwestlichen Grenze.

Mercator korrigierte auch van der Bekes Schreibweise von Ortsnamen – vermutlich nach den Informationen, die van Deventer geliefert hatte. Auch verschiedene Vignetten wie vereinzelte Windmühlen und Brücken sowie Binnengrenzen dürften von van Deventer angeregt worden sein. Die zwei Schiffe und die beiden Kompasse, von denen sich die Linien der Himmelsrichtungen strahlenförmig über die Entfernungsskala der Karte ausdehnten, kopierte Mercator wahrscheinlich von Olaus Magnus' Nordlandkarte aus dem Jahre 1539. Und er konnte es sich nicht verkneifen, van der Bekes Rupelmonde zu verbessern: Anstelle des klapprigen Schlosses und der zwei Türme auf der Karte des Genters zeichnete Mercator die Türme und Dächer von Schloss und Stadt mit einer Detailgenauigkeit, wie er sie noch auf keine andere Stadt von ähnlicher Größe verwendet hatte.

Glaubt man Mercators Freund Walter Ghim, »plante, erfasste und … vollendete« er die Karte »in einem kurzen Zeitraum«. Sie wurde auf neun Kupferplatten gestochen und war deutlich größer als van der Bekes Holzschnitt von vier Druckstöcken.[14]

Am Fuß der Karte schrieb er seinen Namen in Sekretärsschrift auf ein Plakat, das an einem zersplitterten Baum hing. Auch dies war ein Verweis auf van der Beke, der seine Karte mit gespaltenen Bäumen übersät hatte – als Aufhänger für seine

Wappenschilde. Doch Mercator könnte auch *Den Baum des Evangeliums* zersplittert haben, jene lutherische Moralität, die mit ihrer Kritik an der Kirche und ihrem irritierenden Widerhall bei »deutschen Doktoren« den Brand mit entfacht hatte. Vielleicht spielte er auch auf den veredelten Baum an, dessen Zweige – dem Apostel Paulus zufolge – »herausgebrochen wurden, weil sie nicht glaubten«.[15]

Ein Teil der neuen Karte blieb indes leer, als sich der Kaiser bereits dem glücklosen Gent näherte. Mercator hatte einen quadratischen Rahmen gestochen, in dem eigentlich ein Textfeld untergebracht werden sollte, doch er und vermutlich auch die geheimnisvollen »Handelsherren« hatten sich nicht entschließen können, den Wortlaut in das Kupfer zu stechen. Da die unmittelbare Zukunft Flanderns so ungewiss war, entschieden sie sich wohl zu warten, bis die Karte gedruckt war, und beabsichtigten, später nachgedruckte Zettel in das Feld zu kleben. Auf diese Weise konnte der Wortlaut des Textes ganz auf das Ergebnis des Kaiserbesuches abgestimmt werden.[16]

Um jeden Zweifel an der Loyalität derer, die hinter diesem reichstreuen Abbild Flanderns standen, auszuräumen, stach Mercator eine übertrieben verschnörkelte Widmung an den Kaiser. Allein, auch wenn Kaiser Karl ein Exemplar der Karte übergeben wurde, so hatte dieses Geschenk doch keinen merklichen Einfluss auf das, was der Kaiser mit Gent vorhatte – und das war schrecklich genug.

Karl V. ritt am 14. Februar 1540 in die Stadt ein. Begleitet wurde er von Königin Maria, dem päpstlichen Legaten, einigen auserwählten Fürsten, Edelleuten und Botschaftern sowie fünftausend deutschen Landsknechten. Der Tross brauchte fünf Stunden, um die Stadttore zu passieren. Dreizehn Genter Rädelsführer wurden gleich enthauptet. Richter, Honoratioren, sechs Vertreter jeder Zunft und fünfzig Bürger mussten barfuß, in schwarzer Robe und mit Stricken um den Hals vom Gerichtshof zum Schloss marschieren. Vor dem Schloss fielen sie auf die Knie und flehten um Gnade. Die Stadt Gent wurde des Verrats, des

Ungehorsams und des Widerstands für schuldig befunden; all ihre Rechte und Privilegien wurden widerrufen, all ihre Reichtümer beschlagnahmt und sämtliche Waffen und Munition eingezogen. Fortan sollten alle städtischen Posten nicht durch gewählte, sondern durch ernannte Amtsinhaber besetzt werden. Die große Abtei St. Bavo und das gesamte umliegende Viertel wurden niedergerissen, um Platz für eine neue Zitadelle zu schaffen. Die beflaggte Metropole im Mittelpunkt der Karte van der Bekes, die ohnehin nur noch ein Schatten ihre einstigen Größe war, wurde durch den Vernichtungsschlag des Kaisers zu einem der vielen kleinen urbanen Punkte reduziert, die Mercator dargestellt hatte.

*

Nachdem Flandern und Gent solcherart wieder in das Kaiserreich eingefügt worden waren, kehrte Mercator zu seiner großen Aufgabe zurück – der kartographischen Darstellung der Welt nach einzelnen Regionen. Im Sommer 1540 war er fast so weit, die vorläufigen Konturen der Europakarte – bis auf Spanien – abzuschließen. Der nächste Schritt bestand darin, die Umrisslinien auf Kupferplatten zu übertragen, eine Aufgabe, die nach seiner Schätzung »mindestens ein Jahr« in Anspruch nehmen würde.[17] Allerdings hätte er wissen müssen, dass ein Jahr viel zu wenig für diese Aufgabe war. Hier trat ein Charakterzug zu Tage, der ihm bis zu seinem Tode erhalten bleiben sollte. Der Schustersohn aus Rupelmonde zeichnete sich durch konsequentes Streben nach Erfolg aus und versuchte gleichzeitig, es allen recht zu machen. Noch nie hatte jemand die erweiterte nach-ptolemäische Welt nach einzelnen Regionen kartographiert. Nur in einzelne Teile zerlegt wurde das Ganze möglich, doch selbst die erste Region, Europa, schien sich immer wieder wie eine Fata Morgana am Horizont des Möglichen aufzulösen.

Unterdessen mussten Kinder ernährt und deswegen weitere Instrumente gebaut werden. Barbara hatte abermals ein Kind zur Welt gebracht, ein Mädchen, das sie auf den Namen Dorothea tauften. Mercator war stets knapp bei Kasse, setzte sich selbst unter Zeitdruck und war ganz auf sich gestellt; es kostete ihn große Mühe, an seiner kühnen Phantasie festzuhalten.

Im August 1540 beendete Mercator schließlich die Arbeit an einem Instrument für seinen alten Kommilitonen Antoine Perronet. In dem Brief, den er dem neuen *calvariam* beilegte, gestand Mercator, dass das Projekt länger gedauert habe als erwartet.[18] Zu der »übermäßig langen« Verzögerung sei es gekommen, weil er »gezwungen war, die Werkstätten verschiedener Leute aufzusuchen«, »knapp an allem« war und »häufig durch andere Beschäftigungen abgelenkt wurde«.[19]

Mercator sah nun wohl ein, dass die Europakarte viel mehr Zeit beanspruchen würde, und schilderte Perronet, dass er ein einträglicheres Projekt in Angriff genommen habe: »Ich konzentriere mich ganz auf die *spherica geographia«,* schrieb er, »damit meine häuslichen finanziellen Verpflichtungen abgedeckt sind. Ich habe beschlossen«, fuhr Mercator fort, »einen Erdglobus herauszubringen.«[20] Der Globus solle detaillierter und aktueller sein als jeder bisherige und werde bereits von höheren Stellen unterstützt. Zu diesen zählten wohl Perronets alter Lehrer, Adrien Amerot, und Gui Morillon, ein kaiserlicher Sekretär, der kurz zuvor von Spanien nach Löwen gezogen war. Mercators geplanter Globus fand also Förderer im engsten Umfeld des Kaisers: »Sekretär Morillon und Adrianus Amerocius sind ausgesprochen angetan«, schrieb er, »und drängen auf die Ausführung.« Der Brief schloss mit einer für Mercator typischen Fehleinschätzung des für den Bau eines solchen Globus erforderlichen Zeitaufwands: »Ich hoffe, diese Arbeit mühelos in drei Monaten abzuschließen«, meinte er. »Danach werde ich mich vollständig auf Europa konzentrieren, bis diese Publikation vollendet ist.«

12

Das Handbuch der Kursivschrift

Mercator befand sich mitten in der Arbeit an dem neuen Globus, als er kurzfristig ein weiteres kommerzielles Projekt übernahm. Diesmal war es ein Buch, ein kleines Handbuch von nur siebenundzwanzig Blättern, das aber eine große Wirkung erzielen sollte, denn es machte die von Mercator praktizierte Kursivschrift zur Standardform der Kartenbeschriftung.

Mit dem 1540 oder 1541[1] erschienenen Buch *Literarum latinarum, quas italicas, cursoriasque vocat, scribendaru ratio* (Wie man die lateinischen Lettern schreibt, die auch italisch oder kursiv genannt werden) wurde die Bezeichnung *»italicas«* in den Niederlanden überhaupt erst eingeführt.[2] Schon knapp dreißig Jahre zuvor hatte zwar Sigismondo dei Fanti einen auf der Kanzleischrift beruhenden Schreibstil als *italicus* bezeichnet.[3] Doch Mercator war der Erste, der den Begriff *italicas* in einem Buchtitel verwendete. Damit bestätigte er die wachsende Bedeutung dieser Schrift für die Kartographie.

Einiges spricht dafür, dass die Idee zu dem Schreibhandbuch von einem Drucker stammte, der mit Mercator einen nordeuropäischen Autor gefunden zu haben glaubte, der den Wert der Kursivschrift mit zwei Globen und drei Karten unter Beweis gestellt hatte und der es mit den italienischen Meistern der Kursivschrift – Arrighi, Tagliente und da Carpi – aufzunehmen versprach.

Bei diesem scharfsichtigen Drucker dürfte es sich um Bartholomeus Gravius gehandelt haben, einen der drei »Handelsherren«, deren Identitäten Mercator auf seiner Karte Flanderns sorgfältig verschleiert hatte. Denn 1540, als Mercators Flandernkarte erschien, hatte sich Gravius mit dem Drucker Rutgerus Rescius zusammengetan.

Rescius stammte aus dem Flussstädtchen Maaseik, unweit von Mercators alter Heimat Gangelt. Nach Studienjahren in Paris schrieb sich Rescius 1515 an der Universität von Löwen ein, wo er bei dem Drucker Dirk Martens lebte und arbeitete und zugleich den Lehrstuhl für Griechisch am neuen Collegium Trilingue übernahm. Er war in einen endlosen Disput mit der Universität verstrickt, die der Meinung war, sein Privatleben, seine Druckertätigkeit und seine prekäre Finanzsituation beeinträchtigten seine Verpflichtungen gegenüber dem Kolleg. Dieser Rescius gründete 1529, nachdem Martens in den Ruhestand getreten war, eine eigene Druckpresse.

Mercators Motive waren sowohl finanzieller wie auch humanistischer Art. Der Markt war begierig, und dies war das erste Handbuch zur Kursivschrift im nördlichen Europa. Für Mercator waren Flüssigkeit und Gliederung auf dem Schreibblatt ebenso entscheidend wie Farbe und Perspektive auf der Leinwand. Die geschriebene Zeile verband die Vorstellung des Lesers mit der Absicht des Autors. Der Wert eines Textes verdankte sich zwar seiner inhaltlichen Bedeutung, doch seine *Wirkung* bemaß sich auch an seiner gestalterischen Klarheit und Eleganz. Immer mehr Humanisten betrachteten deshalb das kursive Latein als die Sprache des Wissens.

Anders als Arrighi und Tagliente, die ihre Handbücher in der Landessprache geschrieben hatten, verfasste Mercator seine Schrift in Latein und sprach damit direkt die Gelehrten an – die Mathematiker, Astronomen, Kartographen, Botaniker und Anatomen –, deren wissenschaftliche Forschungen durch die Klarheit, Dichte und Eleganz der Kursivschrift besser zur Geltung kamen. Er hegte nicht die Absicht, jeden versierten Schreiber zur Kursivschrift zu bekehren. Die Kursivschrift eignete sich zwar in idealer Weise für offizielle und illustrative Arbeiten; beim alltäglichen, privaten Schreiben war sie jedoch unnötig. Mercator selbst kritzelte seine Notizen und inoffiziellen Mitteilungen in der Sekretärshandschrift hin, während die Adressen auf seinen Briefen oft in exakten Kursiven geschrieben waren.

Für Rescius war das Buch eine Billigproduktion. Um Geld zu sparen, wurden die Seiten nicht von Kupferplatten, sondern von Holzstöcken gedruckt, die Mercator selbst schnitt. Die Einleitung und gelegentliche Einfügungen, die eine kleinere Schrift erforderten, wurden mit einer neuen Kursivtype gedruckt, die Rescius kurz zuvor aus Köln bezogen hatte.[4] Sigismondo dei Fanti hatte 1514 behauptet, es sei unmöglich, Kursiva fehlerlos in Holz zu schneiden.[5] Der große Arrighi hatte seine Holzschnitte von anderen fertigen lassen. Mercators holzgeschnittene Kursivschrift war jedoch elegant und makellos ausgeführt. Damit der groß gedruckte Text des Schönschreibheftes gut zur Geltung kam, wurden auf jeder Seite nur siebzehn Zeilen untergebracht; und jede Zeile wurde zentriert, sodass alle Buchseiten symmetrisch gestaltet waren.

Mercator eröffnete seine kurze Einleitung mit einem leisen Tadel gegen die »krittelnden Gegner« der Kursivschrift, jene alten Verfechter der gotischen und karolingischen Minuskeln, die die neue italienische Schrift für »simpel« und »unnötig« hielten. Sie mochten sie verurteilen, so Mercator, doch sie irrten sich, wenn sie »die Kunst der Kursivschrift« als »etwas von geringem oder rein dekorativem Wert« abtaten. Aus diesen maßvoll formulierten Zeilen war wieder Mercators versöhnliches Wesen herauszulesen. Er war ein Autor, der seinen Standpunkt nicht mit offenem Angriff, sondern mit feiner Abgrenzung verteidigte; seine taktischen Formulierungen verrieten Respekt gegenüber seinen Kritikern.

Danach folgte die Aufforderung, sich zu »überlegen, wie unehrlich es für einen König ist, seinen Purpur abzulegen und im Bettelgewand umherzugehen, das seinem königlichen Rang unwürdig ist. Genau dies geschieht«, so Mercator weiter, »wenn die lateinische Sprache ihre eigentlichen Charakterzüge aufgibt und sich hinter griechischen oder gotischen Lettern versteckt. Die lateinische Sprache … hat eine eigene Schrift, die elegant, einfach zu schreiben und weit vorteilhafter ist als jede andere.«[6]

*

Literarum latinarum umfasste nur 2900 Wörter, doch jeder Satz war präzise formuliert und entsprach einem systematischen Aufbau. Das Manuskript des Buches war wiederholt überarbeitet worden. Mercator war weder Arrighi noch Tagliente gefolgt, sondern hatte Elemente von beiden entlehnt.

Das Buch umfasste sechs Kapitel. Die ersten beiden behandelten das Zurechtschneiden und Handhaben der Feder. Im dritten ging es um die Proportionen der kursiven Buchstaben. Das vierte erläuterte, wie man die einzelnen Buchstaben gestaltete, und das fünfte, wie man die Buchstaben miteinander verband. Im sechsten Kapitel wurden Großbuchstaben und dekorative Schnörkel vorgestellt. Jedes der sechs Kapitel begann mit einem Satz, der die Absicht des Kapitels erläuterte und den Leser weiter anspornte. Es klang alles sehr einfach: »Als Hilfsmittel braucht man für das Schreiben Zirkel, eine gerade Linie und eine Schreibfeder.« Mercator bewies das intuitive Geschick eines Lehrers, der um die Befangenheit des Anfängers weiß und bemüht ist, den Schüler nicht einzuschüchtern. »Wählt eine durchsichtige, mittelharte Feder. Ich sage ›durchsichtig‹, denn wenn sie weiße Flecken aufweist, ist es weniger leicht, sie richtig zu spalten. Von mittlerer Härte muss sie sein, denn wenn sie zu weich ist, gibt sie zu viel Tinte ab, und wenn sie zu hart ist, gibt sie gewöhnlich zu wenig …«

Mercator erklärte mit einer Sparsamkeit an Worten, die von der Fähigkeit des Autors zeugte, auch abstrakte Sachverhalte bei allen Begrenzungen der Grammatik und des Vokabulars zu vermitteln. Seine Darlegungen waren so prägnant, dass die Illustrationen eines *mala fissio* (eines schlechten Schnitts) und eines *bona fissio* (eines guten Schnitts) gar nicht unbedingt notwendig waren. In dieser Betonung der Hilfsmittel offenbarte Mercator die Haltung,

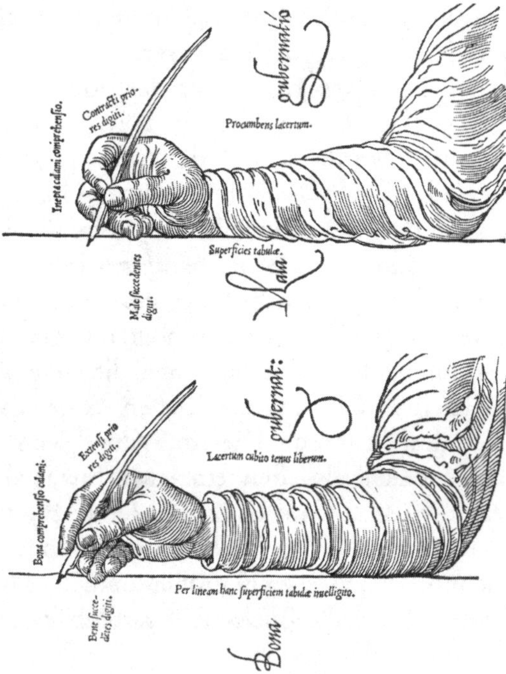

Oben die falsche und unten die richtige Methode, eine Schreibfeder zu halten; aus Mercators Handbuch der Kursivschrift, *Literarum latinarum*.

die er auch beim Kartenmachen einnahm. Perfektion erforderte solide Vorbereitung.

Im dritten Kapitel illustrierte der Autor mit Hilfe einer geometrischen Zeichnung, wie man ein quadratisches Feld in zwölf gleiche Streifen teilte – den Längenkreisen einer Karte nicht unähnlich. In dieses Feld zeichnete Mercator die drei elementaren Striche des Buchstaben Y, zwei von ihnen mit 3,75 Grad Abweichung von der Vertikalen und eine Diagonale aus der Hypotenuse eines umgekehrten, stumpfwinkligen Dreiecks. Das Prinzip – eine Schrift aus parallel stehenden Strichen zu gestalten, die etwas unter 5 Grad geneigt sind – war ganz einfach und wurde in seiner graphischen Darstellung klar veranschaulicht. Das Kapitel schloss mit Anweisungen für die sieben Grundstriche, die zum Schreiben des kursiven Alphabets erforderlich waren.

Im vorletzten Kapitel des Buches wurden Form und Inhalt der Abhandlung eins. Nach all den Seiten, in denen das Alphabet auseinander genommen wurde, schrieb der Autor plötzlich in Kursivschrift über die Kursivschrift. Die Wirkung beim Lesen war verblüffend, denn das Auge glitt nun ebenso frei über die Zeilen wie Mercators Hand beim Schreiben, die einem fließenden Rhythmus folgte und nur bei dem Wort *»immunis«* innehielt, um zu veranschaulichen, wie sieben Buchstaben miteinander verbunden werden konnten, ohne auch nur einmal die Feder abzusetzen.

Es war wohl kein Zufall, dass das Zeichen »&« an das Ende des letzten Kapitels gestellt wurde. Diesem Symbol wurden fast drei Seiten gewidmet – mehr als jedem einzelnen Buchstaben des Alphabets. Mercator hatte das sechste und letzte Kapitel offenen Fragen und »losen Enden« vorbehalten, insbesondere der Zähmung von Schnörkeln, die »mit größerem Überschwang ausschweifen« und sich um die Buchstaben außerhalb des Textkörpers kräuseln und winden können.

13

Ein Globus, so groß wie keiner zuvor

Knapp sechs Jahre waren vergangen, seit Mercator erstmals einen Grabstichel zur Hand genommen und sich der Kartographie verschrieben hatte. Er hatte Gemmas Erd- und Himmelsglobus gestochen, eine Karte des Heiligen Landes, eine Weltkarte und eine Regionalkarte gefertigt sowie eine unbekannte Zahl von Instrumenten gebaut. Und er hatte das erste Handbuch der Kursivschrift verfasst, das nördlich der Alpen erschien. In denselben sechs Jahren hatte Barbara zwei Söhne und zwei Töchter geboren (der jüngste Nachwuchs erhielt den Namen Bartholomäus) und für den Zusammenhalt der Familie gesorgt, während Mercator von früh bis spät arbeitete.

Als er nun die Arbeit an dem im August 1540 gegenüber Antoine Perronet angekündigten Globus wieder aufnahm, konnte er befriedigt zur Kenntnis nehmen, »dass die Produkte seiner Lehrzeit von den Experten allgemein gelobt wurden«.[1] Dieser Globus sollte einen Höhepunkt seiner Produktivität markieren.

*

Denn so schnell veränderte sich in jenen Jahren die Weltsicht, dass Gemmas vier Jahre alter Globus längst überholt war. Und seine zwei Jahre alte, herzförmige Weltkarte hielt Mercator für auf peinliche Weise antiquiert.[2] Nun fühlte sich der Kartenmacher verpflichtet, die geographische Darstellung des Planeten zu korrigieren.

Der Bau eines Globus erforderte eine Investition an Zeit und Geld, die nur dann gerechtfertigt war, wenn ein beträchtlicher Absatz zu erwarten war. Doch Mercator hatte wie erwähnt Gönner am Hof und konnte vermutlich auch auf die Unterstützung durch Buchhändler zählen. Dieser neue Globus sollte die neueste geographische Forschung, mathematische Präzision, höchste Kunstfertigkeit und eine kalligraphische Meisterleistung widerspiegeln.

Und er sollte umfassend sein. Über die Frage der Größe hatte Mercator gründlich nachgedacht. »Ich will überall mehr Orte einzeichnen als andere, denn ich will einen Globus bauen, der so groß ist wie keiner zuvor«; er fügte hinzu, dass dies gelingen müsse, ohne dass der Globus »aufgrund seiner übermäßigen Größe unhandlich wird«.[3] Bei der Suche nach einer optimalen Größe geriet er in eine Zwickmühle, die jedem Globenbauer vertraut war. Während ein Kartenmacher globale und regionale Räume leicht auf Karten mit kleinem und großem Maßstab verteilen konnte, musste der Globenbauer die gesamte Geographie der Erde in ein einziges Modell mit einheitlichem Maßstab pressen. Je mehr Informationen zugänglich wurden und je höher die Erwartungen der Interessenten waren, desto größer wurden auch die Durchmesser der Globen. Schöners Globus war größer gewesen als der von Waldseemüller, und Gemmas wiederum größer als der von Schöner. Die Größe von Globen war jedoch begrenzt. Die gedruckten Globen, die bekanntermaßen sehr zerbrechlich waren, mussten kompakt genug sein, um ohne Beschädigungsgefahr und übermäßig hohe Kosten transportiert werden zu können. Der Bequemlichkeit halber sollte ein Globus auch auf einem Schreibtisch Platz haben. Und da die Größe nicht mehr geändert werden konnte, sobald die Kupferplatten einmal gestochen waren, musste ein Standardmaßstab allen potenziellen Benutzern gerecht werden.

Zum Glück kam den Globenbauern die Mathematik zugute, denn es ist erstaunlich, aber wahr, dass eine relativ geringe Erweiterung des Durchmessers einer Kugel eine beträchtliche Vergrößerung ihrer Oberfläche ergibt. Mercator beschloss, die Größe seines neuen Globus so weit wie möglich auszuweiten. Er orientierte sich an der durchschnittlichen Größe eines Schreibtisches und an den Erfordernissen für einen sicheren Transport und entschied sich für einen Durchmesser, der nur knapp ein Achtel größer war als der von Gemmas Globus, wodurch er allerdings mehr als ein Viertel an Fläche gewann.[4] Dies sollte der größte und detaillierteste gedruckte Globus sein, der je gebaut wurde.

*

Seit dem Druck seiner Weltkarte vor zwei Jahren hatte Mercator in seinen »freien Stunden die alte Geographie mit der neuen verglichen« und war zu der Erkenntnis gelangt, dass die damals angenommenen kontinentalen Umrisslinien höchst fehlerhaft waren. Besonders problematisch schienen die südlichen Bereiche Asiens. »Je gründlicher ich alles durchsehe«, gestand er gegenüber Perronet, »desto mehr Fehler entdecke ich, in die wir verquickt sind.« Mit »wir« meinte Mercator wohl Gemma und sich selbst, denn die Fehler, auf die er jetzt stieß, waren für Gemmas Globus in Kupfer gestochen und von Mercator für seine Karte von 1538 kopiert worden. »Es scheint besonders irrig«, fuhr er fort, »Malakka für die Aurea Chersonesus zu halten…«[5]

Das Problem bestand in den Halbinseln. Es waren zu wenige, und sie lagen an den falschen Stellen. Laut Ptolemäus wies die Südküste Asiens zwei charakteristische Merkmale auf: die riesige Insel Taprobana und die birnenförmig endende Halbinsel Aurea Chersonesus – die Goldene Halbinsel. Taprobana war nunmehr durch die dreieckige Halbinsel Indiens ersetzt und die Goldene Halbinsel weiter nach Westen verschoben worden, sodass sie dem unlängst entdeckten Malakka entsprach. Inzwischen war eine dritte Halbinsel entstanden, indem man Ptolemäus' fernöstliche Landbrücke durchtrennte und aus dem Stumpf das Land der »Lequii« gemacht hatte. Gemmas Globus und Mercators Weltkarte hatten diese drei markanten Halbinseln dargestellt.

Mercator glaubte jedoch nicht mehr, dass Ptolemäus' Goldene Halbinsel nach Westen hätte verschoben werden sollen. Er war auch nicht mehr damit zufrieden, dass Gemma und später auch er selbst ein geschrumpftes Taprobana direkt neben Malakka angesiedelt hatten, obwohl Ptolemäus geschrieben hatte, die Insel liege viel weiter – »ungefähr 30 Grad« – von der Goldenen Halbinsel entfernt.

Das Problem war entstanden, weil sie versucht hatten, widersprüchliche Quellen in Einklang zu bringen. »Als wir, derart blind gemacht, versuchten, die unauflösbare Diskrepanz zwischen dem Alten und dem Neuen zu lösen, verwarfen wir zugleich die antiken und die neueren Beschreibungen; außerdem untergruben wir durch kleine Korrekturen die derzeitig bekannten Proportionen der Küsten wie auch die Erkenntnisse, welche die antiken Geographen mittels großer Anstrengungen gewonnen hatten.« Bei seinen Recherchen war Mercator auf eine Quelle gestoßen, die ihn von seinen und Gemmas Irrtümern überzeugt hatte. »Wie sehr wir uns in unserer Vorstellung des Fernen Osten täuschten, wird jedem hinreichend klar, der den Venezianer Marco Polo aufmerksam liest«, notierte Mercator.[6]

Marco Polo war bereits seit zweihundert Jahren tot, doch sein Reisebericht, *Divisament du Monde* (Beschreibung der Welt), hatte auch in nicht gedruckter Form als Manuskript eine weite Verbreitung gefunden. Mercator hatte die Reiseroute des venezianischen Kaufmanns sehr sorgfältig studiert. Aufgrund der detaillierten Entfernungsangaben und Beschreibungen in Marco Polos Schilderung seiner Seereise von »Mangi«[7] nach Indien war es nun möglich, die Goldene Halbinsel wieder an ihre alte ptolemäische Stelle zurückzuverlegen. Die Halbinsel, die Gemma und Mercator als die der »Lequii« bezeichnet hatten, war eindeutig Marco Polos Mangi. Im Westen der Goldenen Halbinsel lag die Halbinsel Malakka und westlich davon die Halbinsel Indien. Somit gab es vier – nicht drei – Halbinseln entlang der südlichen Küste Asiens.

Mercator beabsichtigte darüber hinaus auch »Korrekturen in Bezug auf ... Scythia, die beiden Sarmatien, Scondia, Schottland, Island und die Inseln in der Deukaledonischen See, Madagaskar

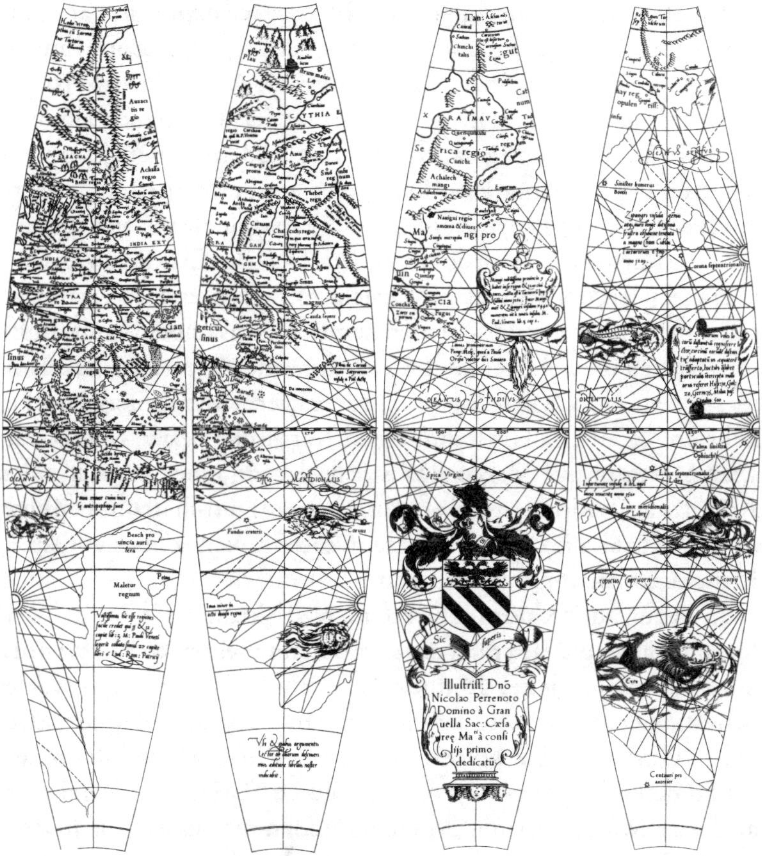

Ein Ausschnitt der Darstellung Asiens auf den Keilstücken, die Mercator für seinen prächtigen Globus von 1541 stach.

und viele umliegende Inseln und schließlich die untersten Teile Afrikas«. Das war noch nicht alles: »Was Amerika betrifft, werden wir die Art, wie die Küstenlinien bisher dargestellt wurden, nicht verändern, aber wir werden einige weitere Einzelheiten zum Landesinneren liefern.«[8]

Marco Polo erwies sich als fruchtbare Quelle. Mercator konnte den Reiseberichten des Venezianers einige Details über den riesigen antarktischen Kontinent entnehmen. Der neue Globus zeigte ein großes Polargebirge, das fast bis nach »Java maior« hinaufreichte. An dessen Spitze siedelte Mercator Marco Polos Provinz »Beach« an, und südlich von Beach platzierte er dessen gewürzreiches »Maletur«.[9] Mercator lieferte außerdem weitere Hinweise auf eine üppige Antarktis, indem er westlich von Beach Pedro Alvares Cabrals »Psitacorum regio« (Papageienland) ansiedelte.

Mercator war beeindruckt von Marco Polo. Das Werk des Venezianers lag noch nicht im Druck vor, doch andere Kartographen hatten bereits Abschriften seiner Manuskripte benutzt, um ihre Karten danach zu ändern. Der Löwener Globenbauer klammerte sich jedoch an Polo mit der Ehrerbietung eines Neubekehrten. In einer ausgeschmückten Kartusche neben Mangi verwies Mercator auf Marco Polos Schilderung eines verheerenden Angriffs auf »Zipangri« (das heutige Japan) durch den Großkhan im Jahre 1268 und die 7448 Inseln, die der Venezianer zwischen Mangi und Zipangri gezählt hatte.

In Bezug auf die nördliche Hemisphäre kamen Mercator Zweifel an Ptolemäus, die er bei der Anfertigung seiner Weltkarte noch zurückgesteckt hatte. Endlich verwarf er dessen abgeknicktes Schottland und richtete Britannien gerade, sodass der Meridian bei 15 Grad Ost eine Mittelachse von der Insel »Vicht« im Süden bis zu den »Orcades« im Norden bildete.[10] Mercator korrigierte auch das Mittelmeer des Ägypters, indem er dessen Spannweite von 62 Längengraden, die er bei seiner Weltkarte von 1538 noch übernommen hatte, auf 58,5 Grad reduzierte.

Auch im hohen Norden nahm er eine folgerichtige Änderung vor: Ohne dem Leser eine Erklärung zu liefern, riegelte Mercator die Nordwestpassage ab und eröffnete eine Nordostpassage. Damit gab er den Seefahrern insgeheim zu verstehen, dass der Weg nach Kathai (China) über die Nordspitze Skandinaviens führte und nicht durch die Amerikanische Meerenge, wie er auf seiner Karte von 1538 angedeutet hatte.

*

Der Globus bestach jedoch durch weit mehr als nur durch seine Größe und Aktualität. Das wohl innovativste Merkmal ergab sich aus Mercators wachsender Beschäftigung mit dem Magnetismus. In den drei Jahren, seit er Zieglers Holzschnittillustration gesehen hatte, interessierte er sich immer mehr für das Wesen und die Lage des Magnetpols sowie das Verhalten der Kompassnadel an verschiedenen Stellen der Erde. Damit war er in guter Gesellschaft, denn auch andere dachten in diese Richtung. Erst zwei Jahre zuvor hatte Olaus Magnus eine riesige Holzschnittwandkarte von Skandinavien herausgebracht, die *Carta marina.* Vor der Spitze Skandinaviens hatte der Schwede eine kleine Insel namens »Insula magnetus« platziert, von der man dachte, sie lenke die Kompassnadeln zu einem magnetischen Pol. Um zu unterstreichen, dass die Insel als zweiter Pol betrachtet werden müsse, hatte Magnus den geographischen Pol, »Polus Articus«, unmittelbar nördlich davon eingezeichnet. Mercator übernahm die Insel und deren Position bei seinem Globus und nannte sie »Magnetu insula«.

Das andere magnetische Merkmal, das auf dem Globus erschien, legte den Grundstein für Mercators späteren Ruhm. In Hunderten von Stunden, die er über den unterschiedlichsten Karten und Tabellen brütete, bestätigte sich die unglaubliche Unstimmigkeit geographischer Daten. Obwohl Mercator noch nie selbst auf See gewesen war, glaubte er, dass die Seefahrer von ihrem eigenen Kompass irregeführt wurden. Dies ließ sich mit Hilfe eines Globus und eines Kompass in kürzester Zeit demonstrieren: Legte man einen Kompasses auf die Oberfläche eines Globus und zeichnete die Linie einer konstanten Peilung – eine so genannte Loxodrome –, so zog sich diese Linie in einer Krümmung zu einem Pol; jede beliebige Loxodrome kreuzte die Längenkreise in gleich bleibendem Winkel und verlief daher in einer sanften Spirale Richtung Pol. Die meisten Seefahrer navigierten unter der falschen Annahme, dass sie bei einer konstanten Kompasspeilung auf einem geraden Kurs segelten. Die ungenauen Karten, die sie anlegten, spiegelten diese irrige Auffassung wider.

Besonders brennend war dieses Problem erst kurz zuvor für portugiesische Seefahrer geworden, deren ungeheuer lange Reisen über die gekrümmte Oberfläche der Erde immer schwerer auf einer flachen Karte nachzuzeichnen waren. Einige Kapitäne mussten auf der Rückfahrt von Brasilien nach Europa feststellen, dass sie die Azoren gegenüber ihren Berechnungen um nicht weniger als 70 Meilen verfehlten. Im Jahre 1537, kurz bevor Mercator anfing, über seinen neuen Globus nachzudenken, erklärte der königliche portugiesische Kosmograph Pedro Nuñez dieses Phänomen in seiner Abhandlung *Tratado da Sphera.*

Nuñez erläuterte den Zusammenhang zwischen Loxodromen und Meridianen so: Die kürzeste denkbare Strecke zwischen zwei Punkten auf der Erdoberfläche bildete einen »großen Kreis«; das bedeutete, dass ein direkter Kurs eine fortwährende Anpassung der Kompasspeilungen notwendig machte. Dem gegenüber stand die konstante Peilung, die für den Navigator weitaus einfacher war, aber eine längere, gebogene Route zur Folge hatte.

In genialer Voraussicht beschloss Mercator, auf seinem neuen Globus Loxodromen einzuzeichnen. Diese Linien verliefen in Spiralen auf die Pole zu, die sie allerdings nicht erreichten, und repräsentierten den hypothetischen Kurs eines Schiffes, das nach konstanter Kompasspeilung gesteuert wurde. Mercator war der Erste, der Loxodromen auf einen Globus stach.

Der nächste Schritt bestand darin, Loxodromen auf einer flachen Karte abzubilden, doch das erforderte eine neue Form der Projektion.

*

Der neue Globus mit seinen spiralförmigen Loxodromen, seiner radikal neuen Geographie und unzähligen Ortsnamen rief allgemeines Staunen hervor. Nicht nur war dies der größte Globus, der je gedruckt worden war; auch Mercators unübertreffliche kursive Beschriftung wies ein beinahe unglaubliches Maß an Verdichtung und Präzision auf. Seine Kleinbuchstaben waren so winzig, dass einige Leser eine Lupe brauchten; dennoch war jeder einzelne Buchstabe so vollkommen gestaltet, wie es Mercator in seinem Handbuch vorgeschrieben hatte. Wo sich einzelne Lettern für Schnörkel eigneten, stach Mercator mit der Spitze seines Grabstichels zierliche kleine Ausschmückungen. Unter dem Vergrößerungsglas kamen Flüsse, Seen und Gebirge zum Vorschein und erweckten beim Betrachter den Eindruck, unmittelbar an der Erforschung der Erde beteiligt zu sein.

Trotz all dieser ästhetischen Aspekte hatte Mercator seinen neuen Globus als Gebrauchsgegenstand gestaltet. Der stabile Horizontring, der den Globus einfasste, ruhte auf vier gedrechselten Holzbeinen, die in einem soliden Sockel verankert waren. Mit dieser Schutzvorrichtung konnte der Globus leicht per Schiff oder Karren befördert und im Haus oder am Hof herumgetragen werden.

Mercator widmete seinen neuen Globus dem bedeutendsten kaiserlichen Minister, Nicolas Perronet de Granvelle, der das Werk im Frühjahr 1541 in Empfang genommen haben dürfte.[11] Mit dieser Widmung hob Mercator auch seine eigene Rolle als wertvolle Kraft im Dienste des Hofes und loyaler Untertan hervor, der es mit dem kosmographischen Talent lutherischer Geographen wie Sebastian Münster aufnehmen konnte.

Der Kaiser hatte zwar seine Vision eines Weltreichs revidieren müssen, doch sein Bedarf an präzisen Instrumenten, Karten und Globen hatte keineswegs nachgelassen. Im Gegenteil: Für die Seefahrt, die Artillerie und die strategische Planung waren die neuesten Daten und Geräte erforderlich. Ein Globus war ein geopolitisches Instrument, das einzige Mittel, mit dessen Hilfe ein Kaiser wie Karl V. seine riesige, geographisch zerrissene Interessensphäre in Augenschein nehmen konnte. Der Herrscher aus Gent scheiterte zu dieser Zeit mit seinem letzten Versuch, zu einer Einigung mit den Lutheranern zu kommen. Im August zog Karl nach Italien und Spanien und begann seinen verheerenden Afrikafeldzug. Im November 1541 traf er wieder in Spanien ein, wo er seinen neunten und schlimmsten Gichtanfall erlitt und erfuhr, dass seine Einnahmen aus Amerika allmählich zurückgingen.

Vor dem Hintergrund dieser bedrohlichen Entwicklungen empfahl Kanzler Granvelle seinem Kaiser den Kartenmacher Mercator. Dieser begann in der Folgezeit, für Karl V. »zahlreiche mathematische Instrumente« zu bauen, darunter Himmels- und Erdgloben, einen Kompass und Quadranten sowie einen astronomischen Ring.[12] Die Kriegsführung war ein stark technisiertes Handwerk geworden. Statt frontaler Angriffe auf offenem Feld führte man nun taktische Gefechte, bei denen durch die Kenntnis und Analyse des Terrains Vorteile zu gewinnen waren.

Eine Großbestellung an komplizierten Instrumenten war ein Riesenauftrag für einen allein arbeitenden Handwerker. Für Mercator bedeutete dies auch, dass die Zeit der geborgten Werkzeuge vorbei war. Inzwischen war ein fünftes Kind zu ernähren, denn ein weiterer Junge, Rumold, war 1541 zur Welt gekommen. Nun konnte er zumindest auf ein gewisses Maß an finanzieller Sicherheit vertrauen. Sie sollte allerdings nicht lange währen.

14

Der Feind vor der Feste

Während der Kaiser in Spanien weilte, verfinsterte sich der Himmel über den Niederlanden. Die Küstenstädte wurden gegen Angriffe der Dänen befestigt. In den Grenzprovinzen Artois und Flandern gab es Streitigkeiten mit Frankreich, und Luxemburg drohte an den Herzog von Orleans zu fallen. Die größte Gefahr lauerte jedoch hinter 's-Hertogenbosch, jenseits der Flüsse, die Brabant gegen die leicht entzündliche Provinz Geldern sicherten, die mit den Türken gegen die Habsburger im Bunde stand. Als Herzog Karel von Geldern 1538 gestorben war, hatte er keinen Erben, und so fiel Geldern 1539 an den dreiundzwanzigjährigen Herzog Wilhelm V. von Kleve-Mark-Jülich-Berg. Wilhelm V. verstärkte die habsburgfeindliche Haltung, indem er Bündnisse mit den lutherischen Fürsten sowie mit Dänemark und Frankreich einging. Königin Maria von Ungarn, die Statthalterin der Niederlande, konnte also kaum überrascht sein, als Wilhelms Gelderländer über die Maas stürmten.

Unter dem Kommando des Schwarzen Maarten zog eine wilde Horde von insgesamt 16 000 Mann, unter ihnen zahlreiche Dänen und Schweden sowie sechshundert Reiter unter de Longueval, an dem stark bewehrten s'-Hertogenbosch vorbei, riss plündernd Dörfer und Windmühlen nieder und verwandelte ganz Nordbrabant in eine Feuersbrunst.

In Löwen fürchtete man bereits das Ende. Denn wenn der Schwarze Maarten Antwerpen und Gent verwüstete, konnte er sich leicht mit den französischen Truppen des Herzogs von Vendôme verbinden, die durch Flandern vorrückten. Dann wären die habsburgischen Niederlande gespalten. Königin Maria fürchtete, die Invasionstruppe könne sich unterwegs durch Lutheranhänger verstärken, und begann ihrerseits, Unzufriedene und Verdächtige zu verhaften, zu verhören, zu foltern und hinzurichten. Milizen wurden aufgestellt, und ihre Lehnsherren mussten Infanterie und leichte Kavallerie rekrutieren.

Als die Eindringlinge auf die unfertige Befestigung von Antwerpen vorrückten, eilte der Prinz von Oranien der Stadt zu Hilfe. Doch der Schwarze Maarten scheute nach einer erfolglosen Offensive vor einer zermürbenden Belagerung zurück und zog nach Südosten zu einem leichteren Ziel ab – Löwen. Die Stadt hatte zwar Kanonen, aber keine Kommandanten, und der Stadtrat schien unfähig, eine geschlossene Verteidigung zu organisieren. Da trommelte Damião de Góis, ein portugiesischer Dichter und Musiker, die Studenten von Löwen zusammen.

Am 21. Juli befahl der Rektor, dass jeder Student und Dozent, der ein Haus oder eine Wohnung in der Stadt besaß, auf den Wehrmauern Wache stehen solle. Einer der Einberufenen war Mercators Mentor, der hagere Medicus Gemma Frisius, der vier Tage lang auf dem Bollwerk nach Feuern Ausschau hielt, die das Herannahen des Schwarzen Maarten ankündigen würden.

Während die vorrückende Horde in Löwen Panik verbreitete, befahl Königin Maria dem Rat von Löwen, alle *scholares* über sechzehn aus Kleve, Berg, Mark und Jülich aufzufordern, das Reichsgebiet innerhalb von zwei Tagen zu verlassen – eine Maßnahme, die das Misstrauen der Regentin gegenüber der Gelehrtenschaft verriet. Mercator hatte die ersten sechs Jahre seines Lebens in Jülich verbracht; für ihn war Marias Erlass eine Bestätigung der im Habsburgerreich herrschenden Vorurteile. Wie so viele andere, die jenseits der Maas gelebt hatten, wurde er als Ausländer und verkappter Lutheraner abgestempelt.

Nur eine Woche später durften alle Studenten, deren Eltern um eine Evakuierung ihrer Kinder aus Löwen ersucht hatten, die

Stadt verlassen, ebenso jene, die dort keinen ständigen Wohnsitz hatten. In der Stadt blieben nur die fest Ansässigen und Freiwillige. Am 30. Juli ernannten die Studenten einen Befehlshaber: *capitaneus* de Góis.

Wachte Mercator neben Gemma auf den Mauern? Sicher hatte auch er an Flucht gedacht, aber Barbara stand vor der Entbindung ihres sechsten Kindes, Katherina. Und Mercator war durch seine wertvolle Sammlung von Werkzeugen, Kupferplatten, Büchern, Karten und diversen Utensilien gebunden. Er wusste besser als jeder andere, dass die Landstraße kaum sicherer war als Löwen.

*

Drei Tage nachdem de Góis zum Befehlshaber der Studententruppe ernannt worden war, stieß der Feind bis Löwen vor und schlug bei Ter Banck sein Lager auf. Beim Anblick der Horde des Schwarzen Maarten erkannten der Schultheiß von Brabant und die Hauptmänner der kurz zuvor eingetroffenen kaiserlichen Hilfstruppe, dass eine Verteidigung unmöglich war, und nahmen Verhandlungen mit dem Schwarzen Maarten und de Longueval über eine Kapitulation auf.

Doch Löwen sollte noch einmal davonkommen. Denn der Schwarze Maarten und de Longueval gelangten zu der Überzeugung, dass eine weitere Belagerung zwecklos sei, und zogen weiter, um sich mit der Truppe des Herzogs von Orleans zu vereinigen – nicht ohne jedoch zwei der Unterhändler, Damião de Góis und den Löwener Bürgermeister, Adrian de Blehen, zu verschleppen. Ein paar Tage nach ihrer Entführung trafen in Löwen Briefe der beiden Geiseln ein. Die Stadt könne ihren Studentenanführer und den Bürgermeister wiederhaben, wenn sie dem Schwarzen Maarten 70 000 Goldkronen übergab.

Nach dem Ende der Belagerung blieben die Studenten noch drei weitere Wochen bewaffnet und die Stadtmauern rund um die Uhr bewacht. Am 20. August zog um acht Uhr morgens eine

Dankprozession durch die Straßen, freilich fehlten die beiden verschleppten Helden der Belagerung.

*

Im September dürfte Mercator wieder bei seinen Karten und Instrumenten gesessen haben. Doch in Löwen ging noch immer die Angst um. Luxemburg war gefallen, und auch wenn der Kampfgeist der Franzosen erlahmt zu sein schien, konnte niemand sicher sein, wann der Schwarze Maarten zurückkehren würde, um sich für seine Schlappe zu rächen. Die gleichermaßen mittellosen und rückgratlosen Oberen der Stadt fingen an, sich über die Kosten der Belagerung zu zanken. Im Oktober 1542 beugte sich die Universität widerwillig dem Druck des Kaisers und steuerte Mittel zum Wiederaufbau der Stadtbefestigung bei. De Góis' Freunde waren empört und seine Frau war beunruhigt, als sich der Stadtrat und die Universität weigerten, die Lösegeldsumme für die beiden Geiseln zu bezahlen. Die maßgeblichen Stellen machten ihre Knappheit an Mitteln geltend und vertraten die Auffassung, de Góis und Blehen seien keine Helden, sondern Opfer ihres eigenen Leichtsinns – sie hätten sich gar nicht aus der Stadt entfernen dürfen.

Im Herbst 1541 drängten die Kommandeure Königin Marias auf einen Vergeltungsschlag gegen Herzog Wilhelm von Kleve. Im Oktober kämpften sich kaiserliche Truppen bis Jülich vor, und der Prinz von Oranien nahm Sittard ein, die Nachbarstadt des einstigen Heimatortes der Familie Kremer. Sittard wurde jedoch in kürzester Zeit vom Herzog von Kleve zurückerobert, ebenso Düren. Löwen kaufte endlich seinen Bürgermeister für 2000 Kronen frei, doch de Góis wurde in die Picardie verschleppt.

Plötzlich tauchte der Schwarze Maarten wieder auf. Mit Unterstützung des halsstarrigen Herzogs Wilhelm sorgte eine riesige, von den Franzosen finanzierte Truppe von Norden her erneut für Unruhe.

Am 1. Mai 1542 brach Karl im spanischen Palamós auf. Es war an der Zeit, dass das Habsburgerreich dem Gelderland endlich eine Lektion erteilte. Geldern war das letzte Stück im niederländischen Puzzle, das nicht den Habsburgern unterstand. Karl meinte, den abtrünnigen lutherischen Herzog Wilhelm nur bezwingen zu müssen, und schon würden in den dann wahrhaft vereinten Niederlanden wieder Frieden, Wohlstand und der Katholizismus Einzug halten.

Von Spanien segelte der Kaiser nach Italien, wo er in Pavia mit Granvelle zusammentraf, bevor er die Alpen überquerte. Unterwegs rekrutierte er ein Heer von 36 000 Spaniern, Italienern und Deutschen. Wilhelms Verbündete waren überzeugt, vernichtet zu werden, und verflüchtigten sich. Jülich, Düren und Roermond kapitulierten. Im September marschierte der vor Schreck erstarrte Herzog zu Fuß vor das Lager des Kaisers in Venlo und entsagte sowohl dem Herzogtum Geldern als auch dem lutherischen Glauben. Dafür durfte er seine ursprünglichen deutschen Herzogtümer behalten. Das ihm verbleibende Herzogtum Kleve-Jülich-Berg-Mark sollte den Schauplatz für Mercators zweite Lebenshälfte bilden.

*

In Löwen wurde die Nachricht von Herzog Wilhelms Demütigung mit Erleichterung und Besorgnis zugleich aufgenommen. Denn kaum war der Feind vor den Toren bezwungen, stürzten sich die Behörden auf den Feind im Inneren – die Ketzer.

Die Niederlande waren überschwemmt von lutherischen Druckwerken. Es zirkulierten bereits mehr als 2500 Drucke und Nachdrucke lutherischer Werke – Bibelübersetzungen gar nicht mitgerechnet. In den vorausgegangenen fünfundzwanzig Jahren waren dagegen kaum mehr als fünfhundert katholische Druckwerke erschienen. Und auf jeweils fünf Traktate Luthers kamen weitere vier von anderen protestantischen Autoren. Um 1545 waren nahezu sechs Millionen evangelische Traktate gedruckt worden, das bedeutete eine Schrift für jeden zweiten Einwohner des Heiligen Römischen Reiches![1]

Neue Glaubensgemeinschaften schossen wie Pilze aus dem Boden. Die schlimmsten Verfolgungen erlitten wohl die so genannten Anabaptisten, die Wiedertäufer, bei denen Erwachsene durch eine erneute Taufe in die göttliche Gemeinschaft aufgenommen wurden. Weil sie sich weigerten, Steuern zu zahlen und Militärdienst zu leisten, zogen sie sich einen Hass zu, wie er sonst nur Hochverrätern zuteil wurde.

In Mercators Umfeld fand eine dubiose Gruppierung um David Joris große Verbreitung. Joris hatte Visionen, in denen ihm die Welt zu Füßen lag. Der charismatische Mann trat für eine Spiritualität ein, die großen Spielraum für die eigene Interpretation zuließ – was ihm nicht nur immensen Zulauf sicherte, sondern auch die Verfolgung durch die Inquisition. Schon im Jahre 1538 war seine Mutter in Delft enthauptet worden, Frau und Tochter wurden verbannt und auf ihn selbst wurde ein Kopfgeld ausgesetzt. Im selben Jahr mussten siebenundzwanzig seiner Anhänger vor den Scharfrichter treten. In den letzten Jahren hatte sich Joris vor den Toren von Antwerpen versteckt gehalten und *t-Wonder-boek* geschrieben, die »Jorisische Bibel«, die 1542 in Deventer im Druck erschien.

Mercator selbst war von Natur aus vernünftig und gehörte nicht zu jenen Menschen, die von Sekten angezogen wurden, doch ihre Anwesenheit in und um Löwen nährte eine Paranoia, die bald auch ihn verschlingen sollte.

Neben den größeren Glaubensgemeinschaften gab es unzählige weitere freie Verbindungen, die zwischen reiner Neugier und offener Skepsis angesiedelt waren. In ganz Löwen hatten sich seit Jahren in Hinterzimmern und Schlafkammern Geheimbünde versammelt, die ihren Glauben zu erforschen trachteten. Wenn sie sich vor dem Zugriff der Obrigkeit sicher fühlten, lasen sie aus dem Neuen Testament und aus gedruckten Postillen und diskutierten über die Taufe, die Beichte, das Abendmahl und das Fegefeuer.

So hatte die verwitwete Antoinette van Roesmaels, die einer adeligen Magistratsfamilie entstammte, in ihrem Haus etliche Zusammenkünfte ausgerichtet. Auch der Wirt des Gasthauses Palmier, Jean Bosschverckere, hatte einige Evangelische aufgenommen und verköstigt. Unter jenen, die sich regelmäßig zu den Versammlungen stahlen, waren der Kürschnergeselle Josse van Ousberghen, Calleken (beziehungsweise Catherine) Sclercks und ihre verwitwete Schwester Betteken (Elisabeth), der Gerber Chrétien Broyaerts (ein Neffe von Antoinette van Roesmaels), der Töpfer Jacques Ghysels, der Schneider Laurent von der Bienstrate, der Strumpfwarenhändler Thierri Gheylaerts, der Kurzwarenhändler Jean Vicart von der Scipstrate und dessen Nachbar, der Buchhändler Jérôme Cloet. Viele von ihnen waren hoch gestellte Bürger der Stadt – Menschen, die Mercator gekannt haben musste. Vom Sohn des Herrn von Grembergen, Paul Roels, wusste man, dass er mit Lutheranern verkehrte, vor allem mit den Reformern Jean de Lasco, Albert Hardenberg und Jacques Enzinas aus Spanien, den er im Jahre 1540 einen Monat lang beherbergte. Jacques' Bruder Francisco, der in Wittenberg studiert hatte und als eifriger Anhänger Melanchthons galt, war unlängst in Brüssel verhaftet worden, weil er ohne Lizenz das Neue Testament aus dem Griechischen ins Spanische übersetzt hatte.[2]

Ebenso bekannt in Löwen war Jean Utenhove, dessen Halbbruder der Humanist, Dichter und einstige rebellische Bürgermeister von Gent, Karel Utenhove war. Wohlbekannt war auch Catherine Metsys, die Tochter von Joos Metsys, dem Uhrmacher, Bildhauer und Architekten, der den unglaublichen Plan hegte, den unvollendeten Turm von St. Peter zum größten Turm Europas auszubauen, Catherines Ehemann, der Bildhauer Jean Beyaerts, sowie ihr Onkel, der Maler Quentin Metsys, den die Humanisten vor allem deswegen kannten, weil er das erste Porträt des Erasmus von Rotterdam gemalt hatte. Auch Priester waren verwickelt. Paul de Roevere, Pieter Rythove und Mathieu van Rillaert waren in ketzerische Zellen verstrickt.

Die Gefahr für alle diese »Ketzer« wuchs beständig. Im Juli 1543 wurden in Löwen zwei ältere Frauen hingerichtet, die des Luthertums angeklagt waren. Sie wurden bei lebendigem Leibe begraben. Das weniger schwerwiegende Verbrechen der Gotteslästerung wurde mit einem glühenden Eisen durch die Zunge bestraft.

Und Mercator selbst? Er war wohl einer von vielen Humanisten, die insgeheim der Auffassung waren, dass der Glaube an Christus wichtiger sei als der kirchliche Ritus, dass die Evangelien als gemeinschaftliche Quelle spiritueller Anleitung zu lesen seien und dass im Dialog und Gottesdienst eine gewisse Versöhnung zwischen den gegnerischen religiösen Gruppierungen zu erzielen sei. Mercator strebte weniger nach Konfrontation als nach religiöser Harmonie. Seine Harmonisierung gegensätzlicher geographischer Daten war ein Ausdruck jener Kompromisse, die erforderlich waren, um das Christentum zu einen. Die gemäßigte Mitte konnte jedoch gefährlicher sein als die Extreme. Inmitten des theologischen Kreuzfeuers waren die vermittelnden Idealisten, die von den Katholiken und den Lutheranern gleichermaßen verachtet wurden, nicht weniger anfechtbar als die Anabaptisten. Dass Mercator bereits damals eigene Standpunkte entwickelte, steht außer Zweifel, doch es sollte noch Jahre dauern, bis er diese zu Papier brachte. Einstweilen beschränkte er sich auf diskrete Gespräche, Gebete, innere Einkehr, vielleicht auch Briefe, die durch Vertraute und Freunde zugestellt wurden.

*

Zwei Jahre Krieg hatten dafür gesorgt, dass Mercator wenig vorweisen konnte, seit er seinen Globus fertig gestellt hatte. Sein Auftrag, für den Kaiser Instrumente zu bauen, versprach zwar einige Sicherheit, doch die Belagerung und deren Folgen hatten ihn um den schöpferischen Antrieb gebracht. Und um sein Einkommen.

Bedauerlicherweise hatte er auf seinen Anteil am Erlös seines Handbuchs der Kursivschrift verzichtet. Nach dem Erfolg der ersten Auflage hatten Mercator und der habgierige Rescius die hölzernen Druckstöcke für *Literarum latinarum* an den Antwerpener Buchdrucker Jean Richard verkauft, der eine schlampige Zweitauflage herausbrachte, bei der obendrein die letzte Seite fehlte.[3] Immerhin bestellte Bartholomeus Gravius, der Partner des Rescius im Druckhaus Goldene Sonne, bei Mercator ein eigenes Druckeremblem, das er auf seinen Titelseiten verwenden wollte. Mercator entwarf eine Sonne mit 32 spitzen Strahlen, die an den Kompass mit ebenso vielen Zacken erinnerte, welchen er an den oberen Rand seiner Flandernkarte gestellt hatte, an der Gravius ebenfalls beteiligt gewesen war. In die Mitte platzierte er ein Jesuskind, das ein Kreuz trug. Die drei Zeilen Kursivschrift waren wie immer klar und elegant.

Etwa um dieselbe Zeit erhielt Mercator auch von dem Antwerpener Drucker Matthew Crom den Auftrag, einen kursiven Druckstock zu schneiden, den jener für seine Titelseiten verwenden konnte. Crom hatte seit 1537 ungefähr vierzig Bücher und Pamphlete gedruckt, und Mercator musste gewusst haben, dass darunter auch Ausgaben des lutherischen Neuen Testaments auf Englisch und mindestens ein flämisches Werk waren, das bald den Zorn der Löwener Theologen auf sich ziehen sollte.

Dies waren jedoch unbedeutende Aufgaben. In der Folgezeit des Krieges betätigte sich Mercator sogar als Vermesser in Gent, wo der Prior von St. Bavo im Streit mit dem Abt von St. Peter lag. Gent erholte sich erst langsam von der Heimsuchung des Kaisers. Mercator könnte auch beim Bau der neuen Zitadelle auf dem Abrissgelände der Abtei St. Bavo mitgewirkt haben.

Im November 1543 wurde Mercator nach Brüssel gerufen. Dort traf er sich mit seinem alten Studienkollegen Antoine Perronet, der in jenem Mai in Valladolid zum Bischof von Arras geweiht worden war, und mit dem Erzbischof von Valenciennes, deren Bistümer an der Frontlinie zu Frankreich lagen.[4]

Bei dem Zusammentreffen kann es nur darum gegangen sein, Fragen der Grenzgeographie zu lösen. Arras und Valenciennes,

Mercator, wie er um die Zeit seiner Übersiedelung von Löwen nach Duisburg ausgesehen haben dürfte; Stich von Nicolas II de Larmessin (1654–94).

beides Orte mit mehr als 10 000 Einwohnern, waren die beiden wichtigsten Bevölkerungszentren im südlichen Teil der habsburgischen Niederlande und flankierten die französische Frontausbuchtung um Cambrai. Der Kaiser hatte allen Grund, diesem Grenzabschnitt sein Augenmerk zu schenken, denn Anfang des Monats hatte er sich vor Valenciennes eine Machtprobe mit der französischen Armee geliefert und den Franzosen Cambrai abgenommen. Die Grenze in dieser Gegend war von großer strategischer Bedeutung und machte deutlich, wie angreifbar Kaiser Karls V. Reich damals war.

Mercator war nicht minder angreifbar, auch wenn er sich dessen nicht bewusst gewesen sein dürfte. Hinter seiner klaren Welt der Kartographie lauerte ein trüber Sumpf der Intrigen, der Gerüchte und des Verrats. Für seine Privilegien war er dem Hof verpflichtet, in seiner Arbeit war er auf Gönner angewiesen und in seinem Glauben vertraute er ganz auf das Evangelium. Und so hatte auch Mercator seine Feinde.

15

Die ungerechteste Verfolgung

Ende 1543 begann ein langer, eisiger Winter, der die Erde zu Stein machte. Die Binnenmeere froren zu, die Lebensmittel wurden knapp, und die Holzpreise stiegen. Anfang Februar fror auch die Schelde bei Rupelmonde zu. Einer der vielen, die in jenem bitterkalten Winter starben, war Mercators Förderer und Vormund, sein Onkel Gisbert Kremer. Nach den Wirren des Krieges und den Arbeitsunterbrechungen war Gisberts Tod ein weiterer Schicksalsschlag. Doch es sollte noch schlimmer kommen.

*

Während der Ostwind die Niederlande versteinerte, schickte sich Königin Maria von Ungarn an, ihre Regentschaft von der Ketzerei zu reinigen. Löwen sollte radikal von den Lutheranern befreit werden. Eine Liste von Verdächtigen wurde zusammengestellt. Die Tatsache, dass noch immer Pierre Dufief, der dem Henker Tyndales das Zeichen gegeben hatte, Generalprokurator von Brabant war, verhieß nichts Gutes für jene, die auf der Liste standen.

Bis Februar 1544 hatte Dufief dreiundvierzig Namen aus Löwen, fünf aus Brüssel, sowie weitere aus anderen Städten vermerkt. Unter den Genannten befanden sich unter anderem die Witwe Antoinette van Roesmaels und deren Neffe Chrétien Broyaerts, Catherine Metsys und deren Ehemann Jean Beyaerts,

Paul Roels, die drei Priester Paul de Roevere, Pieter Rythove und Mathieu van Rillaert, der Kürschnergeselle van Ousberghen und dessen Meister, Louis van Malcote, der Buchhändler Cloet, der Töpfer Ghysels, der Glaser Gauthier, der Schneider Laurent, der Kurzwarenhändler Vicart, der Strumpfwarenhändler Gheylaerts, dessen Bruder Baudouin und seine Frau Marie, der Gastwirt Bosschverckere, die Schwestern Calleken und Betteken, die Brüder Paul und Jean Hersthals, der Stadtpfeifer André, der Maler Pieter, ein Mönch, eine Hebamme, ein Schuster, der Brunnenwärter von Groenendael – und Mercator. Er war als »Meester Gheert Scellekens« aufgeführt. Nach dem Namen war eine knappe Beschuldigung genannt: *»woenende achter den Augustynen. Minores Mechlinienses habent litteres suspectes«* (»wohnhaft hinter den Augustinern. Die Minoriten von Mecheln haben verdächtige Briefe [von ihm]«).[1] Mercator sollte der *»lutherye«* bezichtigt werden. Und er sollte Rechenschaft über seine »verdächtigen Briefe« an einen Mechelner Mönch ablegen. Handelte es sich dabei um Franciscus Monachus, der als erster Niederländer einen gedruckten Globus gebaut hatte?

*

Anfang Februar standen Dufiefs Männer bei Mercator vor der Tür, doch ihr Fang war verschwunden.[2] Vermutlich versuchte die verängstigte Barbara ihren unwillkommenen Besuchern zu erklären, dass Mercator an jenem Tag nach Rupelmonde hatte reisen müssen, um sich um die kleine Erbschaft zu kümmern, die sein kurz zuvor verstorbener Onkel hinterlassen hatte. Barbaras Geschichte erschien den Häschern verdächtig, und so wurde Mercator für »flüchtig« erklärt. Der Schultheiß des Waaslandes, Louis van Steelandt, erhielt den Befehl, ihn zu suchen und zu verhaften. Der Flüchtige wurde in Rupelmonde festgenommen und durch die Straßen, in denen er seine Jugend verbracht hatte, an die zugefrorene Schelde zu den düsteren Mauern der alten Burg geführt.

Das Schloss von Rupelmonde. Mercator wuchs in seinem Schatten auf und wurde in seinen Verliesen eingesperrt. Aus Sanderus, *Flandria illustrata*, 1641–44.

In der riesigen Burg von Rupelmonde mit ihren verfallenen Türmen und zahllosen Einschusslöchern war es dunkel, feucht und bitterkalt. In dem eisigen Dunkel eingeschlossen, muss sich Mercator gefragt haben, wer ihn wohl verraten hatte. Seit einem Jahrzehnt hatte er sich auf dünnem Eis bewegt. Vielleicht hatten die Löwener Theologen endlich durch den nebulösen Schleier geblickt, den Mercator so sorgsam über seine Stiche gelegt hatte. Es bestand kaum ein Zweifel, dass die Karte des Heiligen Landes bei Tapper und Latomus Verdacht geweckt hatte. Und die Karte in Form eines melanchthonschen Herzens dürfte diesen Verdacht noch bestärkt haben. Die Glaubenswächter erkannten in der Schrift *Literarum latinarum* sicher auch ein Symbol humanistischer Leichtfertigkeit, die – schlimmer noch – von einem der ältesten Widersacher der Universität gedruckt worden war.

Kaum hatte Barbara von der Verhaftung ihres Mannes gehört, wandte sie sich an den einen, der vielleicht imstande war, eine Freilassung zu erwirken. Pieter de Corte besaß als ehemaliger Rektor der Universität und als Priester von St. Peter keinen geringen Einfluss. De Corte verfasste sofort ein Leumundszeugnis für Mercator und verbürgte sich für dessen untadeligen Charakter und Glauben. Das Schreiben wurde an van Steelandt geschickt, der es an Königin Maria weiterleitete. De Corte gewann auch die Unterstützung von Pieter Was, dem Abt von St. Gertrudis in Löwen. Der Abt hatte als Hüter der Universitätsprivilegien die satzungsgemäße Pflicht, deren ehemalige Studenten zu schützen. Auch Was beteuerte gegenüber van Steelandt, Mercator sei unschuldig, und drohte dem Schultheiß sogar mit dem Gericht, falls er weiterhin Mercators Privilegien verletzte.

In einem Schreiben vom 19. Februar forderte Maria von Ungarn de Corte auf zu erklären, weshalb er einen Flüchtigen verteidige und woher er wisse, dass Mercator nicht der Ketzerei schuldig sei. In ihrem Brief betonte Maria zweimal, Mercators Abwesenheit sei ein Beweis für dessen Versuch, sich dem Gesetz zu entziehen. Am selben Tag schrieb Maria auch an Pieter Was und teilte ihm mit, Mercator habe durch seinen Versuch, der Verhaftung zu entgehen, das Privileg des Schutzes durch die Universität verwirkt. Die Regentin befahl dem Abt nicht nur, sich einer weiteren Einflussnahme auf van Steelandt zu enthalten, sondern drohte ihm auch mit gerichtlichen Maßnahmen. Jemand hatte sich in den Kopf gesetzt, Mercator auf dem Scheiterhaufen zu sehen.

*

Wie schrecklich die Situation war, ließ sich kaum verkennen. Dufief war keiner, der sich eine Beute streitig machen ließ. In seiner Zelle hatte Mercator genügend Zeit, sich an das Schicksal Tyndales und der verschiedenen anderen Opfer des Generalprokurators zu erinnern. Die Einzelheiten dieser Hinrichtungen waren wohlbekannt. Tyndales Zellentür war am frühen Morgen aufgesperrt worden. Er war über die kalte Steintreppe zum Burgtor geführt worden, wo sich eine große Menschenmenge, darunter so mancher Bürger Löwens, versammelt hatte. Auf einem Platz, der mit Barrikaden freigehalten wurde, hatte man ein großes Holzkreuz errichtet. Innerhalb des Rings saßen der Generalprokurator und seine Kommissare. Tyndale betete kurz und wurde dann an den Händen und Füßen an das Kreuz gebunden. Stroh, Reisig und Scheite wurden um ihn aufgeschichtet und mit Schießpulver bestreut.

Der Engländer dürfte noch gespürt haben, wie der Scharfrichter ihm von hinten das Hanfseil um den Hals legte. Vielleicht sah er noch, wie der Generalprokurator dem Henker das Zeichen gab, den Strick zuzuziehen. Tyndale starb durch Erwürgen. Als seiner verschnürten Luftröhre der letzte Atemzug entwichen war, reichte der Generalprokurator dem Henker eine Fackel.

*

Die Chancen, Mercator freizubekommen, standen immer schlechter. Vier Tage, nachdem Maria von Ungarn an de Corte geschrieben hatte, griff der Priester zur Feder und versuchte, die Regentin zu überzeugen, dass Mercator sich nicht abgesetzt habe, sondern in einer legitimen Angelegenheit unterwegs gewesen sei.

»Gerardi Mercatoris«, schrieb de Corte, »ist nicht aus der Stadt geflohen.« Der Kartograph, so der Priester, wurde des Öfteren fortgerufen, zuletzt nach Flandern wegen einer Erbschaft und davor zu einem Vermessungsauftrag, »um einen Streit zwischen dem Abt von St. Peter und dem Propst von St. Bavo in Gent beizulegen«. Als Mercator verhaftet werden sollte, kümmerte er sich gerade um den Nachlass seines Onkels, beteuerte de Corte. Schließlich versicherte er unter Berufung auf Gott, dass er niemals versucht hätte, Mercator zu entlasten, wenn er geglaubt hätte, jener sei von der Ketzerei angesteckt.[3]

*

Drei Wochen nach den Verhaftungen kursierten in Löwen die Namen der Opfer. Am 8. März schaltete sich die Universität selbst ein und schickte einen Brief mit entsprechenden Dokumenten an van Steelandt, mit der Bitte um Weiterleitung an Dufief, der sich eindeutig zu seinen Beschuldigungen äußern solle. Van Steelandt wurde ferner aufgefordert, die Antwort an Maria von Ungarn zu übermitteln, damit diese die Universitätsbehörden unterrichten könne.

Mercator sah sich mit zwei Anklagepunkten konfrontiert, dem der *lutherye* und dem des Arrestentzugs, wobei der zweite den ersten bestätigte. Seine Lage hätte nicht schlimmer sein können. Die anderen »Ketzer« waren auch nicht viel besser dran. Dass es mehrere Hinrichtungen geben musste, war für Dufief beschlossene Sache.

Der anfängliche Schrecken über seine Festnahme verwandelte sich allmählich in Angst und Wut über die Ungerechtigkeit seiner Einkerkerung. Er suchte Zuflucht in der Bibel, hatte er doch mehrere Gründe, am Leben zu bleiben – Barbara, seine Kinder und seine unvollendete *Geographie*.

Er war bereits mehr als drei Monate eingesperrt, als Maria von Ungarn van Steelandt anwies, das Kloster der Minoriten in Mecheln aufzusuchen und dem dortigen Prior einen Brief von ihr auszuhändigen, in dem dieser angewiesen wurde, als Beweis »gewisse Briefe« sicherzustellen, die Mercator angeblich einem der Mönche des Klosters geschickt hatte.[4] Die Korrespondenz sollte dem Schultheiß übergeben werden. Die Suche förderte keine Briefe zutage.

Auch die Verhöre der anderen Ketzer ergaben keine belastenden Verbindungen zu Mercator. Um nicht gefoltert zu werden, gestand Catherine Metsys, »einige Male« bei Antoinette van Roesmaels gewesen zu sein, und nannte die Namen derer, die sie dort gesehen hatte. Manchmal seien es vier, manchmal fünf gewesen, und es habe »häufig Lesungen« gegeben, »zuweilen aus der Bibel, zuweilen aus den Postillen«. Sie nannte jene, die gelesen hatten, und gestand, selbst darunter gewesen zu sein. Sie bestritt, dass bei den Zusammenkünften über die Taufe gesprochen worden sei, räumte aber ein, dass das Abendmahl Thema gewesen sei. Sie gab zu, der Ansicht zu sein, der Leib Christi sei nicht in der Hostie gegenwärtig und das Sakrament diene lediglich dem Angedenken. An ein Fegefeuer glaube sie nicht. Und schließlich schilderte sie die »große Schandtat«, die »unter den Glocken von St. Peter« verübt worden war, wo ihr Mann aus einem Altar des Heiligen Jakob »eine kleine Tafel mit der Darstellung des Fegefeuers« entfernt hatte. Sie gab zu, die Tafel zerbrochen und verbrannt zu haben. Catherines Mann, Jean Beyaerts, sagte gegen Paul de Roevere aus, indem er erklärte, der Priester betrachte das Heilige Sakrament als einen rein symbolischen Akt.[5] Als de Roeveres Bibliothek durchsucht wurde, kamen die Schriften des schweizerischen Reformators Heinrich Bullinger ans Licht.

Sicher wurde auch Mercators Haus durchsucht und sein Eigentum beschlagnahmt. Nichts Belastendes wurde jedoch gefunden.[6] Im Zuge der Verhöre wurde Antoinette van Roesmaels zur Hauptangeklagten. Sie gestand die Versammlungen sowie die Lesungen und nannte Namen: die Schwestern Calleken und Betteken, Chrétien Broyaerts, ihre Nichte Marie, den Priester de Roevere und den Messerschmied Gilles aus Brüssel. Sie belastete ferner den Kürschnergesellen Josse van Ousberghen. Er glaube nicht an das Fegefeuer, gehe nicht oft zur Beichte und bete allein zu Gott und nicht zu den Heiligen. In einem vergeblichen Versuch, sich selbst zu entlasten, behauptete Antoinette, nicht derselben Auffassung zu sein wie Josse – im Gegenteil, man solle »die festen Riten der Kirche befolgen«. Zum Glück hatte »Meister Geert, der die Tochter von Scellekens ehelichte«, nach Antoinettes Aussage nie in ihrem Hause verkehrt.[7]

Am 12. Juni wurde van Roesmaels zum Tode verurteilt. Drei Tage später wurde sie lebendig begraben und starb einen langsamen Erstickungstod. An den folgenden Tagen wurden auch einige andere der »Ketzer«, die mit Mercator inhaftiert worden waren, verurteilt. Es steht wohl außer Zweifel, dass Dufief seinen Gefangenen in Rupelmonde von deren Schicksal unterrichtete.

Der Mann, der sich daran gewöhnt hatte, in seiner Phantasie ganze Kontinente zu durchstreifen, war in einer kalten, klammen Zelle eingeschlossen, während seine Mitangeklagten einer nach dem anderen hingerichtet wurden. Nach van Roesmaels wurde auch Catherine Metsys, die Tochter des Löwener Stadtbaumeisters, lebendig begraben. Catherines Mann, der Bildhauer Beyaerts, wurde auf dem Scheiterhaufen verbrannt, ebenso der Kurzwarenhändler Jean Vicart. Josse van Ousberghen wurde enthauptet. Chrétien Broyaerts kam mit einer Verbannung »auf Ewigkeit, bei Todesstrafe« und der Beschlagnahmung seines Eigentums davon.[8]

Der Frühling ging in den Sommer über. Mercator saß immer noch in seiner Zelle und bezeichnete seine Haft verbittert als »die ungerechteste Verfolgung«.[9]

16

Ein großer, ranker Jüngling aus dem Norden

Im September 1544 wurde die schwere Tür zu Mercators Zelle aufgestoßen. Man geleitete den Häftling durch die engen Gänge zum Burgtor und über den hölzernen Steg, der auf die grünen Felder Flanderns hinausführte. Das Land erstrahlte in einer spätsommerlichen Laubpracht. Mercator war sieben Monate lang eingesperrt gewesen.

Mercator kehrte zu Barbara und seinen Kindern nach Löwen zurück. Die finanzielle Lage der Familie kann nur desolat gewesen sein. Mehr als zwei Jahre waren vergangen, seit seine ungewöhnlich produktive Phase durch die Bestürmung Löwens abrupt geendet hatte. Er hatte sechs Kinder zu ernähren und musste vielleicht auch für die Kosten seiner Inhaftierung selbst aufkommen. Dufief hatte sicherlich auch einige seiner Besitztümer beschlagnahmt, vielleicht sogar seine Werkzeuge und Instrumente, Bücher und Manuskripte.[1]

Doch das doppelte Unheil des Krieges und seiner Inhaftierung sollte Mercator schließlich die Möglichkeit eröffnen, noch einmal mit neu entdeckter Kraft und Originalität von vorn anzufangen. Die ganz großen Werke sollte erst der ältere, weisere Mercator schaffen.

*

Unterdessen war das Leben in Löwen für einen neugierigen Forscher keineswegs sicherer geworden. Kurz nach Mercators Freilassung ereilte den Drucker Jacob van Liesvelt das Schicksal, dem Mercator entgangen war. Der Antwerpener Drucker, dessen illustrierte Bibel viele von Mercators Zeitgenossen mit dem Begriff der Landkarte überhaupt erst vertraut gemacht hatte, provozierte die Löwener Theologen seit Jahren mit immer riskanteren Ausgaben, die die Verbindung zwischen der Kartographie und der Ketzerei in den Augen der Inquisition offenbarten. Zweimal war er bereits beschuldigt worden, ketzerische Werke zu drucken, und zweimal war er freigesprochen worden. Beim dritten Mal kam er nicht mehr davon. Er wurde enthauptet.

Auch der spanische Reformer Enzinas war ins Netz gegangen, doch in einer bemerkenswerten Fluchtaktion war er aus seinem Brüsseler Gefängnis entflohen und hatte sich in das lutherische Zentrum Wittenberg durchgeschlagen.

Latomus war gestorben, während Mercator in Rupelmonde inhaftiert war. Tapper dagegen trieb immer noch sein Unwesen; er war erneut zum Rektor der Universität gewählt worden. Ab Oktober 1545 mussten neue Studenten bei der Einschreibung schwören, »die Doktrin des Martin Luther und aller Ketzer, insofern sie im Widerstreit zu den Lehren der alten römisch-katholischen Kirche stehen«, abzulehnen und »nach den Geboten der Kirche und der Führung ihres obersten Hirten, des römischen Pontifex, zu leben«.[2] Die Theologische Fakultät zensierte inzwischen alle Bibelübersetzungen und Veröffentlichungen, die unter dem Verdacht standen, auf das Luthertum Bezug zu nehmen. Die Fakultät stellte einen Index verbotener Werke zusammen, der am 31. Juni 1546 aufgrund eines kaiserlichen Erlasses veröffentlicht wurde. Fortan mussten sich die Drucker an die Zentralregierung wenden, um eine Arbeitserlaubnis zu erlangen.

Die Sicherheit Mercators und seiner Familie hing nun von stetiger Wachsamkeit ab. In Briefen und Gesprächen war die höchste Vorsicht geboten. Solange Mercator in Löwen wohnte, durfte nichts Kontroverses zu Papier gebracht werden.

Mercator bemühte sich, die Aufträge zu erfüllen, die er vor seiner Inhaftierung übernommen hatte. Dazu zählte ein astronomischer Ring, den er Antoine Perronet versprochen hatte. Er machte sich unmittelbar nach seiner Entlassung an die Arbeit. Anfang Oktober 1544 schrieb er an Perronet: »Ich hätte die Vorzüge dieses Instruments sogar in einer entsprechenden Broschüre detaillierter erläutert, wäre ich nicht von einer ganzen Fülle von Verpflichtungen belastet gewesen und hätte ich nicht unter Zeitmangel gelitten, seit ich aus jenem schrecklichen Gefängnis kam.« Es dürfte, abgesehen von einem Mangel an Zeit, noch einen anderen Grund gegeben haben, weshalb Mercator die Broschüre nicht verfasste: Er besaß nämlich keine Druckerlaubnis des Kanzlers von Brabant. Erst kurz bevor er Löwen verließ, erhielt er schließlich das Patent, Bücher zu drucken und zu verkaufen. Statt einer Broschüre schickte Mercator dem Bischof lediglich eine in Briefform abgefasste Gebrauchsanweisung, die er, wie er einräumte, »in einer Zeit größter Bedrängnis« geschrieben hatte. Der Brief war indes ein Musterbeispiel an technischer Klarheit und hätte es durchaus verdient, gedruckt zu werden. Selbst ein Schuljunge hätte damit den astronomischen Ring in kürzester Zeit verstanden. Die Sphäre, erklärte der Mathematiker dem Bischof, sei »die vollkommene Abbildung der Himmelskreise« und sei als Modell »in der Lage, jede gegebene Situation am Himmel darzustellen«. Der Bischof erfuhr, dass es zwei Längenbewegungen am Himmel gab, »die des ersten beweglichen Teils«, der sich um die Pole der Erde drehte, und die der Planeten und Sterne, die sich um die Pole des Tierkreises drehten. Die erste bewegte sich von Ost nach West und vollendete alle vierundzwanzig Stunden eine Umdrehung; die zweite drehte sich viel langsamer von West nach Ost und folgte den Zeichen des Tierkreises. Zum Schluss seines Briefes erklärte Mercator, der astronomische Ring selbst sei noch nicht fertig, und zwar wegen seiner Inhaftierung und »eines Mangels an Materialien«. Er fügte hinzu, dass er »inzwischen daran arbeite« und »ihn schicken werde, sobald er fertig« sei.[3]

Anfang 1545 schrieb er erneut an Perronet; diesmal erläuterte er, wie der »dreifache Ring« zu verwenden sei. Dieser Ring, erklärte Mercator, unterscheide sich im Grunde nur durch die Markierungen von dem Exemplar Gemmas. Nicht ohne gewissen Stolz fügte Mercator hinzu, er habe das Gerät mit einer Gradeinteilung für zusätzliche Sterne versehen, sodass »kein Teil der Nacht, vorausgesetzt sie ist klar, mathematischen Berechnungen entgehen kann«.[4]

Ende 1545 muss Mercator die »zahlreichen mathematischen Instrumente« geliefert haben, die der Kaiser benötigte.[5] Dahinter steckten Hunderte von Stunden sorgfältigster Arbeit. Dennoch trug ein Astrolabium, das Mercator in jener Zeit fertigte, untrügliche Zeichen von Anspannung und Erschöpfung. Das ansonsten ausgezeichnete Instrument wies zwei Mängel auf: ein Sternname fehlte ganz und zwei Sternzeiger waren falsch positioniert. Auch ein eingraviertes Schaubild war so ungenau, dass Mercator es bei späteren Exemplaren wegließ. Das fehlerhafte Astrolabium, das in der Werkstatt blieb, trug das Monogramm »GMR« für »Gerardus Mercator Rupelmundanus«.[6]

Im Dezember brach der Kaiser in Brüssel zu einer Reise auf, die in einer Reihe heftiger Zusammenstöße mit den lutherischen Fürsten – und der Zerstörung von Mercators Instrumenten – gipfeln sollte.

*

Im Juni 1547 kam ein junger Mann aus dem Norden nach Löwen. Sein Name war John Dee. Der »große, ranke Jüngling, der über sein Alter hinaus reif erschien«, war ein ehrgeiziger und eifriger Student des Quadriviums.[7]

John Dee war erst neunzehn und hatte dennoch seine Heimat verlassen, »um mit Menschen bekannt zu werden, die an einem einzigen Tag mit Leichtigkeit so viel schreiben, dass ich ein ganzes Jahr Schwerstarbeit benötige, um es zu verstehen…«[8] In Löwen wollte er »mit einigen gelehrten Männern, hauptsächlich Mathematikern, sprechen und sich austauschen«. Ganz besonders lag ihm an »Gemma Phrysius, Gerardus Mercator, Gaspar à Mirica [und] Antonius Gogava«.[9] Mercator war der Erste, mit dem er zusammentraf.[10] Der englische Student und der flämische Meister, die sich der Universalsprachen des Lateinischen und der Mathematik bedienten, entwickelten rasch einen fruchtbaren Austausch, und nach »einigen Monaten« in den Niederlanden kehrte Dee mit seinen Trophäen nach Cambridge zurück. Darunter waren »der erste Astronomenstab aus Messing, der nach der Idee des Gemma Frisius konstruiert wurde, die beiden großen Globen von Gerardus Mercator und der Astronomenring aus Messing, wie er von Gemma Frisius neu gestaltet wurde«.[11]

Im folgenden Sommer kam Dee erneut nach Löwen. Inzwischen bereiteten Gemma jedoch Nierensteine ständige Schmerzen, und so war Mercator der Hauptanziehungspunkt für den jungen Gelehrten aus dem Norden. Später erinnerte sich Dee, »es war Brauch in unserer gegenseitigen Freundschaft und Vertraulichkeit, dass während dreier ganzer Jahre keiner von uns bereitwillig die Gegenwart des anderen auch nur für ganze drei Tage entbehrte; und beide waren wir so darauf erpicht, zu lernen und zu philosophieren, dass wir, wenn wir zusammenkamen, die Untersuchung schwieriger und nützlicher Probleme kaum für drei Minuten unterbrachen«.[12]

Keiner der beiden – einer ein ehemaliger, der andere ein zukünftiger Häftling – hinterließ Aufzeichnungen des scheinbar fortlaufenden Dialogs, doch es steht zu vermuten, dass sie sich über Religion, Astronomie, Astrologie, Geographie, Instrumentenbau und die seltsamen Eigenschaften der Loxodromen unterhielten.

Dee und Mercator bewunderten beide das Werk des portugiesischen Mathematikers und Kosmographen Pedro Nuñez. Daher dürfte Dee mehr als interessiert gewesen sein zu erfahren, dass Mercator versucht hatte, die Quelle der magnetisch bedingten Loxodromen des portugiesischen Kosmographen aufzuspüren. Olaus Magnus hatte (ebenso wie später auch Mercator) in seine Darstellung der Arktis magnetische Inseln eingezeichnet, doch allgemein herrschte die Ansicht, die Magnetnadel werde von einem Punkt im Himmel angezogen, wie Petrus Peregrinus in seiner *Epistola de magnete* so überzeugend dargelegt hatte.[13] Mercator wusste es besser. In einem der Briefe, die er nach seiner Freilassung an Perronet geschrieben hatte, hieß es, er habe den Magnetpol lokalisiert. »An welchem Ort dieser Punkt liegt, den der Magnet so mächtig anstrebt«, schrieb er, »werde ich Euer Ehrwürden, so weit es jetzt möglich ist, allgemein erklären.« Mercator schilderte dem Bischof, wie er von den bekannten Missweisungen bei der Insel Walcheren und bei Danzig ausgegangen und den Achsen der Kompassnadeln gefolgt war, die sich »bei etwa 168 Grad Länge und 79 Grad Breite« schnitten. Dies, so Mercator, sei »der Ort, an dem der Magnetpol liegen muss«.[14] Kein Wunder, dass der junge Engländer Löwen so anregend fand.

Himmelskörper waren ebenfalls ein besonderes Interessengebiet der beiden Mathematiker. Während Dee in Löwen weilte, begann Mercator mit der Konstruktion eines Himmelsglobus als Ergänzung zu dem Erdglobus, den er zehn Jahre zuvor gebaut hatte. Unterdessen schrieb Dee zwei astronomische Texte. Die fruchtbare Zusammenarbeit ließ sich bereits aus den Titeln ablesen: *Von den großen Vorzügen des Himmelsglobus* und *Über die Entfernungen der Planeten, Fixsterne und Wolken vom Mittelpunkt der Erde, und über die Entdeckung der wahren Größe aller Sterne*.[15] Dee hatte Gelegenheit, sich ebenfalls gefällig zu erweisen, denn Mercator arbeitete damals unter anderem gerade an seiner lang angekündigten Karte von Europa. Es ergab sich nämlich, dass der Engländer in der Lage war, geographische Leckerbissen zu den Britischen Inseln zu liefern. Im Dezember 1549 reiste Dee regelmäßig nach Brüssel und speiste im Haus von Sir William Pickering, dem geachteten und einflussreichen englischen Botschafter am Hofe Karls V.[16] Dee unterrichtete Pickering bald auch in Mathematik und in der Anwendung verschiedener Instrumente, darunter Globen, Astrolabien und Astronomenringen. Und Pickering belieferte Dee fortan mit Büchern. Dee könnte den Botschafter jederzeit um Karten und Bücher über einzelne Regionen Großbritanniens gebeten haben. Weitere Karten beschaffte er Mercator vielleicht auch über seinen alten Lehrer, Sir

John Cheke, der inzwischen Berater des jungen Königs Edward VI. war, und über Chekes Schwiegersohn, William Cecil. Die Interessen der Engländer sollten Mercator fortan immer wieder beschäftigen.

*

Dee weilte auch in Löwen, als die Stadt am 15. September 1548 den Kaiser empfing. Ermattet und von der Gicht geplagt, war Karl V. aus Deutschland nach Brabant zurückgekehrt. Auf dem Schlachtfeld waren die lutherischen Fürsten zwar geschlagen worden, doch der Krieg gegen die Feinde der Kirche war längst nicht gewonnen. Zum ersten Mal hatten die Deutschen einen europäischen Krieg auf eigenem Boden erlebt – einen Krieg, in dem sich beide Seiten für die Wahrer der deutschen Einheit hielten. Es war ein Konflikt zwischen Katholiken und Lutheranern, zwischen Kaiser und Fürsten, zwischen einem universellen Anspruch und einem nationalen Standpunkt. Nach zwei Nächten in Löwen reiste der Kaiser nach Brüssel weiter, wo er bis zum folgenden Juni blieb.

Mercator war einer von vielen, die in jenen Monaten der Erholung nach Brüssel gerufen wurden. Dort erfuhr er, dass die Instrumente, die er für den Kaiser gebaut hatte, Ende August während eines Schlagabtauschs mit dem Schmalkaldischen Bund vernichtet worden waren. Der Kaiser »beauftragte Mercator, ihm einen neuen Satz zu fertigen«.[17]

Mercator wusste inzwischen, dass seine Förderung durch den Kaiserhof nicht von Dauer sein konnte. Der Mann, der seit Mercators Schulzeit Monarch der Niederlande gewesen war, bereitete sich auf seine Abdankung vor, was seinen habsburgischen Untergebenen bereits größte Sorge bereitete.

Für die Niederlande waren die Aussichten besonders düster. Als Mercator den Auftrag für den Bau der Ersatzinstrumente erhielt, hatte der Kaiser den Reichstag bereits gezwungen, in eine Abspaltung der Niederlande vom Heiligen Römischen Reich einzuwilligen. Als praktisch autonome politische Einheit sollten die siebzehn Provinzen Karls Sohn Philip als künftigem König von Spanien zukommen, und nicht seinem Bruder Ferdinand, der die Kaiserkrone des Heiligen Römischen Reiches übernehmen sollte. Nach Karls Abdankung sollten die Niederlande nicht mit Deutschland, dem Sitz der Reformation, verbunden bleiben, sondern an Spanien, den Sitz der Inquisition gekettet werden.

Zu Beginn des Jahres 1549 brach Kronprinz Philip in Spanien widerwillig zu seinem ersten Besuch der fernen, feuchten Lande im Norden Europas auf. Anfang Juli 1549 kam er nach Löwen, wo ihm die Würde des Herzogs von Brabant verliehen werden sollte. Doch der festliche Empfang in den Niederlanden konnte nicht darüber hinwegtäuschen, dass die Provinzen, die sich durch unterschiedliche Sprachen, Traditionen, Steuergesetze und Gerichtswesen auszeichneten, die durch religiöse Uneinigkeit gespalten waren und von der Inquisition drangsaliert wurden, zunehmend schwer regierbar wurden. Philip war ein grüblerisches, asketisches Arbeitstier, hatte keinerlei Sinn für die Bier trinkenden Flachländer und beherrschte keine andere Sprache außer Spanisch. Für seine Rolle war er denkbar ungeeignet.

Das Schicksal von Mercators einflussreichstem Verbündeten am Hof, Antoine Perronet, war eng mit dem des scheidenden Monarchen verknüpft. In den letzten Jahren war Perronet unentbehrlich für Karl geworden; dieser sah die Unbeliebtheit seines Sohnes in den Niederlanden voraus und spannte Perronet deshalb mit dafür ein, das Unbeherrschbare zu beherrschen.

John Dee blieb bis zum Sommer 1550 in Löwen und begab sich dann auf die fünftägige Reise nach Paris, wo er vorhatte, »frei und öffentlich Euklids Elemente zu lesen … was an keiner Universität des Christentums jemals öffentlich geschieht«.[18] Dees Aufbruch in das liberale Paris dürfte Mercator daran erinnert haben, dass Löwen nicht der geeignete Ort war, um die Grenzen der Kosmographie zu erforschen.

*

In den Monaten nach Dees Abreise vollendete Mercator seinen Himmelsglobus, der dieselbe Größe aufwies wie sein Erdglobus von 1541. Dies war die erste astronomische Arbeit, die Mercator in Angriff genommen hatte; man hätte sie zwar wegen ihres Mangels an neuen Erkenntnissen kritisieren können, doch in ihrer Präzision und künstlerischen Eleganz war sie mustergültig.[19] Die sichtbarste Veränderung, die er vornahm, war die rationellere Ausrichtung der Keilstücke des Globus. Nach der üblichen Praxis wurden die zwölf keilförmigen Stücke so unterteilt, dass jedes ein Tierkreiszeichen enthielt. Dies erleichterte zwar die Arbeit des Kupferstechers oder Holzschneiders, hatte jedoch den Nachteil, dass die Achse des Globus nicht mit den Konvergenzpunkten der Keile übereinstimmte. Globen, die nach diesem Verfahren konstruiert wurden, schienen zwei Achsen zu haben. Mercator richtete seine Keile neu aus, indem er sie nicht nach den Polen, sondern nach dem Äquator orientierte. Damit verlief die Achse des Globus durch die Konvergenzpunkte der Keile. Weitere Klarheit schaffte Mercator, indem er die beiden Pole mit zwei kleinen separaten runden Blättern abdeckte, wie er es bereits bei seinem Erdglobus getan hatte. Insgesamt entstand dadurch ein übersichtlicherer und ansehnlicherer Globus.

Der neue Globus entbehrte indes nicht gänzlich jeder astronomischen Innovation: Die 48 ptolemäischen Konstellationen erweiterte Mercator um zwei weitere, Cincinnis[20] und Antinous, die er wahrscheinlich auf einem Globus entdeckt hatte, den Kaspar Vopel fünfzehn Jahre zuvor in Köln gedruckt hatte. Die beiden Konstellationen waren zwar seit der Antike bekannt, waren jedoch noch nie als Figuren auf einem Himmelsglobus erschienen. Mercator beschriftete seine Konstellationen ferner in Lateinisch und Griechisch und in einigen Fällen auch in einer arabischen Umschrift.

Die Käufer erwarben zudem einen Globus, der den Himmel in seiner jüngsten Konfiguration darstellte, denn die Positionen der Sterne waren für den Zeitraum um 1550 berechnet worden – eine Neuerung, die erst kurz zuvor durch Kopernikus' revolutionäre

Arbeit zur kosmischen Bewegung ermöglicht wurde. Damit war Mercator der erste Globenbauer, der dessen Theorie übernahm, um die wahre Position von Sternen zu bestimmen. Auf den papierenen Horizontring des Globus druckte Mercator Skalen, welche die Tierkreiszeichen, die Tage des julianischen Kalenders, die zwölf Windrichtungen, verschiedene Körpersäfte und astrologische Daten anzeigten, die dem Arzt und dem abergläubisch Gesinnten ins Auge sprangen.

Der neue Globus lieferte auch eine Plattform für Mercators künstlerisches Talent. Anders als auf Gemmas Himmelsglobus kleidete er einige seiner Figuren in römischem Gewand. Die neuen Figuren spiegelten Mercators Abneigung gegen alles Grobe und seinen Blick für Schattierung und Struktur. Eine der vielen Figuren, die verbessert wurden, war Andromeda; was auf Gemmas Globus wie ein nackter Mops aussah, war hier eine elegant gekleidete Gestalt. Durch geschickt eingesetzte Schraffierungen entstanden fließende Faltenwürfe und lebendiges Muskelspiel.

Mercators Beschriftung war so gelungen wie keine bisher; er führte seine Lettern mit derselben eleganten Leichtigkeit und Klarheit aus, die er in seinem Handbuch der Kursivschrift seinen Lesern ans Herz gelegt hatte. Der Himmelsglobus war, wie bereits sein Gegenstück, mit dem genialen löffelförmigen Stopper und dem robusten vierbeinigen Ständer ausgestattet, den Mercator bereits mehr als zehn Jahre zuvor entworfen hatte.[21]

Die letzte Widmung, die Mercator in Löwen stach, galt dem Bischof, der seit seiner Inhaftierung dieses Kirchenamt innehatte. Georg von Österreich war 1544 zum Fürstbischof von Liège ernannt worden, nachdem er selbst für kurze Zeit in Haft saß. Er galt als tüchtiger Administrator und war daran beteiligt, Erasmus von Rotterdam das Propstamt in Deventer zu verschaffen. Mercators Widmung bekundete Dankbarkeit und Bewunderung für einen großen Kirchenmann, der stets den Humanismus gewürdigt hatte: »Dem vortrefflichen Protektor und Fürsten«, lautete die Inschrift, »dem edlen Georg von Österreich, durch Gottes Gnaden Bischof von Liège, Herzog von Bouillon, Marquis von

Francimontensi, Graf von Lossensi, dem großen Förderer der Kunst und Wissenschaft.« Damit sein Werk geschützt war, erhielt Mercator ein Patent, das es jedem »bei den vorgeschriebenen Strafen und Bußen« untersagte, Kopien des Globus »innerhalb der Niederlande oder des Reiches Seiner Kaiserlichen Majestät vor Ablauf von zehn Jahren« nachzubauen oder zu verkaufen.[22]

Der Globus wurde im April 1551 fertig gestellt. Im selben Monat erhielt Mercator vom Kanzler von Brabant die Genehmigung, Bücher zu drucken und zu vertreiben. Doch es war bereits zu spät. Nach zweiundzwanzig Jahren in Löwen bereitete sich Mercator darauf vor, in das Land seiner Vorfahren zurückzukehren.

*

Mercators jüngste Tochter Katharina war inzwischen so alt, wie er selbst einst gewesen war, als seine Eltern in Gangelt einen Karren beladen hatten und in die Niederlande aufgebrochen waren. Es gab viele Gründe für ihn, Löwen zu verlassen. Mercator war bereits einmal verhaftet worden und würde immer als Ketzer verdächtigt werden. Er musste auch in Zukunft mit Unannehmlichkeiten rechnen. Philip hatte zudem große Unsicherheit über die Niederlande gebracht, und Calvins Aufruf, katholische Bildnisse zu zerstören, hatte apokalyptische Untertöne. Im September 1551 flammte der Krieg zwischen dem Kaiserreich und Frankreich wieder auf. Und mit Kanzler Granvelles Tod im Jahre 1550 hatte Mercator einen wichtigen Verbündeten am Hof verloren.

Als Flame mit deutschen Vorfahren konnte Mercator darüber hinaus niemals hoffen, als vollgültiger Bürger Löwens anerkannt zu werden. Er war nicht nur durch seine Verhaftung und Einkerkerung gebrandmarkt; als Nichtbrabanter blieb ihm auch jeder Zugang zu öffentlichen Ämtern verwehrt. Trotz seiner zahlreichen Leistungen auf den Gebieten der Mathematik und der Kartographie war es ihm nicht gelungen, eine dauerhafte Anerkennung und Unterstützung durch den Hof zu gewinnen. Dabei war Peter Apian das lebende Beispiel dafür, welche Vorzüge ein protegierter Mathematiker genießen konnte. Für Apians *Astronomicum Caesareum* hatte der Kaiser nicht nur die Druckkosten übernommen; anscheinend hatte der Verfasser auch 3000 Goldstücke dafür bekommen. Der Ingolstädter Gelehrte war darüber hinaus zum Hofmathematiker und zum Ritter des Heiligen Römischen Reiches ernannt worden. Ein Kardinal hatte ihm zudem einen kirchlichen Titel verliehen. Mercators Unzufriedenheit war daher verständlich, und er wusste auch bereits, wo er eine bessere Zukunft erwarten konnte.

In den vierzig Jahren seit Mercators Geburt war das Herzogtum Jülich ein Refugium für liberale Flüchtlinge geworden. Bereits Herzog Johann III. war ein geschickter Vermittler und ein großer Bewunderer des Erasmus von Rotterdam gewesen, wobei Letzterer den Herzog bei der Abfassung der radikalen Kirchenverordnung von 1532 beraten hatte, nach der alles Predigen von der Heiligen Schrift und den frühen Kirchenvätern ausgehen sollte und Priester sachkundig und frei von jeder Polemik sein sollten.

Johanns Sohn Wilhelm erbte die Herzogtümer 1539. Nach seiner beschämenden Konfrontation mit dem Kaiser in Venlo setzte Herzog Wilhelm V. das Werk seines Vaters insgeheim fort, indem er die Kirchenreformen beibehielt und die Ausweitung des Luthertums zuließ. Wilhelm setzte sich auch für die Bildung seiner Untertanen ein. 1545 gründete er in Düsseldorf ein Gymnasium, und 1551 beauftragte er Mercators ehemaligen Kommilitonen Andreas Masius damit, den Papst um »gewisse Pfründen oder andere kirchliche Privilegien zugunsten der Schulen« zu bitten. Etwa um diese Zeit war auch von einer neuen Universität die Rede, die in der kleinen Stadt Duisburg im Zentrum der Herzogtümer gegründet werden sollte.[23] Die Herzogtümer am Rhein – und insbesondere Duisburg – waren tolerant und friedlich und deuteten auf einen Aufschwung in der Erziehung hin, der Lehrer und Lehrmittel wie Bücher und Instrumente erforderte. Insofern ging von dieser Gegend eine unwiderstehliche Anziehungskraft aus. Einem verdächtigten Ketzer von vierzig Jahren, der noch einiges vorhatte, musste der Rhein so verheißungsvoll erscheinen wie der Jordan.

Das Ziel der Familie war Duisburg. Nach einem halben Leben im Umfeld von Antwerpen, Mecheln, Löwen und Brüssel hatte Mercator beschlossen, sich an den Rand des kommerziellen, theologischen und humanistischen Firmaments zu begeben. Der Lohn war Frieden. Duisburg war zwar klein, doch es war über Flüsse und Straßen mit der Außenwelt verbunden und von einem aufgeschlossenen Geist beherrscht. Es schien der ideale Zufluchtsort für einen Mann zu sein, der Raum und Ruhe suchte, um sich auf seine Aufgaben zu besinnen. Es sollte die längste Reise werden, die Mercator je unternommen hat, und die letzte Station seiner Wanderschaft.

17

Ein Ort, der Musen würdig

Das Deutschland, in das Mercator 1552 zurückkehrte, war nicht dasselbe, das er als Junge verlassen hatte. Und es ließ sich schon gar nicht mit Löwen vergleichen. Bereits 1543 wurde evangelischen Predigern gestattet, in den beiden Pfarrkirchen von Duisburg zu predigen, und im folgenden Jahr nahmen beide Bürgermeister der Stadt an einer heiligen Kommunion teil, bei der sowohl katholische als auch evangelische Riten gefeiert wurden. Solche Freiheiten wären in Löwen undenkbar gewesen.

In Duisburg erfüllte sich Mercators Wunsch nach einem Leben, das seinem besonnenen Wesen entsprach. Nach der Schilderung seines Nachbarn Ghim war er ein Mensch, »der Friede und Ruhe im öffentlichen wie im privaten Leben so sehr liebte, dass er in den zweiundvierzig Jahren, die er hier in Duisburg mit seiner Familie wohnte, mit keinem Bürger einen Wortstreit gehabt oder gegen jemanden Klage erhoben hat. Er zollte dem Magistrat allen gebotenen Respekt. Er kam immer mit seinen Nachbarn bestens aus, kam niemandem in die Quere, achtete die Interessen der anderen und stellte sich nie über andere.«[1] An weitere Ortswechsel wollte er nicht mehr denken – sie sollten auch nicht mehr nötig werden. Kein anderer Ort in seinem Leben bot ihm so viel politische Stabilität und religiöse Toleranz. Duisburg war »ein Ort, an dem man in Ruhe und Frieden ein gutes Leben führen kann, ein Ort, der Musen würdig«.[2]

*

Mit seinen weniger als dreitausend Einwohnern und einer Stadtanlage, die kaum mehr aufwies als die Stadtmauern und den einsam aufragenden Turm der Salvatorkirche, hatte Duisburg mehr mit dem ländlichen Gangelt gemein als mit den Metropolen Löwen, Antwerpen, Mecheln oder 's-Hertogenbosch. Innerhalb der Mauern standen ungefähr fünfhundert Häuser sowie eine Lateinschule, Gerichte, ein Armenhaus, ein überdachter Fleischmarkt, ein Waagehaus und eine von Pferden angetriebene Getreidemühle. Im Erdgeschoss des Rathauses befand sich eine Winzerschule, die in Kriegszeiten als Gefängnis diente. Die Straßen waren mit Flusssteinen und Holzklötzen gepflastert und in der Mitte mit Rinnsteinen versehen, die den Unrat und den Kot der Tiere wegspülten. Hinter den meisten Häusern lagen Gärten, in denen Obst und Gemüse angebaut und Schweine und Rinder gehalten wurden. Ein Teil der Erzeugnisse wechselte auf dem Wochenmarkt unter dem Burgfelsen den Besitzer. Außerhalb der Stadtmauern, am Fuß des Duisburger Waldes, lag die Richtstätte. Die Stadt war im Grunde immer noch von den Spuren eines Brandes gezeichnet, bei dem fünfzig Jahre zuvor viele Häuser in Flammen aufgegangen waren. Zahlreiche Grundstücke waren noch immer unbewohnt.

Dies war also der Ort, den sich Mercator ausgesucht hatte. Das Städtchen lag an einem der belebtesten Wasserwege in Europa – am Zusammenfluss von Rhein und Ruhr, stromabwärts von Köln. Hier kreuzte auch der Handelsweg zwischen Italien und den Niederlanden die Route von Sachsen nach Paris. Duisburg lag ungefähr gleich weit von Antwerpen wie von Frankfurt entfernt, wo die bedeutendste Buchmesse der Welt stattfand – ein wichtiger Faktor in Mercators Überlegungen.

Doch der Kartenmacher sollte sich auch hier kaum zugehöriger fühlen als in Rupelmonde, 's-Hertogenbosch oder Löwen. Für einen Mann seines Rufs wäre es eine reine Formsache gewesen, Bürger der Stadt zu werden, denn wer nicht Sohn eines Bürgers war, musste lediglich einen Eid ablegen und eine Meldegebühr zahlen. Ein Bürger genoss gewisse Rechte – er konnte wählen und öffentliche Ämter bekleiden – sowie bestimmte Zoll- und Handelsprivilegien. Er musste jedoch auch Pflichten erfüllen, vor allem militärische. Die Bürger mussten eigene Waffen und Rüstungen bereitstellen, auf den Mauern Wache stehen und die Stadt verteidigen.

Mercator war nicht nur abgeneigt, Waffen zu tragen, sondern wollte sich auch keiner der beiden Fraktionen innerhalb der Stadt anschließen – nicht dem Stadtrat, der von der Oberschicht gewählt wurde und dem zwei Bürgermeister vorstanden, und auch nicht dem Ausschuss der »Sechzehn«, der die Handwerker und Künstler vertrat. Dieser Ausschuss bestand aus jeweils vier Abgeordneten aus jedem der vier Stadtviertel und war von den Sitzungen des Stadtrats, der die politische Macht innehatte, ausgeschlossen. In den vergangenen vierzig Jahren hatten sich die Bürger der Stadt bereits zweimal gegen den Rat erhoben und den Herzog zum Einschreiten gezwungen. Als Mercator nach Duisburg zog, flammte der Streit gerade wieder auf. Der »geschickteste Instrumentenbauer unserer Zeit«[3], wie er bereits genannt wurde, war ebenso wenig bereit, sich an eine politische Gruppierung zu binden wie an eine religiöse Bewegung. So wie sich seine Religiosität direkt auf Gott bezog, so galt seine politische Loyalität direkt dem Herzog. Und Mercator war wohl beraten, sich neutral zu verhalten: Drei Jahre nachdem er sich in Duisburg niedergelassen hatte, veranlassten Aufstände den Herzog dazu, die Privilegien der Stadt zu widerrufen und die Wahl von Stadträten zu beschränken.

*

Kaum ein Bürger Duisburgs dürfte Mercator so freudig aufgenommen haben wie Walter Ghim. Der Spross einer der namhaftesten Familien der Stadt war sowohl Schultheiß als auch Bürgermeister gewesen. Ghim war ein Kenner der lateinischen Literatur und gehört dem kleinen Kreis der Duisburger Humanisten an. In ihm fand Mercator seinen späteren Biographen. Und in Mercator fand der Bürgermeister den Mann, der Duisburg überhaupt erst auf die Landkarte brachte. Zu Ghims großer Freude und Bewunderung vergeudete der »unermüdliche« Mercator kaum Zeit und nahm alsbald seine kosmographische Arbeit wieder auf. »Kurz nachdem er sich hier unter uns niedergelassen hatte«, schrieb Ghim mit unverhülltem Stolz, »konstruierte er im Auftrag des Kaisers zwei kleine Globen, einen aus reinstem geblasenem Kristallglas und einen aus Holz. Auf dem ersten wurden die Planeten und die wichtigsten Konstellationen mit einem Diamanten eingraviert und mit glänzendem Gold ausgelegt; der zweite, der kaum größer war als der kleine Ball, mit dem Jungen im Kreis spielen, stellte die Welt so genau und ausführlich dar, wie die geringe Größe dies zuließ.« Diese beiden erlesenen Globen wurden »zusammen mit anderen wissenschaftlichen Instrumenten« dem Kaiser »in Brüssel« übergeben.[4]

Etwa um dieselbe Zeit verfasste Mercator für den Kaiser eine handschriftliche Abhandlung mit dem Titel *Declaratio insigniorum utilitatum quae sunt in globo terrestri, coelesti, et annulo astronomico*. Auf vierzehn Seiten beschrieb er die besonderen Vorzüge von Erd- und Himmelsgloben, die Verwendung des astronomischen Rings und die ungefähre Position des Magnetpols. Mit der Beschreibung der Instrumente, die er in kaiserlichem Auftrag gebaut hatte, entband sich Mercator von seinen alten Verpflichtungen. Fortan sollte seine politische Loyalität nicht mehr dem kaiserlichen, sondern dem herzoglichen Hof gelten. Nun, da Mercator in Duisburg tätig war, zierten seine Kartuschen das Siegel Herzog Wilhelms V.

Es gab jedoch noch eine letzte, offene Schuld gegenüber dem Kaiserhof – eine Karte, an der Mercator mit Unterbrechungen seit über einem Jahrzehnt gearbeitet hatte. Die Europakarte, die Mercator im Jahre 1540 Antoine Perronet versprochen hatte, war die einzige Arbeit, die der Kartograph seinem alten Studienkollegen widmen sollte. Dieser hatte sich inzwischen für Philip II. ebenso unentbehrlich gemacht wie zuvor für Karl V., denn im Jahre 1550 war Perronet als Nachfolger seines Vaters zum Siegelbewahrer des Kaisers aufgestiegen.

*

Die Europakarte wurde schließlich zwei Jahre nach Mercators Übersiedelung an den Rhein fertig gestellt. Sie bot einen wahrlich bemerkenswerten Anblick. Wenn die drei Reihen von jeweils fünf Druckblättern zusammengeklebt waren, maß sie 1,65 mal 1,34 Meter. Wilde Tiere und Satyrn tummelten sich an den vier Zierrändern, an denen in Latein, Holländisch und Italienisch die vier Himmelsrichtungen angegeben waren.

Das eigentliche Wunder lag jedoch zwischen den Rändern, denn hier bot sich ein ganz neues Europa dar. Der Grund für die lange Reifezeit der Karte wurde in der größten Legende genannt, einem Block mit Kursivtext, der im Atlantik verankert war. Darin erklärte Mercator dem Leser, dass er bestrebt gewesen sei, die Oberfläche der Erdkugel mit einem Minimum an Verzerrung auf eine Fläche zu übertragen, und erläuterte die Projektionstechnik[5] sowie die Zeichenmethode, die er verwendet hatte. Nachdem er den Hauptmeridian und die Parallelkreise eingezeichnet hatte, markierte er nach Westen und Osten hin die Schnittpunkte der Breitenkreise mit den anderen Längenkreisen. Wie bereits bei Ptolemäus verlief auch bei Mercator der Nullmeridian, der nullte Längengrad, durch die Kanarischen Inseln. In dieses Gitternetz aus Breiten- und Längengraden hatte Mercator die Koordinaten von Orten eingezeichnet, die es verdienten, in die neue Karte aufgenommen zu werden – angefangen mit der Stadt des Ptolemäus, Alexandria.

Die geographischen Details seiner Karte hatte Mercator aus einer unglaublichen Fülle von Quellen zusammengetragen. Ein besonders anschauliches Beispiel waren die Britischen Inseln. Die Umrisse Britanniens übernahm Mercator größtenteils von seinem Globus von 1541, doch er hatte auch zahlreiche gedruckte und handschriftliche Karten, Portulane, Lotsenhandbücher, Küstenkarten und Regionalkarten zu Rate gezogen. Dieses Material verglich er mit älteren Quellen, von Ptolemäus und Bede über Gervase of Tilbury und Geoffrey of Monmouth bis Giraldus Cambrensis.[6] Und er konsultierte auch die neuesten Druckwerke über die Britischen Inseln, wie etwa John Majors *Historia Magnae*

Britanniae von 1521 und Hector Boethius' *Historia Scotica* von 1526. Die Kenntnis all dieser Quellen verdankte Mercator wahrscheinlich dem jungen Forscher John Dee, der ihm nach seinem letzten Aufenthalt in Löwen vielleicht sogar einige dieser Karten und Bücher überlassen hatte.

Bei seinen Revisionen ging Mercator folgendermaßen vor: Wales profitierte von der Karte, die Lily 1546 herausgegeben hatte; in einer Legende vor der norwegischen Küste führte Mercator seine neue Darstellung der Orkney-Inseln auf Informationen zurück, die er von einem Schiffskapitän erhalten hatte; und auf der Grundlage einer nicht näher genannten Quelle spickte Mercator Irland mit nicht weniger als 94 Ortsnamen (Lily hatte es gerade einmal auf 24 gebracht). Lilys Karte war zwar erst wenige Jahre zuvor gedruckt worden, doch Mercator war nicht ganz von deren Richtigkeit überzeugt; er folgte Lily, indem er die Umrisse von Wales gegenüber seiner eigenen Version von 1541 änderte; dagegen war er der Meinung, die Berge in Nordwales habe der Engländer falsch dargestellt. Statt einer einzigen geschlossenen Bergkette zeichnete Mercator mehrere lange gekrümmte Ketten, die sich wie die gebrochenen Speichen eines Wagenrades von Zentralwales ausbreiteten.

Diese mühsame Prozedur hatte Mercator bei jeder Region Europas befolgt – er sichtete, verglich und beurteilte die unterschiedlichsten Quellen, bis er ein übereinstimmendes Bild der Geographie entwickelt hatte, das er auf eine Kupferplatte bannen konnte. Im Bereich von Nordeuropa stützte sich Mercator wieder auf Zieglers Skandinavienkarte sowie auf Ruyschs Karte von 1508 und Olaus Magnus' *Carta marina* von 1539. Was Frankreich betraf, so griff er abermals auf den Mathematiker zurück, den er bereits als junger Mann studiert hatte: Oronce Finés Karte von 1525 war ein seltenes Beispiel für aktuelles Material, dem Mercator trauen konnte, denn die Karte des Franzosen – die erste Frankreichkarte, die von einem Franzosen gezeichnet und in Frankreich gedruckt worden war – enthielt 124 Städte und Dörfer, deren Lage aufgrund einer sorgfältigen Bestimmung der Breiten- und Längengrade ermittelt worden war.[7] Für die Schweiz war Mercator auf die Karte angewiesen, die Sebastian Münster ohne Genehmigung von Aegidius Tschudi kopiert hatte. Tschudi war ein ehemaliger Schüler Zwinglis, der im Alter von neunzehn Jahren »zu zahlreichen Bergen in den Alpen wanderte – zum Theodulpass, zum San Bernardino, zum Furkapass, an dem die Rhone entspringt, zum Sankt Gotthard, in dessen Einzugsgebiet Ticino, Reuss und Vorderrhein entspringen, zum Lukmanier mit dem Rein da Medels [einem Nebenfluss des Vorderrheins], zum Splügenpass, zum Septimer, der das Oberhalbstein mit dem Bergell verbindet, und vielen anderen – und auch mehrere Male durch die nördlichen und südlichen Ausläufer marschierte«.[8]

Wo keine zuverlässigen Koordinaten vorlagen (in der Legende wurde eingeräumt, dass die Genauigkeit der Karte beeinträchtigt sei, weil für viele Orte die Längengrade fehlten), bestimmte Mercator die Lage anhand von Seekarten und Reiseberichten. In einem Prozess, den Mercator selbst als *»laboriosissimum«*, als »äußerst mühsam« bezeichnete, wurden fragliche Orte verschoben, bis sie mit bekannten Örtlichkeiten, Entfernungen und Koordinaten übereinstimmten.

Mercators neue Europakarte korrigierte Fehler, die seit über fünfzehnhundert Jahren wiederholt worden waren. Er führte den Prozess fort, den er bereits bei seinem Globus von 1541 begonnen hatte, als er die ptolemäische Breite des Mittelmeers versuchsweise um 4 Grad auf 58 Längengrade reduziert hatte. Nun schnitt Mercator weitere 5 Grad ab und verkleinerte das Binnenmeer auf eine Breite von 53 Längengraden. Die neue Europakarte wurde im Oktober 1554 in Duisburg herausgegeben.

Perronets Unterstützung wurde in der großen Widmungskartusche gewürdigt. Der Kardinal, dessen Name nun die größte und genaueste Europakarte zierte, die je gedruckt worden war, zahlte Mercator eine Summe, die seiner »Großmut und außergewöhnlichen Generosität« angemessen war. »Dieses Werk«, schrieb Ghim später über Mercators Europakarte, »zog so viel Lob seitens der Gelehrtenschaft auf sich wie kein zweites geographisches Werk, das je herausgegeben wurde.«[9]

Mercator hatte endlich eine Karte gefertigt, die einen beträchtlichen kommerziellen Erfolg versprach, und das wusste er auch. Zum ersten Mal sicherte er sich zwei Privilegien. Nicht nur ließ er sich seine Rechte für zehn Jahre innerhalb des Kaiserreichs schützen, sondern er bemühte sich auch um ein Privileg des Senats von Venedig für die gleiche Zeitdauer. Bereits Ende des Jahres gelangten Kopien der Karte nach Italien, wo sie als urheberrechtlich geschütztes Werk von »Gerardo Rupelimontano« im Handel erschienen.

*

Nach Vollendung der Europakarte konnte sich Mercator neuen geographischen Aufgaben zuwenden. Sechzehn Jahre waren vergangen, seit er auf seiner Weltkarte von 1538 eine Serie von Kontinentalkarten angekündigt hatte. Inzwischen hatte er es sich jedoch anders überlegt, und auf Europa sollte nicht Amerika, Afrika oder Asien folgen, sondern eine weitere Weltkarte, welche die Erinnerung an die mangelhafte Karte *Orbis imago* von 1538 tilgen sollte.

Wie die Europakarte sollte auch dies ein langfristiges Projekt werden, ein definitives Werk, bei dem alte und neue Quellen in Einklang gebracht werden sollten. Deshalb bat er in der Hauptlegende der Europakarte »den gütigen Leser«, ihm kartographische Skizzen, astronomische Koordinaten und Entfernungsangaben zukommen zu lassen. Er versprach seinen Lesern, als Leitfaden für diese freiwilligen Recherchen eine Anleitung zur kartographischen Notierung herauszugeben.[10]

18

Die Frankfurter Messe

Im Jahre 1554 reiste Mercator mit frischem Mut und neuer Kraft nach Frankfurt.[1] Dort trafen sich im Frühjahr und im Herbst Drucker, Verleger, Händler und Autoren aus aller Herren Ländern, die die neuesten Druckwerke feilboten oder erwarben.[2] Die Büchernarren scharten sich in dem Viertel zwischen Fluss und Leonardskirche zusammen, vor allem in der Buchgasse. In den Lagergewölben wurden ganze Berge von Büchern ausgepackt, geprüft und an Ständen ausgelegt. Seit ein paar Jahren wurden auch Kataloge der Neuerscheinungen gedruckt, die eifrig durchstöbert wurden.

Das turbulente und geschäftige Messetreiben in der Stadt am Main packte jeden, der Tinte im Blut hatte. Der Stiefbruder des berühmten Zürcher Verlegers Christoph Froschauer, Josias Maler, bezeichnete Frankfurt als eine »in aller Welt und allen Ländern berühmte Stadt«. Von seinem Messeaufenthalt im Herbst des Jahres 1551 berichtete er: »Der ehrenwerte Herr Christoph Froschauer ... hat uns zehn Tage lang in seinem eigenen Quartier beherbergt, und weil ich mich in seinem Buchladen nicht ganz unnütz erwies, zumal ich in einem Buchladen groß geworden war und mühelos Fremden auf Latein oder Französisch antworten und diverse Informationen geben konnte, ließ er mich erst weiterziehen, als die Messe zu Ende war. Es war übel, immer nur Bücher hin und her zu schleppen, und ich konnte nicht einmal entwischen, um mir die Stadt anzuschauen, in der es zur Zeit der Messe

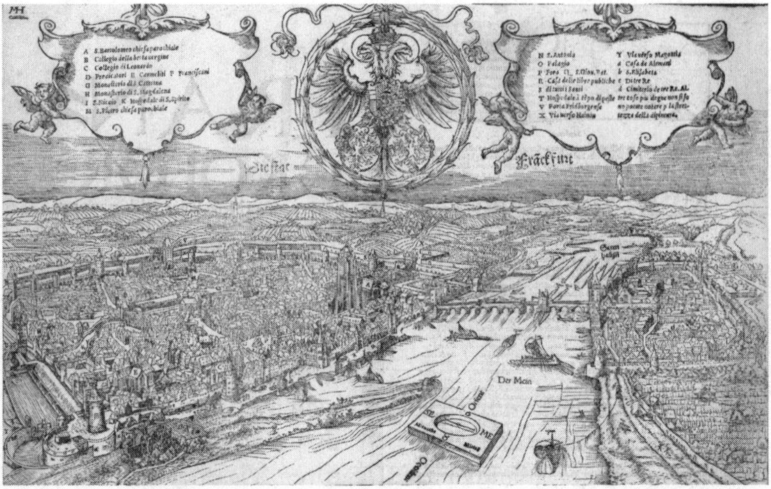

Frankfurt, wo damals zweimal im Jahr die Buch- und Kartenmesse stattfand; aus Sebastian Münsters *Cosmographia* (1544).

normalerweise viel zu sehen gibt. Sehnliches Verlangen trieb mich schließlich zu dem großen steinernen Brunnen; ich sah auch den Vorort Saxenhausen und die gewaltige Menge von Fahrern, Wagen und Karren.«[3]

Die Verleger, Drucker und Buchhändler trafen sich in Tavernen, in denen sie über neue Werke, Übersetzungen und Bearbeitungen verhandelten, und heckten Pläne aus, wie sie beispielsweise Bibeln nach England schmuggeln und mit plagiierten oder unter Pseudonym erschienenen Ausgaben Urheberrechte umgehen konnten. Brauchten sie eine Erholung von ihren anstrengenden Geschäften, ließen sie sich von dem Seiltänzer ablenken, der auf einem Hanfseil hoch oben am Nikolaiturm in einer Schubkarre einen Jungen durch die Lüfte schob. Bei früheren Messen waren auch ein Elefant, ein Strauß und ein Pelikan ausgestellt worden, und ein paar Jahre nachdem Mercator nach Frankfurt kam, erstaunte eine Frau ohne Hände die Verlagswelt mit der Geschicklichkeit ihrer Füße. In kleineren Spelunken tummelten sich die

Autoren auf der ewigen Suche nach Verlegern, Druckern oder Gönnern. So hatte Calvin seine *Harmonia Evangelistorum* dem Frankfurter Stadtrat gewidmet und vierzig Gulden dafür eingestrichen.

Mercators Name kannte man in der Buchgasse, lange bevor er persönlich durch die Straße schlenderte. Er war als Instrumentenmacher, Kartenzeichner und Globenbauer sowie als Opfer der Inquisition allgemein bekannt. Und er war derjenige, der die Kursivschrift nach Nordeuropa gebracht und mit seinem *Literarum latinarum* die Form des Drucks entscheidend verändert hatte. Das Büchlein, das bereits in dritter Auflage vorlag, hatte sich über den ganzen Kontinent ausgebreitet, fast bis an die Grenze Italiens.

Einer derjenigen, die Mercator kennen lernen wollten, war der junge Münzensammler und Kartenkolorist Abraham Ortelius. Der große, schlanke Mann mit grauen Augen, Haar »von gelber Farbe«[4] und einer breiten, knöchernen Stirn hatte eine sympathische Ausstrahlung. Als sich Ortelius und Mercator in Frankfurt trafen, war der Antwerpener wahrscheinlich auch als Sammler tätig. Und in Frankfurt gab es besonders reiche Schätze an geographischen Werken zu entdecken. Ortelius, der fünfzehn Jahre jünger als Mercator und mit dessen bisherigem Schaffen durchaus vertraut war, konnte von einem freundschaftlichen Verkehr mit dem Älteren nur profitieren. Mercator wiederum sah in Ortelius einen unkonventionellen jungen Kartenhändler und Koloristen, der begierig war, neue Länder kennen zu lernen. Ein Reisender mit einem Blick für die Topographie war jedoch eine wertvolle kartographische Quelle. Die Freundschaft konnte nur Früchte tragen.

*

Wie wenn Mercator daran erinnert werden sollte, dass er einer anderen Generation angehörte als der eifrige junge Ortelius, starb einige Monate nach jenem Besuch in Frankfurt, am 25. Mai 1555, sein alter Freund und Lehrer Gemma Frisius im Alter von siebenundvierzig Jahren. Mercator verdankte Gemma mehr als jedem anderen. Gemmas Studien zur Triangulation hatten eine genaue Vermessung und damit auch die Kartographie überhaupt erst möglich gemacht. Seine Globen und die Entwicklung von Instrumenten hatten Mercator ein berufliches Fundament bereitet. Hätten sich die Lebenspfade dieser beiden Söhne aus armem Hause nicht Anfang der dreißiger Jahre in Löwen gekreuzt, hätte sich Mercator die Kartographie über den Umweg der Mathematik nicht erschlossen.

So wie seine beruflichen Projekte von Gemma angeregt worden waren, so wurden sie nun von der jüngeren Generation genährt. Ortelius sollte eine führende Rolle in Mercators künftiger kartographischer Arbeit spielen. Dasselbe galt für Ortelius' jungen Freund und Antwerpener Nachbarn, Christoph Plantin. Der bei Tours geborene Plantin war 1548 nach Antwerpen gekommen. Bereits 1550 war der eifrige Buchbinder als Bürger eingetragen, und im Jahr darauf wurde er in die Sankt-Lukas-Gilde aufgenommen. Seine Druckerlaubnis erhielt er 1555. Noch im selben Jahr brachte er sein erstes Buch heraus. Und 1557 gab er seine erste Bestellung bei Mercator auf: Er kaufte vier Exemplare der Wandkarte von Europa.[5]

Nicht nur die Gesichter veränderten sich, sondern auch die Orte. In dem Jahr, in dem Mercator seine ersten Karten an das neue Druckhaus in Antwerpen verkaufte, druckte Hieronymus Cock eine neue Ansicht der Stadt. Solange Mercator zurückdenken konnte, war Antwerpen vom Wasser aus als geschäftiger Flusshafen dargestellt worden. Cock betrachtete die Stadt jedoch aus einem entgegengesetzten und erhöhten Blickwinkel.

Antwerpen war ein wohlgeordnetes urbanes Netz von Straßen und städtischen Sinnbildern geworden, umgeben von massiven geometrischen Verteidigungsanlagen. Wagen rollten durch die landwärts gelegenen Stadttore und steuerten auf die zahllosen Schiffe zu, die geduldig an der fernen, ruhigen Schelde lagen. Sein Bild von Antwerpen war ein Loblied auf die merkantile Macht und ein plastisches Schaubild einer modernen Stadt. Im Laufe seines langen Lebens sollte Mercator an der Entwicklung einer neuen funktionalen Geographie mitwirken. Die Würdigung der Schöpfung Gottes fing an, über die reine Beschreibung hinauszugehen. Die Geographen interessierten sich immer mehr für die dynamischen Prozesse der Landschaft.

19

Ein einzigartiger Freund

Am 13. Februar 1558 zog Mercator mit seiner Familie in ein großes Haus in der Oberstraße, Duisburgs bester Adresse. Zu dem Grundbesitz gehörten auch einige Nebengebäude und ein Stück Wald. In einem Brief, den Mercator in späteren Lebensjahren schrieb, dürfte er sich auf das Haus in der Oberstraße bezogen haben, als er von »Plänen« sprach, einen »bequemen und einnehmenden Wohnsitz« zu schaffen, der »einem ehrlichen Bürger von bescheidenem Vermögen« angemessen sei. Die Erfordernisse der Arbeit verlangten es, dass das Wichtigste »zur Führung des Haushalts« zuerst bereitgestellt wurde, »wie etwa die Küche, eine Vorratskammer, Schlafzimmer, Zisternen oder ganzjährige Quellen«. Alles Übrige, was der Geselligkeit oder den Annehmlichkeiten des Lebens diente, konnte »im Laufe der Zeit je nach Gelegenheit und Belieben« ergänzt werden«.[1] Dieser »einnehmende Wohnsitz« sollte nicht nur ein Wohnhaus sein, sondern eine Stätte freier Gelehrsamkeit, ein Begegnungsort humanistischer Geister – eine für Mercator typische Vorstellung von einem trauten Heim. Allerdings wurde das Gebäude in der Oberstraße eventuell gar nicht fertig ausgebaut. Doch immerhin konnte Mercator zum ersten Mal in seinem Leben unbesorgt eine stattliche Bibliothek mit Büchern, Abhandlungen, Manuskripten, Briefen und natürlich Karten einrichten.

»Ich sah ihn sehr oft«, schrieb Walter Ghim, »weil wir Freunde und Nachbarn waren, doch ich traf ihn niemals untätig oder müßig an; er war immer eifrig damit beschäftigt, einen der Historiker oder andere seriöse Autoren zu lesen, von denen er einen erlesenen Bestand in seiner Bibliothek hatte, oder er schrieb oder zeichnete oder war in tiefes Nachdenken versunken.«[2]

Den »Freund und Nachbarn« Mercator hatte Ghim als einen gastlichen und aufmerksamen Menschen in Erinnerung: »Obwohl er sehr wenig aß und trank, führte er eine gute Küche, die mit allem ausgestattet war, was ein kultiviertes Leben erforderte... Er tat stets sein Möglichstes, um jenen zu helfen, die arm und weniger vom Glück begünstigt waren als er, und pflegte und schätzte sein ganzes Leben lang die Gastfreundlichkeit. Wenn er von den Ratsmitgliedern zu einem Bankett oder von Freunden zu einem Essen eingeladen wurde oder wenn er selbst Freunde einlud, war er stets heiter und gewitzt und passte sich der Gesellschaft so weit an, wie seine körperliche Konstitution und seine Achtung vor einem sittsamen Leben dies zuließen.«[3]

Mercator war in seinem neuen Domizil von prominenten Nachbarn umgeben. Auf der einen Seite lag das Haus des Bürgermeisters Otto Vogel, auf der anderen das des bekannten Duisburger Kaufmanns Diedrich Berck. Zu den weiteren Nachbarn zählten angesehene Duisburger Familien wie die der Redingchoven und Tybis.

Die Anwesenheit Mercators bewog auch andere Humanisten, auf der Suche nach einem freundlichen Unterschlupf nach Duisburg zu kommen. Schon 1557 war Johannes Oeste – beziehungsweise Otho – aus Gent zugereist, wo er eine Privatschule geleitet hatte, bis die Inquisition die Räume gestürmt und seine Bücher beschlagnahmt hatte. In Duisburg war der Pädagoge höchst willkommen; man gestattete es Otho, eine neue Privatschule für fünfundzwanzig Schüler zu gründen. Unter Othos Zöglingen waren auch Mercators jüngere Kinder.

Nach Duisburg kamen auch Mercators alter Bekannter aus der Löwener Studienzeit, Georg Cassander, und dessen Gefährte Cornelius Wouters. Die beiden hatten sich in Köln niedergelassen und kauften nun auch in Duisburg ein Haus, das so genannte

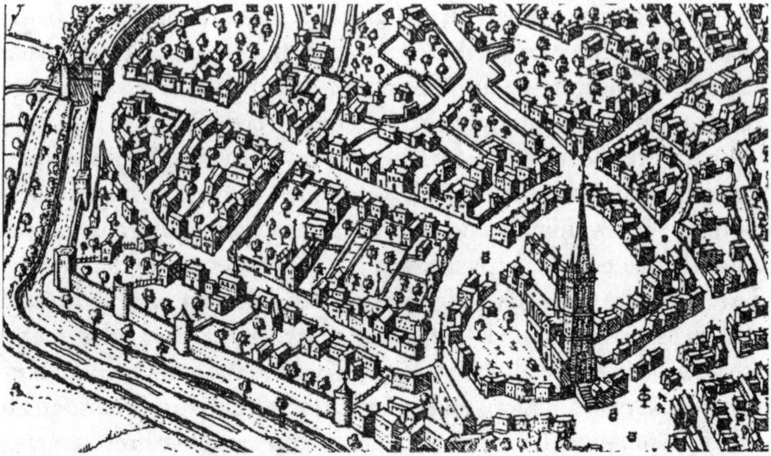

Duisburg im 16. Jahrhundert; aus *Civitates Orbis Terrarum*, 1575. Mercators Haus lag ganz im Zentrum, fast am Ende der Oberstraße, die vom Hauptplatz zum Stadttor führte.

»Overnest«, vier Häuser neben dem von Mercator, dort wo die Jörisstraße auf den Knüppelmarkt stieß. Cassander machte sich allmählich einen Namen als streitlustiger Verfechter der Kirchenreform; er veröffentlichte Bücher, die auf dem Index landeten, und verlegte 1561 ein anonymes Werk, mit dem er Frieden zwischen Katholiken und Protestanten stiften wollte.

Ghim war denn auch Zeuge vieler Tischgespräche in der Oberstraße: »Wenn er sich in der Gesellschaft von Freunden unterhielt, war er ungezwungen und gut aufgelegt; und wenn er unter Gelehrten war, bereitete ihm kaum etwas ein größeres Vergnügen als eine freundschaftliche Diskussion über allgemeine philosophische, physikalische und mathematische Fragen, über die Erhaltung der geistigen und körperlichen Gesundheit, über die Schlichtung religiöser Streitigkeiten, die Errungenschaften berühmter Menschen, geographische und astronomische Probleme sowie die Sitten, Gebräuche und Gesetze fremder Völker.«[4]

*

Zu jener Zeit redete Mercator auch einem anderen Löwener Flüchtling zu, sich in Duisburg niederzulassen. Der aus Flandern stammende »Gelehrte und bekannte Dichter« Johannes Molanus,[5] der zwanzig Jahre jünger war als Mercator, hatte in Löwen Geschichte gelehrt, bis er wegen seiner Ansichten über kirchliche Reformen fliehen musste. Zunächst hatte er in Bremen eine Stelle an einer Waisenschule gefunden. Obwohl Molanus nicht einmal zwanzig gewesen war, als Mercator Löwen verließ, hatten die beiden eine enge Freundschaft geknüpft. Mercator hörte kurz nach seinem Einzug in die Oberstraße von Molanus, der ihm schrieb: »Vor ein paar Tagen, mein lieber Bruder Gerard, starb meine liebe, liebe Frau, mein einziger Trost in dieser unerfreulichen Zeit in der Fremde, aufgerieben von den großen und lang anhaltenden Problemen ihres Mannes wie auch ihren eigenen.«[6]

Mit den »lang anhaltenden Problemen« war wohl der Preis gemeint, den Molanus für seine religiösen Anschauungen bezahlen musste – so jedenfalls verstand es Mercator. Der Tod seiner Frau bewog Molanus schließlich dazu, der »Anziehungskraft des Ortes« zu folgen und »einige Zeit bei euch, meinen alten Freunden, zu verbringen«.

Doch Mercator hatte noch ganz andere Gründe, Molanus zu einer Übersiedelung nach Duisburg zu bewegen, denn im Februar 1559 hatte eine Gruppe Duisburger Bürger in einem Brief an den Stadtrat vorgeschlagen, ein »Akademisches Gymnasium« zu gründen. Diese neue Schule sollte auf das Studium an der geplanten Universität vorbereiten. Der Plan wurde von den Bürgern der Stadt begeistert aufgenommen, und Mercator bot freiwillig seine Dienste als Mathematiklehrer an. In der alten Markthalle wurden Räumlichkeiten bereitgestellt, und schon im Juli wurde auf Plakaten die Eröffnung der Schule angekündigt. Strittig war nur die Ernennung eines Rektors. Mercator ermunterte Molanus, den Posten zu übernehmen, doch der junge Freund, der immer noch trauerte und sich für seine zwanzig Bremer Waisen verantwortlich fühlte, schrieb, er verfüge nicht über »genügend Wissen und Umsicht« und sei »aufgerieben von den Nöten und der langen

Kümmernis« seiner Frau und daher »kaum den kleinsten Privatangelegenheiten gewachsen, geschweige denn einem öffentlichen Amt«. Der Posten wurde schließlich mit Heinrich Castritius (beziehungsweise Geldorp) besetzt, der ebenfalls aus den Niederlanden an den Rhein geflohen war.

Molanus versicherte Mercator unterdessen, er sei »geneigt«, nach Duisburg zu ziehen und »im nächsten Herbst ein Haus in eurer Nähe zu mieten«. »Wenn mein Leben so lange währt«, spekulierte der Witwer, »kann ich mich euch voll und ganz anschließen und mich anbieten, die Jugend beim Lernen zu unterstützen, so weit es mein dürftiges Wissen zulässt – ein Dienst, der vielleicht nicht euren Hoffnungen entspricht, aber der schlichten Realität entwächst.« Der erst sechsundzwanzigjährige Molanus litt offenbar unter Anwandlungen von Schwermut.

Der Unterricht an der neuen Schule begann am 28. Oktober 1559. Hier galten nicht die Beschränkungen, die den Professoren in Löwen auferlegt waren, und so deckte Mercators Lehrplan auch die Kosmographie von Sacrobosco und die Geographie des Pomponius Mela ab. In den Fächern Geometrie und Arithmetik wurden die Texte von Johannes Vögelin und Gemma Frisius eingesetzt. Gemmas *Arithmeticae practicae* von 1540 war an den europäischen Schulen dermaßen erfolgreich, dass zwischen Paris und Leipzig bereits fünfundzwanzig Ausgaben, allesamt in Latein, erschienen waren. Die Werke Gemmas und Oronce Finés verwendete Mercator auch für umfassende »praktische Übungen«, die oft im Freien stattfanden; dazu zählten die Praxis der Vermessung und fortgeschrittene Übungen in Astronomie, bei denen die Positionen, Bewegungen und Konstellationen von Himmelskörpern studiert wurden. Mercator war anscheinend ein guter Lehrer, und der Stadtrat entlohnte ihn statt mit Bargeld mit drei gemästeten Schweinen.

Im zweiten Jahr geriet die Schulverwaltung allerdings in ernste Schwierigkeiten, als Rektor Castritius nach einem Streit zurücktrat. Sein Nachfolger wurde nun doch der schwermütige Johannes Molanus, der schließlich eingesehen hatte, dass es für einen

Reformgeist keinen besseren Wohnort als Duisburg gab. Und er sollte es nicht bereuen, denn Mercator »hielt so große Stücke auf Johannes Molanus«, schrieb Nachbar Walter Ghim, »dass er ihm seine älteste Tochter zur Frau gab«.[7]

Mercator war nicht nur darum besorgt, Emerentia mit einem geeigneten Gatten zu vermählen; er war auch bestrebt, aus seinem ältesten Sohn Arnold einen tüchtigen Kosmographen zu machen. »Sobald er gewisse Kenntnisse in den Geisteswissenschaften erworben hatte,« bemerkte Ghim, »hielt Mercator ihn zum Studium der Mathematik an.«[8] Arnold hatte die Tochter des Schuldirektors von Düsseldorf geheiratet und zeigte bereits eine viel versprechende Begabung im Instrumentenbau. Seine erste Übung in der Kartographie unternahm er etwa zu der Zeit, als die Familie in die Oberstraße zog. Arnold stach eine hübsche kleine Karte von Island, die seinen Namen und die Jahreszahl 1558 trug. Die Karte war gleichmäßig beschriftet und mit Schiffen, Meerestieren und einer geflügelten Putte verziert, die einen gespreizten Stechzirkel hielt. Sie war in jeder Hinsicht reizend, außer in einem Punkt: Arnold hatte die Umrisse der Insel von der jüngsten Europakarte seines Vaters kopiert, dabei aber versäumt, die Form als Spiegelbild auf die Kupferplatte zu gravieren. Arnolds gedrucktes Abbild Islands war also seitenverkehrt.[9] Neben seinen Fähigkeiten als Instrumentenbauer und Kupferstecher hatte sich Arnold in jüngster Zeit auch als Vermesser einen Namen gemacht. Nach Vermessungsarbeiten in der westlichen Eifel zeichnete er 1560 eine Karte für den Erzbischof und Kurfürsten von Trier. Auch die beiden anderen Söhne Mercators durchliefen eine hoffnungsvolle Entwicklung. Bartholomäus war auf dem besten Wege, ein Gelehrter zu werden, und der Jüngste, Rumold, damals gerade Anfang zwanzig, wurde in Dordrecht von Humanus Caesareus in Philosophie unterwiesen.

Während Mercators kurzer Lehrtätigkeit in Duisburg – im Sommer 1560 und 1561 – beauftragte ihn Herzog Wilhelm, die umstrittene Grenze zwischen der Grafschaft Mark und dem Herzogtum Westfalen zu vermessen. Neben dem Unterrichten und Vermessen baute Mercator weiterhin – je nach Bestellung – seine Erd- und Himmelsgloben, soweit es seine Arbeitsbelastung zuließ.

Die Pläne für die Duisburger Universität gerieten unterdessen nicht über die Planungsphase hinaus. Im Jahre 1561 wurde die Gründung durch eine päpstliche Bulle genehmigt, gleich darauf aber wieder untersagt, und 1562 trat Mercator seinen Lehrerposten am Gymnasium an seinen zweiten Sohn, Bartholomäus ab. Als sich der Traum von einer Universität zu zerschlagen drohte, wurde das Gymnasium 1563 wieder in eine bescheidene *scola grammatica* umgewandelt.

Etwa um diese Zeit zog ein gewisser Johan van den Corput aus Breda, einer Stadt in Brabant unweit von 's-Hertogenbosch, in Mercators Haus an der Oberstraße ein. Dieser junge Mann lernte bei Mercator Mathematik, Instrumentenbau und Kupferstechen und arbeitete bereits 1563 an einem eigenen Stadtplan von Duisburg. Auf Mercators Anregung hin sollte der Plan für die Sicherheit, die Ruhe sowie die ausgezeichnete Lage der Stadt und deren Eignung als Bildungsmetropole werben. Im Jahre 1564 wurde die Gründung einer Universität erneut durch eine päpstliche Bulle genehmigt, doch in Ermangelung einer kaiserlichen Lizenz und entsprechender Mittel wurde sie weiterhin verschoben. Damit zerschlug sich Mercators letzte Hoffnung auf akademische Würden. Er sollte nie einem förmlichen Lehrkörper angehören, so wie er sich nie auf eine Nationalität oder Staatsbürgerschaft hatte berufen können. In dieser erzwungenen Unabhängigkeit bewahrte Mercator sein größtes Kapital – die Fähigkeit, scheinbar unvereinbare Vorstellungen in Einklang zu bringen und das Ergebnis in beispielloser Klarheit zu artikulieren. Manche sahen darin einen Ausdruck von originellem Schöpfergeist. Für ihn war es eine Frage der Harmonisierung.

*

Mercator wandte sich also wieder seiner Werkstatt, seinen Büchern und seiner Korrespondenz zu. Die Briefe waren lange Zeit eine Quelle des Trostes gewesen; sie bildeten sowohl ein Fenster zur Welt als auch ein diskretes Mittel des Austauschs.

Gelegentlich traf ein Brief aus England ein, denn Mercator stand noch immer mit jenem jungen Exzentriker in Verbindung, der nach Löwen gekommen war, um Mathematik zu studieren. In der Zwischenzeit hatte John Dee ein ähnliches Schicksal erlitten wie Mercator: Mit dem Ruf, seine Mathematikvorlesungen in Frankreich hätten für weit »größeres Aufsehen«[10] gesorgt als der schwebende Skarabäus von Trinity Hall, war Dee von Paris nach Cambridge zurückgekehrt und hatte dem jungen König Edward die beiden astronomischen Werke geschenkt, die er in Löwen verfasst hatte. Daraufhin genoss Dee die Gönnerschaft des Hofes und stellte sich auf eine kometenhafte Laufbahn im protestantischen England ein, doch nach Edwards plötzlichem Tod wurde unter Königin Mary der Katholizismus wieder eingeführt. Als bereits die ersten Ketzer verbrannt wurden, fand Dee – wie einst Mercator – seinen Namen auf dem Index. Man klagte ihn der Hexerei an und warf ihm vor, »mit Zauberei« die Königin »vernichten« zu wollen. [11] Seine Bücher wurden konfisziert und sein Haus versiegelt. Dee entging dem Scheiterhaufen nur dadurch, dass er sich gleichsam durch ein Wunder in einen katholischen Kaplan des Bischofs von London verwandelte. Nachdem er freigelassen worden war, fing er mit manischem Eifer an, Bücher, Handschriften und Kuriosa für eine »Königliche Bibliothek« zu sammeln. Er hatte auch damit begonnen, ein großes Sammelwerk zusammenzustellen, *Propaedeumata aphoristica*, in dem anhand verschiedener Maximen erklärt werden sollte, wie irdische Phänomene durch die Himmelskörper beeinflusst werden. Mercator zeigte sich begeistert und drängte Dee in einem der vielen Briefe, die sie austauschten, sein »großes veranschaulichendes Werk eiligst« zu veröffentlichen.[12]

Als der Duisburger Kartenmacher schließlich eine Antwort auf sein Begehren erhielt, erfuhr er, dass der englische Mathematiker im Sterben lag. Dee war das Opfer einer Epidemie geworden, die 1557 und auch im Jahr darauf in England wütete.[13] Dee starb nicht. Dafür starb Mary. Unter Königin Elizabeth stand Dee plötzlich wieder in der Gunst des Hofes. Als »Geheimagent« Ihrer Majestät reiste er 1562 auf der Suche nach seltenen Texten quer durch Europa. Die ausgedehnte Reise führte ihn unter anderem nach Duisburg.[14] Die beiden Freunde hatten sich einiges mitzuteilen. Dee arbeitete immer noch an den *Propaedeumata aphoristica*. Und Mercator, der seine Lehrtätigkeit am Gymnasium aufgegeben hatte, war in die Herstellung zweier heikler Karten verstrickt. Für eine der beiden Karten interessierte sich Dee ganz besonders. Die andere sollte Mercator beinahe das Leben kosten.

*

Eine dieser Karten stellte die Britischen Inseln dar, die andere das Herzogtum Lothringen – und beide hatten eine enge Verbindung zum Haus der Guise und waren von politischer Bedeutung. Die Guise galten als eines der mächtigsten Adelshäuser Frankreichs. Sie waren durch und durch katholisch, verfolgten Interessen von Italien bis Schottland und wussten den praktischen Nutzen und symbolischen Wert von Karten sehr zu schätzen.

Als der Herzog von Guise 1558 Calais und Guines eroberte, raubte er den Engländern einen Brückenkopf auf dem Kontinent, den sie seit 220 Jahren besessen hatten. Innerhalb weniger Wochen erstellte der französische Geograph und Spion Nicolas de Nicolay eine in Kupfer gestochene Karte der Region und schenkte Charles Guise, dem Bruder des Herzogs und Kardinal von Lothringen, einen Abdruck.[15] Dieses Blatt mit dem Titel *Nouvelle description du pais de Boulonnois, comte de Guines, terre d'Oye et ville de Calais* feierte die Rückeroberung einer vor langer Zeit eingebüßten Feste durch die Franzosen und schlachtete zugleich die Demütigung Englands aus.

Die Guise hatten neben Nicolay noch einen weiteren Kartenmacher und Spion auf ihrer Seite. John Elder, der vom nördlichsten Zipfel Schottlands stammte, hatte eine Karte von Schottland für Heinrich VIII. angefertigt, die »jeden Hafen, Fluss, See, Bach und Weiler« aufwies, und einen Brief beigelegt, in dem »ein Plan für eine Vereinigung Schottlands mit England« skizziert war.[16] Elder, eigentlich ein strenger Papstgegner, änderte jedoch seine Meinung über den Papst, und bemühte sich nun mit manipulierenden Schriften um eine Aussöhnung zwischen England und Rom. In der Folge setzte sich der undurchsichtige Schotte, der im Verdacht stand, für England *und* für Frankreich zu spionieren, für ein vereinigtes katholisches Inselreich ein.[17] Zu diesem Zweck hatte er, ganz im Sinne der Guise, eine provokative neue Karte der britischen Inseln angefertigt.[18]

*

Diese Karte gelangte ungefähr ein Jahr, bevor Mercator seine Lehrtätigkeit am Duisburger Gymnasium aufgab, in die Duisburger Oberstraße.[19] Begleitet wurde sie von dem Wunsch, er möge sie in Kupfer stechen. Mercator, der die Umrisse der Britischen Inseln inzwischen in den unterschiedlichsten Maßstäben für Karten, Globen und Astrolabien gestochen hatte, erkannte sofort, dass auf dieser Karte die Inseln im Norden in noch nie erreichter Detailgenauigkeit dargestellt waren.

Die Namen von mehr als zweitausend Orten waren in Sekretärsschrift auf die Karte gekritzelt. Auch die Umrisslinien waren teilweise deutlich verändert. Aus dem quadratisch hervortretenden Wales waren zwei Arme geworden, die durch einen Golf getrennt waren. Schottland erschien in einer ganz neuen Faltenform mit einer erstmals zusammenhängenden Inselkette, die als »Hebriden« bezeichnet wurde. Die Gebiete von Grafen und Stammesfürsten waren benannt. Eingezeichnet waren auch die Wirkungsorte diverser Sagengestalten. Es gab auch andere Anzeichen dafür, dass der Urheber der Karte Schottland nicht nur bevorzugte, sondern aus erster Hand kannte. Vor der Inselgruppe der Orkneys war beispielsweise die Warnung zu lesen: »Hier liegen gefährliche Felsen, die so genannten Petlant Skyrres.« Vor Elders Geburtsort Caithness waren einzelne Strömungen namentlich verzeichnet.

Auf der gesamten Inselgruppe erschienen die größeren Flüsse in einer Genauigkeit, wie sie Mercator wohl noch nicht gesehen hatte. Und die Karte war gespickt mit regionalen Details, die für seine Europakarte viel zu klein gewesen waren. Einzig der Umriss Irlands schien weniger genau zu sein als der von Mercators »Hybernia« von 1554.[20] Irland erschien als küstennahe Kolonie, bei der sich die Aufmerksamkeit des Kartographen auf die Gegend um Dublin und das der englischen Gerichtsbarkeit unterliegende östliche Irland konzentrierte.

Wäre das Kartengebiet mittels Triangulation vermessen worden, hätte Mercator ein wahrlich bemerkenswertes Dokument vor sich gehabt, doch die Niederlande waren – dank der Bemühungen van Deventers – nach wie vor das einzige größere Gebiet der Welt, das nach mathematischen Prinzipien vermessen worden war. Die britische Karte war dagegen nach konventionelleren Methoden erstellt worden. Ortspläne, Regionalkarten, Reiseberichte und allerlei Beobachtungen waren zusammengetragen worden; die geographischen Details waren in ein Gerüst eingezeichnet worden, das sich auf ptolemäische Koordinaten stützte.[21] Als Werk der angewandten Mathematik konnte die Karte nicht überzeugen. Elder hatte nicht einmal ein Gitternetz von Breiten- und Längengraden zugrunde gelegt.

*

Das Stechen einer Karte, die das Britische Inselreich zwar detailgetreu, aber in geringer mathematischer Exaktheit, vor allem aber aus schottischer, katholischer und anti-elisabethanischer Sicht darstellte, war kaum die Art von Auftrag, die Mercator bedenkenlos annehmen konnte. Doch er war nicht in der Lage, den Auftrag abzulehnen; die Aufforderung, die Karte zu stechen, kam von »einem gewissen einzigartigen Freund«[22], dessen Namen Mercator nicht preisgeben konnte. Wahrscheinlich handelte es sich um Mercators alten Studienkollegen aus Löwen, Antoine Perronet de Granvelle.[23] Dieser wurde 1559 zum Erzbischof von

Mecheln, zum Primas der Niederlande und auch zum Kardinal ernannt. Seine führende Rolle in den neuen niederländischen Bistümern gab ihm allen Grund, bei Mercator eine prächtige, in Kupfer gestochene Version einer Karte zu bestellen, die ein »katholisches« Britannien darstellte, was ja auch im Interesse der Guise lag. Falls es tatsächlich der mächtige Granvelle war, der Mercator mit dem Stechen der Karte beauftragte, dürfte es Mercator verständlicherweise schwer gefallen sein abzulehnen.

Mercator könnte jedoch auch andere, nüchternere Gründe gehabt haben, den Auftrag anzunehmen. Im Laufe des Jahres 1561 waren nämlich Plantins Bestellungen von Karten und Globen plötzlich ausgeblieben, nachdem der Franzose beschuldigt worden war, ketzerische Werke zu drucken, und sich gezwungen sah, nach Paris zu fliehen.[24]

Wie auch immer – Mercator stach die Britischen Inseln in Kupfer. Doch als er fertig war, hatte sich das Blatt für den Freund, der ihm Elders Original geschickt haben dürfte, entscheidend gewendet. Granvelle, der kometenhaft zum Erzbischof, Primas, Kardinal und zum einflussreichsten Mitglied des Staatsrats der Regentin Margarete von Parma aufgestiegen war, wurde ausmanövriert. Der Kardinal, der als »Papagei des Papstes« und als »roter Teufel«[25] verspottet wurde, schlich sich am 13. März 1564 aus Brüssel und begab sich ins burgundische Exil.

*

Angliae & Scotiae & Hibernie nova descriptio erschien im April 1564, wenige Tage nach Granvelles demütigendem Abschied von den Niederlanden. Mit ihren acht Blättern war dies die größte und detaillierteste Karte, die je von den Britischen Inseln gedruckt worden war. Für Kontinentaleuropäer, die verzerrte ptolemäische Varianten gewohnt waren, war dies eine erstaunliche Neuerung. Aus den beiden wenig einladenden Inseln vor der nördlichen Küste Frankreichs war ein ausgedehnter Archipel mit zahlreichen Seehäfen geworden. Verzweigte Flusssysteme ließen auf eine außergewöhnliche Fruchtbarkeit schließen; unzählige Siedlungen, Kirchtürme und Burgen verwiesen auf Landstriche, die wohlhabend, fromm und gesichert waren.

In seiner künstlerischen Ausführung hatte Mercator keine Mühe gescheut. Die Qualität des Stichs übertraf sogar die der Europakarte von 1554; die Buchstaben waren noch flüssiger, und die Ortsnamen noch übersichtlicher verteilt. Wo auf der Wandkarte von 1554 Berge und Hügelketten als plumpe Stränge gleichförmiger Höcker erschienen waren, tauchten nun realistische Gruppierungen von unterschiedlicher Größe auf – von den winzigen »Maulwurfshügeln« bei Croydon im Süden bis zu den riesigen Auswüchsen im Norden, deren größter das hoch aufragende Massiv über »Cokermouth« in der Grafschaft »Comberland« war. Von den Bergen Schottlands konnte keiner mit der Größe des einsam aufragenden Massivs von Comberland konkurrieren, doch die Bergketten nördlich von Argyle waren in einer etwas maßvolleren Variante des gezackten Stils ausgeführt, den Mercator nahezu dreißig Jahre zuvor mit höchst dramatischer Wirkung bei den Wüsten Arabiens verwendet hatte. Auch der Aufbau der Karte war äußerst ansprechend; Textfelder auf leeren Meeresflächen schufen eine gewisse Symmetrie.

Die Karte *Angliae & Scotiae & Hibernie nova descriptio* war natürlich mehr als nur eine geographische Beschreibung. In der Stichtechnik gab sich eindeutig Mercators Stil zu erkennen, doch verschiedene Aspekte der Gestaltung und der Details sollten die katholischen Bestrebungen der Kardinäle Guise und Granvelle fördern. Wer Mercator kannte, vermochte an der äußeren Gestaltung der Karte eindeutig abzulesen, dass dieses Werk für seinen Urheber mehr war als nur eine Übung in mathematischer Kartographie. Wie bereits bei seiner anderen »politischen Karte« – der Flandernkarte von 1540 – ließ Mercator auch hier das Gitternetz der Längen- und Breitengrade weg. Den Britischen Inseln war nicht einmal eine Kompassrose beigegeben. Dies gab dem Kartenbenutzer insgeheim zu verstehen, dass *Angliae & Scotiae & Hibernie nova descriptio* als desorientierte Realität angesehen werden sollte.

Außerdem hatte Mercator die Britischen Inseln seitlich gekippt; der Westen lag an der Oberkante der Karte. Doch damit schuf er ein Schottland, das England räumlich gleichgestellt war; Schottland war nicht an den oberen Rand einer langen, schmalen Karte verbannt, sondern nahm die rechte Hälfte einer breiten Karte ein. Es besaß eine stark bevölkerte Ostküste und ein Binnenland mit zahllosen Seen, Wäldern, Hügeln und Burgen. Der Eindruck einer sicheren und wohlhabenden Gegend war nicht unbeabsichtigt.

Das wichtigste Textfeld der Karte enthielt ebenfalls eine Spitze gegen die Engländer. Die Ursprünge der Schotten und Iren – und die Wunder ihrer Länder – wurden ausführlich geschildert, dagegen wurden die Engländer mit einem Hinweis auf den italienischen Historiker Polidore Vergil unterschwellig attackiert. Dieser nämlich hatte Zweifel an der Darstellung des walisischen Chronisten Geoffrey of Monmouth geäußert, der in der *Historia Regum Britanniae* den Ursprung der Engländer auf jenen sagenumwobenen Brutus (einen Enkel des Äneas) zurückführte, der angeblich bis an die Themse marschiert war und dort Troia nova oder Trinovantum, das heutige London gegründet hatte. Für das England Elisabeths bildete diese Geschichte die lebendige Verbindung zwischen dem neuzeitlichen England und der antiken Zivilisation – und genau die bestritt Vergil. Dessen Anwürfe auf einer Karte der Britischen Inseln zu wiederholen war eine eindeutige Beleidigung der Engländer. Und Mercator war sich durchaus bewusst, dass dies ein Affront war, insbesondere gegen seinen Freund John Dee.

Doch dies war nicht die einzige verschlüsselte Spitze. In einem Feld am oberen Rand der Karte waren die Bistümer und Erzbistümer der Britischen Inseln aufgeführt und jeweils mit einem eigenen Symbol gekennzeichnet, doch bewusst ausgelassen waren die sechs Bistümer, die Heinrich VIII. nach seinem Bruch mit Rom und seiner Selbsternennung zum Oberhaupt der Kirche Englands gegründet hatte. Nachdem die Klöster aufgelöst worden waren, hielt Heinrich es für höchst geraten, seine neue, weltliche Kirche zur Gründung von Bischofssitzen in Westminster, Oxford, Chester, Gloucester, Bristol und Peterborough zu ermächtigen. Die Weglassung der von Heinrich selbst eingesetzten Bistümer auf der neuen päpstlichen Karte der Britischen Inseln trug die Handschrift des katholischen Primas der Niederlande und Mercator-Freundes Granvelle.

Auch die Wogen der Meere bargen versteckte Botschaften. In der Mitte des »Oceanus Britannicus« schleppte ein einsames Boot ein leeres Schiff auf einer sinnbildlich sinnlosen Mission zwischen Frankreichs Kalvinisten und Englands Protestanten. Dass die Takelage des Schiffs quer zu den vorherrschenden Westwinden gesetzt war, könnte einen Verweis auf das alte Sprichwort bedeutet haben, wonach es leicht ist, mit Rückenwind zu segeln.[26] Die beiden Schiffe vor den Hebriden unterstrichen die Botschaft: Die Schiffe der Zukunft sind jene, deren Segel so gesetzt sind, dass sie den seitlichen Wind auffangen, der sie gen Norden zur Passage nach China trägt. Die beiden einzigen Fische auf der Karte unterstrichen dies zusätzlich. Vor den Orkney-Inseln glitt durch die systematische Punktierung der Meeresflächen ein muskulöses Tier, dessen kreisrundes schwarzes Auge auf eine unsichtbare Nordostpassage gerichtet war; und am Rand der Karte ertrank ein fahler Dorsch, der in südliche Richtung nach Dieppe schwamm. Die Karte, die sich in erster Linie an französische Kartenleser wandte[27], verwarf die Idee einer europäischen Kirchenspaltung und propagierte stattdessen eine gemeinsame rosige Zukunft.

Mercator war sich bewusst, dass ihn der Druck einer Karte mit einem ausgewiesen katholischen Blickwinkel in akute Verlegenheit bringen und seine Beziehung zu Persönlichkeiten wie John Dee belasten konnte, und so nutzte er die einleitenden Zeilen seiner Hauptlegende, um sich vom Inhalt der Karte zu distanzieren:

»Ein gewisser einzigartiger Freund bot mir diese Darstellung der Britischen Inseln an, die wahrlich mit sehr viel Gewissenhaftigkeit und größter Genauigkeit zusammengestellt wurde, und bat mich, sie nach meinem Maßstab zu vervielfältigen, und da ich nicht gewillt war, diesen Freund rundweg abzuweisen, und es nicht für günstig hielt, mich von einem Überblick von so trefflicher Kunstfertigkeit von solch gelehrten Herren zurückzuziehen, biete ich sie Euch so dar, wie ich sie erhalten habe, allerdings ergänzt durch Ausführungen jener Dinge, die dem Geographen höchst relevant für die detaillierte Kenntnis einer Region erscheinen...«[28]

Auf einer Karte so voller Rätsel und Anspielungen war sogar das, was fehlte, äußerst aufschlussreich. Das Unterschlagen der Bistümer, die Nichtbeachtung des legendären Gründers Englands, das Freilassen von Leerstellen in Irland und das Fehlen eines Gitternetzes und eines Kompasses – all das diente dem nichtmathematischen Zweck der Karte. *Eine* Unterlassung fiel jedoch stärker auf als alle anderen: Erstmals in seiner gesamten Laufbahn als Kartenmacher hatte sich Mercator nicht in der Lage gesehen, einen Widmungsträger zu nennen.

Könnte es sein, dass der plötzlich machtlose Granvelle, der im burgundischen Exil besorgt darauf wartete, dass Philip II. in den Niederlanden die habsburgische Ordnung wiederherstellte, es sich nicht leisten konnte, mit einer solch religiös belasteten Karte in Verbindung gebracht zu werden? Mercator für sein Teil könnte befürchtet haben, dass die Zueignung an einen in Ungnade gefallenen Minister den Verkauf der Karte wohl vereiteln würde.

20

Die Schätze Renés II.

Kaum war die Karte der Britischen Inseln abgeschlossen, wurde Mercator in jenes andere Kartenprojekt hineingezogen, das ihn fast an den Abgrund führen sollte. Wieder bestand eine Verbindung zum Hause Guise, und wieder blieben Mercators Motive für die Annahme des Auftrags im Dunkel. Es ging um ein Gebiet, das seit Mercators frühen Löwener Jahren in seiner geistigen Karte des Universums verzeichnet war – Lothairingia, Lothierrènge, Lorraine, Lothringen, der Rest des Königreichs, das Lothaire, der Enkel Karls des Großen geerbt hatte und das zugleich die Wiege der neuzeitlichen Kartographie gewesen war. Denn in diesem Herzogtum, einer stets gefährdeten Pufferzone zwischen den sich bekriegenden Giganten Frankreich und Habsburg, hatte Herzog René II. von Lothringen in den ersten Dekaden des 16. Jahrhunderts eine Kosmographenschule gefördert.

Die Kosmographen kamen in der Stadt St. Dié zusammen, die in einem Tal der Vogesen lag. Der Ort hatte sich von der Mönchszelle, die St. Deodatus achthundert Jahre zuvor gegründet hatte, zu einem kleinen Städtchen entwickelt, das von Wald umgeben und im Winter vom Schnee eingeschlossen war. Trotz seiner Höhenlage verfügte St. Dié über günstige Verkehrsverbindungen, denn es diente als Zwischenstation auf dem Weg vom Oberrhein nach Nancy und Paris. Zwei Tagesreisen entfernt lagen Basel und Straßburg, wo Waren und Ideen aus Italien, Deutschland und Frankreich zusammentrafen und ausgetauscht wurden.

In diesem zugleich abgelegenen und zugänglichen Refugium scharte sich eine Gruppe von Gelehrten um einen von Renés Sekretären, den Kanonikus Walter Lud. Unter ihnen befanden sich auch Mathias Ringmann, ein Heidelberger Zeitgenosse Gregor Reischs, und Martin Waldseemüller. Herzog René, dessen umfangreiche Bibliothek erst kurz zuvor durch Kopien der Briefe Vespuccis, diverse Seekarten und eine Planisphäre ergänzt worden war, förderte und finanzierte die kosmographischen Studien der »Schule« von St. Dié, die auch eine Presse einrichtete, um wissenschaftliche Werke zu drucken. Das erste hier gedruckte Buch war die *Cosmographiae introductio* von 1507, in der der Kontinent Amerika seinen Namen erhalten hatte. Es folgten ein Globus und eine Weltkarte sowie Waldseemüllers Abhandlung über Vermessung und Perspektive, sein Büchlein über Globen sowie seine Europakarte und schließlich das große Werk, das ihn in der Welt der Kartographie unsterblich machte – seine Neuausgabe der Werke des Ptolemäus.

Waldseemüller hatte seit vielen Jahren an seiner Ptolemäus-Ausgabe gearbeitet; sie sollte eigentlich als erstes Druckwerk der neuen Presse von St. Dié erscheinen. Mit Formulierungen, die Mercators spätere Probleme vorwegnahmen, klagte Waldseemüller im April 1507 in einem Brief an den Basler Drucker Johann Amerbach über seine Schwierigkeiten mit Manuskripten, die nicht übereinstimmten. In der Bibliothek der Dominikaner in Basel gab es laut Waldseemüller »ein griechisches Manuskript von Ptolemäus, das ich für so korrekt erachte wie das Original. Ich bitte Euch«, flehte der Kartenmacher, »es mir unbedingt zu besorgen, entweder in Eurem Namen oder in meinem, damit ich dieses Buch für den Zeitraum eines Monats habe«.[1]

Die Ptolemäus-Ausgabe wurde jedoch durch den Tod Renés verzögert und erschien erst 1513. Die siebenundzwanzig Holzschnittkarten, die Koordinatentabellen und das Register mit mehr als siebentausend Ortsnamen waren ein Wunder an Wissenschaftlichkeit, und mit Jacopo d'Angelos lateinischer Übersetzung des ptolemäischen Textes hatten die Geographen von St. Dié eine definitive Ausgabe erstellt. Damit wurde absolutes Neuland erschlossen, denn dies war das erste Buch mit einem Anhang, der einen systematischen modernen Kartensatz aufwies.

Die letzte der *tabulae novae* in dem Anhang beehrte Herzog René mit einer »höchst sorgsam gedruckten Karte seiner Gebiete«.[2] Es handelte sich um Waldseemüllers Lothringen auf einer einzigen Seite. Waldseemüller hatte das Land in einer Weise gezeichnet, die sich direkt von der biblischen Bildersprache abzuleiten schien: Der Süden lag oben; der Stamm und die baumartigen Verzweigungen der Mosel streckten sich zu einer schäumenden Krone von Blätterwerk (in Form von Bergen), in der das kreisrunde Symbol für »S. Deodatus«[3] wie ein reifer Apfel hing. Waldseemüllers Karte von Lothringen zeichnete sich durch eine weitere Besonderheit aus, denn sie war die erste Karte, die in mehr als zwei Farben gedruckt wurde. Für Mercator war St. Dié gleichsam das Allerheiligste der Kartographie, der Ort, an dem Herzog Renés Gelehrte »im stillsten Winkel seines Landes … zu Füßen der Vogesen«[4] den alten Ptolemäus für die Gelehrten der Neuzeit edierten.

In dem halben Jahrhundert zwischen Renés Tod im Jahre 1508 und Mercators fataler Karte hatte Lothringen darum gerungen, seine gefährdete Neutralität zu wahren, denn sowohl Frankreich als auch Spanien beanspruchten Enklaven. Renés zweitem Sohn Claude entstammte das Haus der Guise, das künftig die Geschicke Lothringens bestimmte.

1544 wurde Charles III., »der Große«, ein Urenkel Renés, regierender Herzog von Lothringen. Charles erklärte seine Souveränität und Neutralität und setzte Reformen ein, die Lothringens innere Stabilität und Unabhängigkeit sicherstellen sollten. Bergwerke und Salinen wurden neu organisiert, die Waffenherstellung wurde der Aufsicht des Herzogs unterstellt, und der Ausbau der Befestigungsanlagen von Nancy wurde geplant. Dem Herzog fehlte jedoch das wichtigste Instrument für die Reform der Verwaltung und die militärische Verteidigung. Er verfügte über keine brauchbare Karte seines Herzogtums.

In Waldseemüllers *Tabula Nova* von Lothringen in der Ptolemäus-Ausgabe von 1513 waren nur etwa siebzig Städte verzeichnet, fast alles Orte an zugänglichen Flüssen. Es gab auch keinen Bestand an Regionalkarten, aus dem sich ein vollständiges Bild von Lothringen hätte zusammenfügen lassen. Charles Estiennes *Guide des chemins de France*[5] deckte Teile des nordwestlichen Lothringens ab, und Sebastian Brants etwas ältere Chronik enthielt Hinweise auf Verkehrswege über die Vogesen und entlang der Saar. Dies waren jedoch nur kleine Bruchstücke des Territoriums, das kartographiert werden musste. Für eine taugliche Karte Lothringens war die Vermessung des gesamten Herzogtums erforderlich – und dazu brauchte man einen Vermesser.

An dieser Stelle trat Antoine Perronet de Granvelle auf den Plan. Vom 18. bis 20. März 1564 – nur wenige Tage bevor Mercators Karte der Britischen Inseln erschien – besuchte der Kardinal in Nancy den Herzog und dessen Mutter, Christine von Dänemark. Christine, eine Nichte Kaiser Karls V., pflegte den Vertrauten des Kaisers in die Probleme Lothringens einzuweihen. Granvelle wiederum beriet sie nach besten Kräften in allen Fragen, die sie ihm vortrug. Höchstwahrscheinlich überzeugte Granvelle Christine davon, dass Lothringen eine aktuelle und akkurate Karte brauchte und dass der richtige Mann für diese Aufgabe ein Vermesser und Kartograph namens Mercator war.[6] Noch im Frühling 1564 muss Mercator ein Angebot erhalten haben.

Die Gebiete des Herzogs von Lothringen erstreckten sich von Luxemburg bis zu den feuchten, schroffen Waldgebirgen der Vogesen in Sichtweite der Alpen.[7] Lothringen umfasste ein Gebiet, das größer war als Flandern und Brabant zusammen, und bestand in weiten Teilen aus Wäldern und Hügeln, durch die sich tiefe Täler schnitten. Das Gelände und die Wetterverhältnisse ließen sich in keiner Weise mit dem vergleichen, was Mercator aus den Niederlanden kannte. Das Vermessungsgebiet wurde außerdem durch die unsicheren äußeren und inneren Grenzen und durch umherziehende Räuberbanden bedroht.

Mercator war kein junger Bursche mehr, und seine Regionalkarten hatten sich nie auf eigene Vermessungen gestützt. Das sichere Duisburg zu verlassen und sich den Gefahren Lothringens auszusetzen, war also kaum zu rechtfertigen, doch es gab eine Versuchung, der der Kartenmacher nicht widerstehen konnte: Eine kartographische Vermessung für den Urenkel Renés II. versprach Mercator Zugang zu den legendären Kartenschränken des Herzogtums, zu deren Schätzen die Kopie, die Waldseemüller von jener Ptolemäus-Ausgabe angefertigt hatte, welche Amerbach ihm ausgeliehen hatte, sowie die Vespucci-Briefe zählten.[8] In seinem Wunsch, Herzog Renés Bibliothek sehen zu wollen, wurde Mercator nicht nur von reiner Neugier angetrieben, denn er brütete bereits ein Projekt aus, dessen Durchführung von solch einem Besuch nur profitieren konnte.

Der Aufwand einer Vermessungsexpedition war indes beängstigend. Zwar hatte Mercator seit Jahrzehnten aus Quellen, die von Ptolemäus bis Finé und Apian reichten, Listen von Koordinaten zusammengetragen, die ihm ein Grundgerüst der wichtigsten lothringischen Orte lieferten. Doch zwischen den größeren Städten lagen zahllose Dörfer und kleinere Orte, Flüsse, Berge, Wälder und Grenzen, die Mercator allesamt mit Hilfe der Triangulation vermessen musste. Da sich der Herzog in dem schriftlichen Auftrag ausbedungen hatte, dass Mercator eine Karte und eine Beschreibung des Herzogtums anfertigen sollte, blieb jenem nichts anderes übrig, als ausgedehnte Reisen zu unternehmen. Als er den Auftrag schließlich annahm, waren seine Gefühle durch eine Mischung aus tiefster Angst und höchster Erwartung geprägt.

*

Zusammen mit seinem Sohn Bartholomäus brach Mercator noch im selben Frühjahr in Duisburg auf. Die beiden reisten den Rhein hinauf bis Koblenz und folgten dann der schmaleren Mosel bis Trier. Von dort ging es wohl weiter entlang der Saar bis an die nördliche Grenze Lothringens. Höchstwahrscheinlich trafen sie in Sarralbe auf den Beamten des Herzogs, der den Auftrag hatte, sich um die Vermesser zu kümmern. Am 21. Mai erhielt Mercator die erste von zwei Teilzahlungen in Höhe von vierhundert Francs. Bartholomäus strich sechsundzwanzig Francs ein.

»Mercator vermaß das Land«, berichtete Ghim später, »Stadt für Stadt, Dorf für Dorf, höchst genau nach dem Triangulationsverfahren.« Eine schwierigere Landschaft für die Triangulation ließ sich kaum vorstellen. Hoher Waldbestand und tiefe Täler behinderten die Sicht. Die beiden Vermesser müssen sich unentwegt vor den umherstreifenden Banden deutscher Milizen gefürchtet haben, die in Frankreich einfielen, um die Katholiken zu bekriegen. Vagabunden waren in Lothringen zu einer so allgegenwärtigen Bedrohung geworden, dass Charles III. im Rahmen seiner Reformen Verbote gegen sie hatte erlassen müssen. In den Bistümern Metz, Toul und Verdun mussten die Mercators mit Städten und Dörfern verhandeln, die von Kalvinisten eingenommen worden waren und sich gegenüber Vermessern im Auftrag des Hauses Guise kaum kooperativ zeigten. So erinnerte sich die Bevölkerung von Lupstein und Scherwiller noch gut an das Massaker, das der erste Herzog von Guise 1525 unter dem anabaptistischen Landvolk angerichtet hatte.

Während der Vermessungen in den nördlichen Regionen Lothringens hätte Mercator die Gelegenheit gehabt, Nancy und die legendäre Bibliothek Renés II. zu besuchen. Bedauerlicherweise war der Verwalter des Kartenschatzes jedoch ein gewisser Thierry Alix. Der junge, eifrige Patriot zeichnete sich durch einen grenzenlosen Ehrgeiz und – wie der gesamte lothringische Adel – durch ein tiefes Misstrauen gegenüber Fremden aus. Er hatte auch Grund, sich persönlich mit Mercators geplanter Karte zu befassen. Als einer der loyalsten Beamten des Herzogs war Alix bereits kreuz und quer durch Lothringen gereist und hatte Informationen über die Grenzen des Herzogtums gesammelt. Er hatte auch eine Reihe von Ortsbeschreibungen nebst einem Register von 2290 Ortsnamen angefertigt. Bei mindestens einer Gelegenheit hatte er auch eine Karte gezeichnet. Der Mann, der den Schlüssel zu Renés kartographischen Schätzen verwahrte, hatte ganz eigene Ideen zu der Form, die Mercators Karte annehmen sollte. Alix räumte zwar ein, dass der Gast »ein höchst gelehrter und fähiger Geograph« sei[9], doch er erwartete, dass Mercators Karte auch ein aus fünfunddreißig Reimpaaren bestehendes Loblied auf Lothringen, eine in Französisch abgefasste Beschreibung Lothringens sowie seine eigene Liste von 2290 Ortsnamen enthalten solle. Doch angesichts seiner Verbindungen zu Granvelle konnte Mercator unmöglich an einer Lobeshymne auf Lothringen mitwirken. Dies lässt vermuten, dass Mercator und Alix nicht die engsten Freunde wurden.

Nancy lag auf dem Breitengrad, der durch die Mitte Lothringens verlief und den Mercator später verwendete, um die beiden Hälften seiner Lothringenkarte zu teilen.[10] Die südliche Hälfte des Herzogtums barg zusätzliche Probleme für die Vermesser. Im Südosten lagen die Berge der Vogesen. Hier waren die Straßen viel schlechter als im Norden, und das Klima war kälter, feuchter und wechselhafter. An der Vogesenstraße von Nancy nach Basel gab es seit längerer Zeit sporadische Kämpfe um ein Kapitel kriegerischer Kanonissinnen des Klosters von Remiremont, dessen Rechte und Privilegien noch 1554 von Karl V. bestätigt worden waren. Dennoch trieben Mercator und sein Sohn ihre Vermessungen bis in die abgelegensten Winkel Lothringens vor. In den Bergen östlich von St. Dié verzeichneten sie gewissenhaft selbst die winzigster Weiler in abgelegenen Tälern. Die Einwohner von Herbeaupiere, Lusse, Le Perriere, Le Merlus und Trois Maysons[11] dürften darüber gestaunt haben, dass ihre Gemeinden auf ein und derselben Karte erscheinen sollten wie Nancy und Metz. Der Berg oberhalb ihres Tals, der »St. Piere mont«[12], wurde von den Vermessern ebenfalls erfasst. Wie bereits im Norden vermaßen Mercator und sein Sohn auch hier die Ströme und Nebenflüsse des Herzogtums mit außergewöhnlicher Gewissenhaftigkeit.

Doch während die beiden über die holprigen Straßen Lothringens von einem Visierpunkt zum nächsten stolperten, gingen sie dem Unheil entgegen. Irgendwann in jenem Sommer, wahrscheinlich im tiefen Süden[13], geschah etwas Schreckliches. Vielleicht wurden Vater und Sohn von einer Räuberbande verprügelt oder ausgeraubt. Vielleicht ereilte sie die Pest, die 1564 einige Grenzgebiete Lothringens heimsuchte. Vielleicht fielen sie den kriegerischen Kanonissinnen von Remiremont zum Opfer. Mercator, der ohnehin nur sehr ungern reiste, wollte oder konnte die Bedrohungen und Unannehmlichkeiten, die ihm unterwegs widerfuhren, nicht länger ertragen. »Diese Reise durch Lothringen«, erinnerte sich Walter Ghim später, »gefährdete ernstlich sein Leben und schwächte ihn dermaßen, dass er aufgrund seiner schrecklichen Erfahrungen äußerst nahe an den Rand eines akuten Zusammenbruchs und einer geistigen Störung geriet.«[14]

21

Jäger im Schnee

Als Mercator wieder nach Duisburg kam, war er allein. Erst als der Herbst anfing, kehrte Bartholomäus aus Lothringen zurück, wo er am 2. Oktober weitere sechsundzwanzig Francs eingestrichen hatte. Nach seinen Aufzeichnungen und Messungen fertigte Mercator »eine exakte Federzeichnung« des Herzogtums, die er »Ihrer Hoheit in Nancy darbot«.[1] Wie es hieß, zeigte sich der Herzog erfreut.[2]

Die Karte wurde indes nie gedruckt. Der Wunsch nach einem gedruckten Abbild Lothringens als einiges, katholisches Territorium, das von Frankreich und vom Kaiserreich unabhängig war, dürfte weniger gewogen haben als die Gefahr, dass solch eine genaue und detaillierte Karte eine »Karte für den Krieg« gewesen wäre, wie es Karl IX. von Frankreich mit drohendem Unterton formulierte, »nützlich für einen Feind, der mit einem Kompass und einem Quadranten eine Armee durch das ganze Land führen könnte«.[3] Mit anderen Worten: Das zwischen zwei Krieg führenden Staaten eingezwängte Lothringen konnte es sich nicht leisten, ein Dokument in Umlauf zu bringen, das einer Invasionsarmee die Quellen für Nahrung und Futter und sämtliche Straßen und Flüsse dargelegt hätte.

Mercators unveröffentlichte Karte wurde denn auch im Tresor des Herzogs verschlossen – möglicherweise zu seiner Erleichterung, denn deren Einstufung als Geheimdokument bewahrte Mercator davor, mit einem Werk in Verbindung gebracht zu werden, das als Instrument der Guise'schen Propaganda gedeutet werden konnte. Und was ist aus Mercators eigentlichem Motiv für die Annahme dieses Auftrags geworden? Fand er Zutritt zu Renés Bibliothek und womöglich auch zu den Archiven von St. Dié? Wenn es ihm gelang, hatte er vielleicht Gelegenheit, einige Quellen zu studieren oder auch zu kopieren, die bald das Fundament für sein Lebenswerk legen sollten.

*

Für Mercators Gesundheit hatte die Unternehmung in Lothringen katastrophale Folgen. Nach seinem Zusammenbruch war er niedergeschlagen und kaum arbeitsfähig.[4] Der trübe Herbst ging in einen Winter über, wie er ihn noch nie erlebt hatte. Bereits im Jahre 1559 hatte Bruegel Schlittschuhläufer vor dem Antwerpener St.-Georgs-Tor malen können. Der Winter, der auf Mercators Flucht aus Lothringen folgte, ließ jedoch das Schlimmste fürchten. Bereits im November 1564 sanken die Temperaturen drastisch ab. Im Dezember war das ganze nördliche Europa von Frost erstarrt. Die Schelde fror zu, und Bruegel malte Jäger im Schnee und unter ihnen in Schwarz und Weiß ein Tal, in dem alles abgestorben war. Die Häfen entlang der Maas wurden von Eisbergen versperrt. Erst der Februar ließ das Eis dünner werden und gestattete Bruegel die Verwendung von Braun und Schwarz beim Malen einer Flussmündung, die von gebrochenen Deichen verwüstet war. Es war der kälteste Winter seit Menschengedenken, und als er endlich überstanden war, zerstörte der Regen die Ernte des Jahres 1565.

Auch Mercators Tochter Emerentia in Bremen hatte einen harten Winter durchgemacht. »Es gab Probleme mit der Getreideversorgung«, schrieb Emerentias Mann Molanus im März 1565, »aber es war erträglich... Der Herr hat uns bisher das Nötigste fürs Leben gegeben, und ich vertraue darauf, dass er es auch künftig tun wird.« Molanus befand sich aus einem ganz anderen Grund in großer Besorgnis. Denn seit Mercators überstürzter

Rückkehr von seiner Vermessungsexpedition in Lothringen war er so krank gewesen, dass in Antwerpen Gerüchte umgingen, er sei »in den Himmel hinübergeflogen«. Im März erlangte Molanus jedoch die Gewissheit, dass sein Schwiegervater noch lebte. »Ich danke unserem Vater im Himmel, dass er Euch erhalten hat, um seinen Namen zu verherrlichen«, schrieb er im selben Brief. Auch bei Mercators Frau Barbara hatten die Strapazen Spuren hinterlassen. »Wenn ich mich nicht täusche«, warnte Molanus seinen Schwiegervater, »wird sie allmählich von Eurer Unbill aufgezehrt.«[5]

Ebenfalls im diesem Brief lobte Molanus den »großen Mut«, mit dem Mercator den »schrecklichen Anfeindungen unangenehmer Menschen« widerstand.[6] Weil zu befürchten stand, dass der Brief abgefangen wurde, war nichts Näheres ausgeführt. Wer waren diese unangenehmen Menschen? Dem armen Kartenmacher setzte offenbar nicht nur die Krankheit zu. Vielmehr stand Mercator ungeschützt zwischen den Fronten der Protestanten und Katholiken und musste mit Feindseligkeiten der örtlichen Kalvinisten wie auch der fernen Bischöfe rechnen. Da er aufgrund der Widmung seiner Europakarte in den Augen der Öffentlichkeit dem Kardinal Granvelle verpflichtet war, musste er sich auch darauf einstellen, von den Anhängern des Prinzen von Oranien angefeindet zu werden. Und Mercators jüngste Karten der Britischen Inseln und des Herzogtums Lothringen waren besonders geeignet für böswillige Auslegungen.

Mercator stand unter einem Unstern, und so war es wenig verwunderlich, dass sein Name nicht einmal auf dem kunstvoll ausgeführten Stadtplan von Duisburg erschien, den sein ehemaliger Schüler Johan van den Corput 1566 in Druck gab. Die Hauptlegende des Plans, der Herzog Wilhelm gewidmet war, zierten die Namen Georg Cassanders, Cornelius Wouters' und Karel Utenhoves. Alle drei Genannten waren als Verfechter religiöser Reformen bekannt; Utenhove, der sich in Friemersheim am Flussufer gegenüber von Duisburg niedergelassen hatte, war sogar einer der Genter Rebellen von 1539–40 gewesen.[7] Wieder einmal rächte es sich, dass Mercator davor zurückschreckte, sich klar auf eine Seite zu stellen. Sein Haus war auf dem neuen Stadtplan klar zu erkennen, doch dessen Besitzer war gleichsam unsichtbar geworden.

Seine trübe Stimmung wurde durch den bei ihm wie bei vielen prominenten Zeitgenossen (etwa Melanchthon) vorherrschenden Glauben an die bevorstehende Apokalypse verstärkt. Der Zeitpunkt des Jüngsten Gerichts ließ sich angeblich errechnen, indem man die einundsiebzig Jahre, die das Volk Juda in der Babylonischen Gefangenschaft verbracht hatte, zu der Zahl jenes Jahres addierte, in dem sich Luther und Zwingli aus der Masse erhoben hatten. Die Apokalypse war also für das Jahr 1588 zu erwarten.[8]

Und tatsächlich schienen sich die Hinweise auf die nahende Endzeit zu mehren. Unbezwingbare Erbmonarchien, die ein halbes Jahrhundert lang einmütig von ihren Untertanen getragen worden waren, wurden von Revolutionen und Bürgerkriegen erschüttert. In Frankreich hatte König Henris Tod bei einem Ritterturnier einen Bürgerkrieg heraufbeschworen und zur Ermordung des Katholikenführers, François von Guise, geführt. Es drohte noch schlimmer zu kommen, als sich die Hugenotten für den erwarteten Schlag der katholischen Monarchien gegen die Reformkräfte wappneten. Die Regierung der Niederlande war durch Granvelles Weggang ernstlich geschwächt, und die Opposition gegen die spanische Zentralverwaltung weitete sich auf breite Schichten des Adels und der Städte aus und verband sich mit der kalvinistischen Bewegung.

Der Sturm brach im August 1566 los, als sich die Kalvinisten mit unglaublicher Gewalt erhoben. Überall in den Niederlanden fielen Bilderstürmer in Kirchen und Klöster ein und zertrümmerten Altarbilder, Heiligenfiguren und Fenster. Reichere Bürger warfen Schnitzwerke auf die Straße, damit das Gesindel nicht ihre Häuser stürmte. Ortelius schrieb aus Antwerpen: »Überall wo diese Bilderstürmer, die mit Stöcken, Beilen und brennenden Fackeln bewaffnet waren, von Kirche zu Kirche hetzten, floh alles … Am nächsten Tag sahen sämtliche Kirchen so aus, als sei der Teufel Hunderte Jahre am Werk gewesen.«[9] Als Nächstes waren ’s-Hertogenbosch und Gent an der Reihe, dann Breda, Mecheln, Turnhout, Lier, Bergen, Amsterdam, Haarlem und Utrecht. Binnen weniger Tage wurden die Kirchen und Altäre in Hunderten von Städten und Dörfern zerstört. Löwen war einer der wenigen Orte, die der kalvinistischen Säuberung entgingen. Die Regierung in Brüssel schien hilflos.

Im fernen Duisburg musste sich Mercator in seiner Annahme bestätigt sehen, dass der Tag des Jüngsten Gerichts nahte.

22

Kosmographie – die Beschreibung des gesamten Universums

In den Tiefen seiner Depression ersann Mercator das Monument, das er der Menschheit zu hinterlassen gedachte.[1] Blickte er zurück, so wirkte die Summe seiner Werke ebenso unstrukturiert wie sein Leben. In den etwa dreißig Jahren, seit er die Philosophie zugunsten der Mathematik aufgegeben hatte, waren unter seinen Händen diverse Instrumente und Globen entstanden – und gelegentlich auch Karten. Einige Arbeiten waren Auftragswerke, andere das Resultat seiner religiösen oder mathematischen Überzeugung, wieder andere waren auch von politischer Zweckmäßigkeit motiviert gewesen. Mercators Plan, die Welt nach Regionen zu beschreiben, war hingegen über die ersten Schritte – seine fehlerhafte Weltkarte von 1538 und die Wandkarte von Europa – hinaus nicht gediehen.

Doch nun entstand in seinem Kopf ein monumentales Gedankengebäude, das seinem Dasein Sinn und Zweck verleihen sollte. Das Werk, das ihm vorschwebte, sollte weit über die Geographie hinausgehen. »Ich möchte prophezeien«, schrieb er, »dass etwas Erhabeneres entstehen wird, wenn ich mich nicht allein auf eine Beschreibung der Länder der Erde beschränke, sondern das gesamte universelle System studiere, welches das Firmament der Erde vereint, und auch die Positionen, die Bewegungen und die Anordnung seiner Teile, soweit es sich mit diesen Zielen vereinbaren lässt.« Der Mittfünfziger plante also nichts weniger als eine erklärende Beschreibung des Universums. Mit dieser Absicht schloss sich der Kreis, denn er kehrte damit zu der Vorstellung zurück, die er über dreißig Jahre zuvor von Gemma Frisius übernommen hatte: »Ich glaube«, fuhr er fort, »dass der Kosmographie unter all den Prinzipien und Anfangsgründen der Naturphilosophie der höchste Stellenwert zukommt.«[2]

So entwickelte sich aus Mercators melancholischer Verfassung eine klare Vision seiner Aufgabe, die er in mehrere Teile zergliedern wollte: »Am Anfang beschloss ich«, erinnerte er sich, »die beiden Teile des Universums, den himmlischen natürlich und den irdischen, gründlich zu untersuchen.« Sein Interesse galt den Kreisläufen der Himmelskörper, ihren Entfernungen, Größenordnungen und Beziehungen zueinander. Im zweiten Teil wollte er die Größe der Erde, ihr Gewicht, »ihr Verhältnis zu Meer und Himmel und weitere Themen dieser Art« untersuchen. Doch als Mercator über die Aspekte seiner geplanten Kosmographie nachdachte, begriff er, dass dem Himmlischen und dem Irdischen die Geschichte vorausging, die beides letztlich vereinte. »Ich erkannte, dass solch ein Werk nichts anderes war als die Geschichte der ersten und größten Teile des Universums, ja dass die Geschichte den ersten Platz und Rang in jeder Anwendung der Philosophie einnimmt.« Falls er, so dachte er, »durch gründliches Nachsinnen den ersten Ursprung dieses Mechanismus und die Entstehung besonderer Teile davon ausfindig machte«, würde solch ein historischer Ansatz sein »Urteil über das Wesen und Wirken einzelner Dinge« erleichtern. Dies wiederum würde es ermöglichen, »richtig über das Universum zu philosophieren«.[3]

Mit diesem revidierten, historischen Ansatz gedachte Mercator zunächst »mit dem Beginn des Universums« anzufangen und dann »die Ursprünge des Wesens des Universums nach dem ersten Kapitel der biblischen Genesis zu untersuchen und das Ganze gleichsam vom Zustand der Eizelle aus zu betrachten«. Mercators Kosmographie sollte also die Geschichte und den Verlauf der Schöpfung Gottes – vom Ei zur Kugel – beschreiben und aus fünf Teilen bestehen. Der erste Teil sollte die Erschaffung der Welt schildern, der zweite den Himmel beschreiben und der dritte Teil sollte Land und Meer darstellen. Dieser dritte Teil, der den geographischen Aspekten der Kosmographie galt, sollte Mercators Fähigkeiten als Kartenmacher in Anspruch nehmen. Und aus der Geographie sollte wiederum der vierte Teil der Weltbeschreibung hervorgehen. »Ich erkannte, dass die Geographie nicht für sich stehen konnte, ja ich verstand sie nicht einmal vollständig ohne die Zeitdauer, die Reihenfolge und Erbfolge der Könige, die die Städte und Königreiche gründeten.«[4] Den vierten Teil sollte daher ein *Genealogicon* bilden. Während sich Mercator in den ersten Entstehungsphasen des *Genealogicons* mit der Geschichte von Staaten befasste, erkannte er, dass noch ein fünfter Teil erforderlich war – eine strenge Lehre der Epochen, eine Chronologie der Weltereignisse von der Schöpfung bis zur Gegenwart.

Dies war der geplante Aufbau der großen Kosmographie, mit der Mercator die Geschichte und die Ordnung des gesamten Universums zu beschreiben suchte.

*

Die unvollendeten Kirchen in den Niederlanden waren Beweis genug, dass ein massives und kompliziertes, mathematisch präzises und symbolisches Bauwerk mehr erforderte als einen brillanten Architekten. Mercator besaß die zeichnerische Gabe, mehrdimensionale menschliche Unordnung in systematische Form und klare Linien zu bringen und mit dieser Vereinfachung die Existenz von Chaos zu leugnen. Er plante seine Kosmographie gerade so, als sei er frei von Schicksalsschlägen wie Krankheit, Tod, Krieg oder Geldnot. Das Schema der Kosmographie entsprang dem Geist eines Visionärs. Niemand, der recht bei Verstand ist, würde einen Visionär bitten, ihm ein Haus zu bauen, doch es erforderte dessen unbehinderte Phantasie, sich solch ein großes Werk zu vergegenwärtigen.

Und so entwickelte sich die Kosmographie zwischen den Träumen ihres geistigen Vaters und der chaotischen Realität im Herzogtum Kleve. Von den fünf Teilen des Werks – Schöpfung, Himmel, Erde, Genealogie und Geschichte der Staaten sowie Chronologie – existierten bereits verschiedene Elemente. Über die Schöpfung hatte Mercator seit mindestens dreißig Jahren nachgedacht – und wahrscheinlich auch einiges zu Papier gebracht. Und seit ebenso langer Zeit hatte er Material über die Geographie der Welt zusammengetragen. Mindestens zwei größere Kartenprojekte hatte er in Angriff genommen – die Regionalkarten der Welt, die er 1538 angekündigt hatte, und die neue Weltkarte, die er 1554 versprochen hatte.

Die gewaltige Aufgabe verlangte ein überlegtes Vorgehen. Mercator wollte als Erstes die mathematischen Bezugsgrößen des Werks bestimmen. Ohne »exakte Definition von Zeit und Ort«[5] ließen sich keine Fragen beantworten. Die Dimension »Zeit« erforderte eine Chronologie, eine Tabelle von Weltereignissen, die einen zeitlichen Rahmen für die gesamte Kosmographie bildete. Die Dimension »Ort« erforderte eine moderne, mathematische Darstellung der Welt – eine Karte beziehungsweise *die* Karte, die seit langem versprochene Weltkarte.

Nachdem Mercator die Begriffe Zeit und Ort exakt definiert hatte, konnte er mit den einzelnen Teilen seiner Untersuchung beginnen. Die Beschreibung der Erde in zwei Teilen sollte Vorrang haben; zuerst sollte Mercators definitive Ausgabe der ptolemäischen *Geographike* erscheinen, zusammen mit einer modernen Geographie der Welt, die mit Karten und Beschreibungen ausgestattet werden sollte. Der Schöpfungsbericht konnte warten, nicht zuletzt weil dessen unvermeidliche Auslegung als Ketzerwerk die Vollendung der Kosmographie zu verzögern, wenn nicht zu verhindern drohte. Während Mercator die größte Kosmographie aller Zeiten plante, wurde er, eventuell im Zusammenhang mit diesen Plänen, zum Kosmographen des Herzogs von Jülich-Kleve ernannt.

*

Ende des Jahres 1566 setzte abermals ein für Mercator schrecklicher Winter ein. Die Pest griff erneut um sich, und Mercator und seine Frau Barbara machten sich zunehmend Sorgen, denn aus unerklärlichen Gründen hörten sie nichts mehr aus Bremen, wo ihre Tochter Emerentia ihr zweites Kind erwartete. Als im Mai 1567 endlich ein Brief von Schwiegersohn Molanus aus dem Norden eintraf, enthüllte dieser eine Katastrophe, wie sie in jener Zeit nur allzu häufig vorkam. Molanus schilderte exakt und detailliert die Ereignisse, die in einer einzigen Woche seine ganze Familie ausgelöscht hatten.

Der Schulrektor erklärte zunächst, dass er mit seiner geliebten Frau und seinem kleinen Sohn nach Bremen zurückgekehrt sei, wo der Senat endlich die Einschränkungen der Lehrfreiheit aufgehoben hatte. Doch nur wenige Tage, nachdem Molanus – am 18. April – zu unterrichten begann, brach die Pest aus, der auch Mercators Enkel zum Opfer fiel. Vier oder fünf Tage lang musste der Junge leiden. Ungeachtet der Ansteckungsgefahr pflegten Molanus und die hochschwangere Emerentia ihren Sohn, bis er in ihren Armen starb. »Als er schließlich kaum noch atmete«, schrieb Molanus dem Großvater des Jungen, »riss ich meine Frau von ihm los.«[6]

Der Arzt trug Emerentia auf, frische Kleidung anzulegen und in ein anderes Haus zu ziehen. Molanus machte ein leer stehendes Gebäude ausfindig und brachte seine Frau mit zwei Mägden darin unter. Dann trug er seinen Sohn zu Grabe. Als Emerentia und die Dienstmädchen von einem Verrückten mit einem Dolch bedroht wurden, suchte die Familie Zuflucht in dem Haus, das der Witwe von Cornelius Bacher gehörte. Acht Tage lang blieben sie dort, während in der Stadt die Pest wütete. Am 2. Mai beschloss Molanus, seine Schuljungen nach Emden in Sicherheit zu bringen. Emerentia und die beiden getreuen Dienerinnen fuhren auf dem Wagen mit, während Molanus in Bremen blieb.

Doch die Pest griff auch auf Emden über. Am 8. Mai fiel ihr ein Freund Emerentias zum Opfer. Am 10. Mai gebar Mercators älteste Tochter »einen schmächtigen Jungen, der nur wenige Augenblicke am Leben blieb«. Am Abend des Elften bat Emerentia, »ein Gebet zu sprechen; als sie ihr Gesicht hob, lehnte sie sich plötzlich gegen die Liege, rang kurz mit dem Todesschmerz und schlief im Herrn ein«. Eine der Mägde starb am selben Tag; die andere – eine junge Frau namens Greta, die Mercator gut gekannt hatte – ereilte fünf Tage später der Tod. Molanus war zu betrübt, um weiterzuschreiben; er schloss in tiefem Gram und wünschte das Jüngste Gericht herbei: »Diese sündige Natur muss offensichtlich vernichtet werden, sodass der Geist für die Ankunft Jesu Christi gewappnet sei.«[7] Emerentia war knapp dreißig Jahre alt geworden.

Der Nachricht vom frühen Tode Emerentias folgte ein Jahr später, 1568, der Tod von Mercators zweitem Sohn, Bartholomäus. Der junge Mann, der die Vermessungsexpedition in Lothringen gerettet hatte, sah – wie Ghim später schrieb – einer viel versprechenden Zukunft entgegen. Kurz vor jener schicksalhaften Vermessungsreise veröffentlichte er unter dem Titel *De Sphera* eine Reihe von Vorträgen seines Vaters. Im Mai 1567, als Emerentia im Sterben lag, schrieb er sich an der Universität von Heidelberg ein, wo er alte Sprachen, Philosophie und Theologie studieren wollte. Die Hauptstadt der Pfalz war zu einem Zentrum protestantischer Gelehrsamkeit geworden, und Bartholomäus wäre dort in den Genuss eines weitaus liberaleren Lehrplans gekommen als sein Vater einst in Löwen. Und als Sohn des frisch ernannten Kosmographen des Herzogs von Kleve genoss er weitere Privilegien: Die Kosten seines Studiums trug der Herrscher der Pfalz, der kalvinistisch gesinnte Kurfürst Friedrich III. Doch noch vor dem Ende seines zweiten Studienjahrs wurde Bartholomäus ebenfalls von einer Krankheit dahingerafft. Er wurde nur achtundzwanzig Jahre alt. Alle Vermessungsaufgaben gingen nun an Mercators ältesten Sohn Arnold.

Es war eine Zeit, in der es nur schlechte Nachrichten zu geben schien. Viele Monarchien und die katholische Kirche kämpften um ihr Überleben. In Frankreich wütete bereits der dritte Bürgerkrieg in sechs Jahren, bei dem sich die Hugenotten überlegen zeigten. Und in den Niederlanden folgte auf den Bildersturm von 1566 ein massiver Gegenschlag König Philips II., der Granvelles alten Freund und Verbündeten, den Herzog von Alba, von der Kette ließ. An der Spitze einer Armee spanischer und italienischer Verbände fiel der alte, gichtkranke Feldherr mit großer Härte in die Hochburgen des Kalvinismus ein; die antikatholische Liga wurde rücksichtslos ausgehoben, 12 000 Abtrünnige wurden vor Gericht gestellt und über 1000 hingerichtet.

Es konnte nur eine Frage der Zeit sein, bis Alba und seine katholischen Krieger über die Flüsse gestürmt kamen, um auch die Ketzer im Rheinland – und in Jülich-Kleve – auszulöschen. Die Situation verschlimmerte sich noch, als Herzog Wilhelm V. von Kleve einen Schlaganfall erlitt, der seine linke Seite lähmte.

23

Die Chronologia

Allen Schicksalsschlägen zum Trotz und inmitten einer Zeit der Wirren konzentrierte sich Mercator ganz auf seine Kosmographie. Binnen eines Jahres vollendete er seine Geschichte des Universums und seine neue Weltkarte – eine Karte, die den Planeten für alle Zeiten neu umreißen sollte.

Mit der Chronologie, die Mercator zuerst in Angriff nahm, kehrte er zu einem Thema zurück, das ihn bereits seit den dreißiger Jahren beschäftigt hatte. Damals hatte ihn sein Drang, sich mit der Schöpfung zu befassen, in eine philosophische Sackgasse geführt. Nun sah er sich gezwungen, die Schöpfung nachzuvollziehen, bevor er sich dem Hauptteil der Kosmographie zuwandte.

Die Universalgeschichte stellte den Autor vor Schwierigkeiten, mit denen er sich als Geograph niemals konfrontiert sah. Ein »Ort« existierte in der beobachtbaren Gegenwart, die vergangene »Zeit« hingegen war ein Parameter der Geschichtsschreibung. Geographen entwarfen ihre Koordinaten nach zeitgenössischen Daten; Historiker dagegen leiteten ihre Daten aus selten übereinstimmenden geschichtlichen Dokumenten ab. Die Zusammenstellung einer Datenliste, welche die gesamte Zeit umfasste, warf Probleme der Verifizierung auf. Mercator, der ein Leben lang solch widersprüchliche Quellen wie Ptolemäus, Marco Polo und die Cabotos miteinander in Einklang gebracht hatte, war zwar ein Meister der Synthese, doch selbst ihm fiel es schwer, mit den Lücken und Widersprüchen zurechtzukommen, die der historischen

Zeit innewohnten. Seine Aufgabe erforderte es, die – meist mehrbändigen – Werke von 123 Autoren zu Rate zu ziehen.[1]

Der Kartenmacher musste nicht nur aus einer Reihe ausschnitthafter Geschichtsdarstellungen eine einzige, zusammenhängende Chronologie ableiten – und zwar ohne in Widerspruch zur Heiligen Schrift zu geraten –, er musste auch eine Methode entwickeln, um unterschiedliche Weisen der Zeitmessung miteinander vereinbar zu machen: Die Babylonier zählten die Zeit ab der Herrschaft Nabonassars, die Römer ab der Gründung Roms; und die Griechen maßen die Zeit in Olympiaden ab dem Jahr, in dem Coroebus die Olympischen Spiele gewann. Die christliche Zeitrechnung begann hingegen mit der Geburt Jesu. Eine zusätzliche Komplikation entstand durch die unterschiedlichen Fixpunkte für die Jahreswechsel. Das griechische Jahr fing zur Sommersonnwende an, das hebräische zum Frühlingsäquinoktium und das christliche zu Weihnachten. In den Niederlanden erfolgte der Jahreswechsel allerdings nach dem julianischen Kalender noch zu Ostern.

Mercators Lösung für diese Probleme war genial und beispiellos. Er vereinheitlichte die großen Kalendersysteme und stimmte sie auf eine einzige Chronologie ab, die mit der Erschaffung der Welt in einem Jahr null begann. Als Metapher für diese Methode wählte er das Bild eines Baumes mit einem Stamm und Zweigen. Die ersten Seiten des Werkes waren relativ einfach, denn hier bestand die Chronologie nur aus einer einzigen Spalte, die Mercator aus dem Alten Testament ableitete. Doch schon bald verzweigte sich der Stamm in mehrere Äste. Sechs parallele Kalendersysteme erlaubten es dem Leser, jeden historischen Eintrag nach babylonischer, römischer, hebräischer, griechischer und christlicher Zeitrechnung zu datieren und die Zahl der Jahre seit dem Augenblick der Schöpfung abzulesen.

Die Chronologie fügte sich jedoch keineswegs so nahtlos zusammen, wie Mercator es sich gewünscht hätte. Die Heilige Schrift der Hebräer lieferte Daten für Ereignisse bis zur Herrschaft des babylonischen Königs Nebukadnezar. Ab da wechselte

Mercator zu Ptolemäus' *Almagest* und schloss sich damit dem Astronom Kopernikus an, der die Auffassung vertreten hatte, der babylonische König »Nabonassar« bei Ptolemäus entspreche dem biblischen König »Salmanasser«. Das *Almagest* brachte Mercator bis zum römischen Kaiser Antonius Pius. Ab da stützte er sich auf Daten des italienischen Mönchs und Altertumswissenschaftlers Onofrio Panvini, mit dem er korrespondiert hatte. Einer von mehreren Brüchen entstand durch den Mangel an Information über die Geschichte der Trojaner. Etwas übereilt berief sich Mercator auf eine Quelle, die er selbst als »Fabel«[2] bezeichnete – den bekanntermaßen verrückten Johannes Annius von Viterbo, dessen siebzehnbändige, regelmäßig nachgedruckte *Antiquitates* von 1498 etliche gefälschte Texte und diverse Fragmente vorchristlicher Autoren enthielten.

Mercators Quellen umfassten das gesamte Spektrum geschichtstreuer und theologischer Autoren. Im Gegensatz zu Annius war Johann Sleidan ein moderner, zuverlässiger Historiker, der jedoch im Herbst 1556 bereits in jungen Jahren starb. Er hinterließ eine monumentale Geschichte der Religion, das 940-seitige *Commentariorum de statu religionis et reipublicae, Carolo V. Caesare*. Die Inquisition hatte den höchsten Bann über Sleidan ausgesprochen und ihn in ihrem römischen Index von 1559 in die immer größer werdende Liste der *Auctores quorum libri & scripta omnia prohibentur* aufgenommen. Sleidan war ein Historiker, der Werturteile missbilligte und forderte, dass jedes Ereignis so aufgezeichnet werde, »wie es sich tatsächlich zutrug«.[3] Sein Werk war so nüchtern wie Mercators jüngste Karten. Beide Männer waren von denselben Idealen, von Objektivität und der Suche nach Wahrheit geprägt.

Sleidans Geschichte der religiösen Umwälzung lieferte Mercator den Höhepunkt seiner *Chronologia* – die Abfolge jener Ereignisse, die bald in einem universellen Umbruch gipfeln sollten. Nach 334 Seiten über Könige, Päpste und Finsternisse kam Mercator zum Jahr 1517 und dem Eintrag *»Martinus Lutherus contra Indulgentiarum…«* (Martin Luther gegen den Ablass), der die Umwälzung ausgelöst hatte.

Auf den letzten Seiten der *Chronologia* zeichnete Mercator die dramatische Entwicklung nach – das Berner *colloquium religione* von 1528; die Unterbreitung der *Protestatio* der evangelischen Länder, Fürsten und freien Städte des Kaiserreichs von 1529 und die darauf folgende Entstehung des protestantischen Schmalkaldischen Bundes; den Tod Zwinglis und Luthers sowie Kaiser Karls Verabschiedung des Interimsgesetzes für die Protestanten von 1548. Mercators historische Bilanz der Menschheit gipfelte in der vorapokalyptischen Entweihung der Kirche in »Belgium templis« (dem Bildersturm) im August 1566 und einer Warnung vor der großen Rebellion, die da kommen sollte.

Abgesehen von ein paar Finsternissen, die Mercator in Duisburg beobachtet hatte, folgten keine weiteren Einträge. Also blieb ihm nur noch, mit einem prophetischen Datum zu schließen, dem Jahr 1576, dem *»Initium cycli decemnovalis«* – dem Beginn des zehnjährigen Brachezyklus. Hier verwies Mercator auf seine eigene Vision von der Apokalypse. Er stellte sich keinen Antichristen, keine Sintflut und auch keinen alles verschlingenden Feuerball vor, sondern wie der Prophet Hosea einen Regen der Rechtschaffenheit. Ein Jahrzehnt lang sollte die erschöpfte Erde brachliegen. Nach erfolgter Umkehr (»Nehmt Neuland unter den Pflug! Es ist Zeit, den Herrn zu suchen«) würde – immer nach Hosea – Gott wieder Frieden und Wohlstand bringen (»Ich will ihre Untreue heilen und sie aus lauter Großmut wieder lieben«).[4]

Die *Chronologia* enthielt auch drei Ergänzungskapitel. In einem davon ging Mercator der kontroversen Frage um das geistliche Amt Jesu nach. Um nachzuweisen, dass Jesus nicht, wie allgemein angenommen, drei, sondern vier Jahre lang gepredigt hat, legte er eine weitere Tabelle an, in der er die vier Evangelien verglich. Er versuchte auch, den Zeitraum der Passion Christi zu bestimmen, indem er Sonnenfinsternisse untersuchte.

Mercator wusste, dass er ein Werk verfasst hatte, das als ketzerisch gelten würde. Die *Chronologia*, die auf klassische Werke und verbotene Bücher zurückgriff, richtete sich an Humanisten, die einen Weg zwischen den Extremen suchten. Dass das Buch keinerlei Einträge über Entdeckungsreisen oder mathematische Durchbrüche enthielt, mochte jene befremden, die Mercators Werk kannten. Doch er hatte bewusst darauf verzichtet, eine Geschichte der menschlichen Errungenschaften zusammenzustellen. Die Hauptfiguren seiner Chronologie waren jene, die von Gott mit der Herrschaft über die Welt betraut worden waren – Könige und Päpste. Die einzigen Humanisten aus der Welt der Mathematik, die es verdienten, aufgenommen zu werden, waren Kopernikus und Gemma Frisius, deren Verdienste in der Datierung astronomischer Ereignisse lagen. Indem Mercator zum Schluss auch die in niedrigem Stande geborenen Protagonisten der Kirchenspaltung mit aufnahm, wies er auf die Apokalypse hin.

Für den Schustersohn aus Rupelmonde war dieses Werk auch eine tief persönliche Betrachtung über seine eigenen verlorenen Ideale. Die Monarchen und Minister, die seine weltlichen Führer gewesen waren, hatten ausgedient. Kaiser Karl V. und seine Schwester Maria von Ungarn waren bereits seit 1558 tot. Mercators erster Gönner und Verbündeter im Großen Rat von Mecheln, Frans von Cranevelt, war 1564 gestorben. Granvelle war von König Philip II. nach Rom geschickt worden. Und die Lähmung, die Mercators Herzog Wilhelm von Kleve 1566 ereilte, hatte sich zu einer Demenz entwickelt. Die *Chronologia* war »dem höchst gefeierten Herrn Henricus Oliverius, dem ehrenwerten Kanzler von Kleve« gewidmet.[5] Der betagte Rechtsprofessor, der einst in Köln, Orléans und Bologna studiert hatte, wurde in Mercators Umkreis wegen seiner religiösen Mäßigung geschätzt.

*

Das Buch wurde mit Spannung erwartet. Ghim erinnerte sich, dass der Autor der *Chronologia* »von seinem Drucker und seinen Freunden gedrängt« werden musste, das Buch in Druck zu geben.[6] Dass einem Martin Luther, einem Zwingli und verschiedenen anderen Ketzern der ihnen gebührende Platz in einer gedruckten Weltchronik eingeräumt wurde, muss all jene begeistert haben, die sich bislang auf geheime Geschichtsquellen beschränken mussten. Darüber hinaus stellte die *Chronologia* einen innovativen Versuch dar, die Gesetze der Mathematik auf die Theologie anzuwenden. Mit Mercators peinlich genauer Datierung wurden die Inhalte der Heiligen Schrift gleichsam als historische Tatsachen verifiziert.

Wie viele andere konnte auch Christoph Plantin es kaum erwarten, das Buch in Händen zu halten. Irgendwie beschaffte sich der Antwerpener Drucker bereits im Oktober 1568 einige Exemplare, etliche Monate vor dem Publikationsdatum »1569«, das der Kölner Verleger des Buches auf die Titelseite druckte. Bereits wenige Tage, nachdem die Bücher bei Plantin eingetroffen waren, hatte dieser seine zwölf Exemplare an einen Kunden in Paris verkauft. Weil damit zu rechnen war, dass die *Chronologia* auf den Index verbotener Bücher gesetzt wurde, schien es sinnvoll, sich damit einzudecken, bevor sie von der Inquisition unter die Lupe genommen werden konnte.[7] Bis zum Ende des Jahres 1569 verkaufte Plantin weitere vierundzwanzig Exemplare.

24

Die Mercator-Projektion

Auf die genaue Darstellung der Zeit folgte die exakte Definition des Begriffes »Ort«. Dabei befasste sich Mercator mit dem größten kartographischen Rätsel seiner Zeit: Wie lässt sich der Kurs eines Schiffes, das einer konstanten Kompasspeilung folgt, als gerade Linie auf einer Karte verzeichnen, die auf einem Gitternetz aus Längen- und Breitengraden aufgebaut ist? Auf dem Meer nahm solch ein Kurs die Form einer stetigen Kurve an. Der Kompass strebte immer danach, einen gleich bleibenden Winkel zu den gedachten Meridianen beizubehalten, die zum Magnetpol im Norden verliefen. Da aber diese Meridiane nicht parallel waren, sondern zusammenliefen, beschrieb eine konstante Kompasspeilung – wenn sie lange genug beibehalten wurde – eine leicht gewundene Linie auf der Oberfläche der Erde. Bereits 1541 hatte Mercator auf die Eigenschaften dieser gekrümmten Linien, der so genannten Loxodromen, hingewiesen, indem er sie als Erster auf einem Globus verzeichnet hatte.

Wenn sich diese Loxodromen begradigen und auf einer Karte mit einem Netz von Längen- und Breitengraden einzeichnen ließen, so würde dies die Navigationstechniken der Seeleute revolutionieren. Ein Seemann, der zwischen zwei bekannten Punkten an den entgegengesetzten Küsten eines bestimmten Ozeans hin- und hersegeln wollte, pflegte ein Lineal an diese beiden Punkte anzulegen und den Winkel zwischen dem Lineal und einem beliebigen kreuzenden Meridian zu messen. Dieser Winkel gab die konstante Kompasspeilung an, der er folgen musste, um vom einen zum anderen Punkt zu gelangen. Im Grunde war dieser Kurs jedoch nicht die kürzeste Strecke, denn in Wirklichkeit bildete er eine Kurve, doch bislang hatte niemand eine Methode entwickelt, nach der man auf einem »großen Kreiskurs« segeln konnte, was eine fortwährende Änderung der Richtung erforderte.

Mercator war nie auf See gewesen. Sein Wunsch, eine Kartenprojektion mit begradigten Loxodromen zu entwickeln, entsprang seinen jahrzehntelangen Studien widersprüchlicher Karten. Weil die Seeleute ihre Kurse bei konstanten Kompasspeilungen nicht als gerade Linien auf Karten mit Netzen aus Breiten- und Längengraden einzeichnen konnten, ließen sich ihre Reiseaufzeichnungen nicht genau in die Projektionen integrieren, wie die Kartographen sie verwendeten. Eine Projektion mit geradlinigen Loxodromen sollte es Seeleuten und Kartographen erstmals ermöglichen, von denselben Karten auszugehen. Mercators neue Projektion sollte auf einzigartige Weise die Geographie dreidimensionaler Globen und zweidimensionaler Karten aufeinander abstimmen.

*

Mit der Widersprüchlichkeit der Karten hatte Mercator sich seit seiner Anfangszeit als Kartograph herumgeplagt. »Immer wieder musste ich mich beim Betrachten der Seekarten darüber wundern«, hatte er einmal seinem Freund Antoine Perronet geschrieben, »dass die Schiffskurse, auch bei genau abgemessener Distanz der Orte, einmal den Breitenunterschied größer, dann wieder kleiner machten, als er tatsächlich ist, und dann oft wieder mit dem richtigen Breitenunterschied der fraglichen Punkte übereinstimmten. Darüber beunruhigt, sah ich ein, wie wenig die Seekarten, von denen ich mir eine wesentliche Hilfe für die Korrektur geographischer Irrtümer erhoffte, in der Lage waren, mir zu helfen. So fing ich an, diesen Mängeln auf den Grund zu gehen, und fand bei meinen Forschungen, dass wir solche Fehler bislang nur deshalb hinnehmen mussten, weil wir zu wenig über die besondere Eigenart des Magneten wissen.«[1] Das war 1546 gewesen. Seine neue Projektionsmethode hatte ihn also über mindestens zwanzig Jahre beschäftigt.

Zu der eigentlichen Entdeckung kam es wahrscheinlich, als Mercator wieder einmal einen Satz von Keilstücken für seinen nach wie vor populären Erdglobus herstellte. Dabei kann wohl angenommen werden, dass Mercator die ähnliche Projektion, die der Nürnberger Kompassmacher Erhard Etzlaub sechzig Jahre zuvor entwickelt hatte, nicht kannte.[2] Während die Abbildungen der Erdteile auf seinem Arbeitstisch flach vor ihm ausgebreitet lagen, bevor sie auf die Kugel geklebt wurden, müssen die Längenkreise auf den Keilstücken als durchgehende parallele Linien erschienen sein. Die Breitenkreise und Loxodromen, die aufgrund der Abschnitte der Keile unterbrochen waren, erschienen dagegen als diskontinuierliche Kurven.

Dies war vielleicht der – nur einmal im Leben eintretende – Augenblick der Erkenntnis, als zwei vertraute Muster plötzlich zu einer einzigen, allgemein gültigen Wahrheit verschmolzen: Wenn auch die Breitenkreise begradigt und weiter auseinander gezogen wurden, mussten auch die Loxodromen sich begradigen. Knifflig war nur die Frage, wie weit die Breitenkreise auseinander gezogen werden mussten. Darauf lieferten die Keile, die auf dem Tisch ausgebreitet lagen, bereits die Antwort. Da sich jeder Keil zum Pol hin stufenweise verjüngte, folgte, dass auch die Breitenkreise in progressiven Abständen eingeteilt werden mussten. Einige Versuche mit der Schere dürften den empirischen Beweis erbracht haben. Das Ergebnis, frohlockte Mercator, stimmte »so vollkommen mit dem Quadrieren des Kreises« überein, »dass nichts ... zu fehlen schien, außer einem formalen Beweis«.[3]

Als die Parallelen korrekt angeordnet waren, hatte Mercator die Projektion vor sich, die so vielen Kartographen so lange nicht eingefallen war. Breitenkreise, Längenkreise und Loxodromen wurden zu einem geradlinigen Dreigestirn ausgerichtet. Mercator hatte ein unabänderliches System für das Zeichnen von Weltkarten niedergelegt, das sich als ebenso zeitlos erweisen sollte wie die Planetentheorie des Kopernikus. Indem er das Wesen des Räumlichen zu ergründen suchte, war er zum Vater der modernen Kartographie geworden. Noch heute ist die »Mercator-Projektion« ein nicht nur jedem Geographen geläufiger Begriff, der in jedem Lexikon zu finden ist.

*

Mercators Projektion erschien 1569 in Form einer Wandkarte der Welt, der er den Titel gab: »Neue und erweiterte Darstellung der Welt, zum Gebrauch für die Schifffahrt verbessert und eingerichtet.«[4] Sein verdutzter Nachbar Walter Ghim hielt sechsundzwanzig Jahre später lediglich fest, dass der Kartograph begonnen hatte, »Gelehrten, Reisenden und Seefahrern… eine höchst akkurate Beschreibung der Welt in großem Format vorzulegen, indem er den Globus mit Hilfe eines neuen und praktischen Kunstgriffs auf eine plane Oberfläche projizierte«.[5]

Die Karte bestand aus achtzehn separaten Blättern und war damit die größte, die Mercator je gefertigt hatte.[6] Die Dichte der Details, die präzise Beschriftung, die zahlreichen Legenden und der symmetrische Aufbau der riesigen Karte bildeten eine kartographische Sensation. Die abgebildete Geographie war dagegen recht absonderlich.

Statt des relativ schmalen Kontinents, den Ortelius nur fünf Jahr zuvor abgebildet hatte, war Nordamerika nun ein aufgeblähter Koloss, der beinahe die Hälfte der nördlichen Hemisphäre einnahm. Und auch mit den Polen war Mercator recht eigenartig verfahren. Er schien zur Sicht des Ptolemäus zurückgekehrt zu sein und hatte polare Landmassen geschaffen, die sich über die volle Breite der Karte erstreckten und selbst den Breitenumfang Nordamerikas klein erscheinen ließen. Dass dieses Werk einiges an Erklärungen erforderte, bezeugten die eingerahmten Legenden, von denen es nicht weniger als fünfzehn gab.

Das Feld, in dem der Zweck der Karte erläutert wurde, füllte die riesige unerforschte Fläche Nordamerikas aus. Darin skizzierte Mercator seine Absicht, »die Oberfläche der Kugel in einer Weise auf eine plane Ebene auszubreiten, dass die Positionen von Orten auf allen Seiten miteinander übereinstimmen, sowohl in Bezug auf die wahre Richtung und Entfernung als auch hinsichtlich der korrekten Längen und Breiten«. Um jeder Skepsis zu begegnen, versicherte er den Lesern, »dass die Formen der Teile, so weit es möglich ist, so beibehalten sind, wie sie auf der Kugel erscheinen«.[7]

Die Leser, die auch nach der Lektüre der gesamten, 750 Worte umfassenden Legende nicht schlauer waren, konnten sich nur wieder der Karte zuwenden, deren Gitternetz plastisch veranschaulichte, wie und warum sich die Gestalt der Erde ein für alle Mal geändert hatte. Aufgrund eines mathematischen Tricks waren weder die Breitenkreise noch die Längenkreise gekrümmt. Die gesamte zweidimensionale Oberfläche des Planeten war in symmetrische Rechtecke aufgeteilt. Und irgendwie war es Mercator auch gelungen, die spiralförmigen Loxodromen seines Globus zu begradigen.

Mercators einzige bisherige Weltkarte hatte die Form gespiegelter Herzen gehabt; jene Projektion hatte Land und Meer so gravierend durchtrennt und verzerrt, dass sich die geographischen Details kaum deuten ließen. Bei der neuen Projektion gab es keine geographischen Unterbrechungen, doch die zunehmende Verzerrung zu den Polen hin forderte es dem Leser ab, einen elastischen Maßstab einzukalkulieren.

*

Eine Karte von dieser Größe und mathematischer Differenziertheit konnte nur die präziseste Beschreibung der Welt darstellen. In einer weiteren Bemühung, sein mathematisches Modell zu verfeinern, hatte Mercator den Nullmeridian, der beim alten Ptolemäus durch die Kanarischen Inseln lief, weiter nach Westen verschoben – auf eine Linie, an der, wie er glaubte, die magnetische Abweichung gleich null war. Die Entscheidung, den Nullmeridian zu den Kapverdischen Inseln zu verlegen, stützte sich auf Informationen eines »erfahrenen Kapitäns« aus Dieppe, der berichtet hatte, dass sein Kompass bei diesen Inseln »exakt« nach Norden gezeigt habe. Dieser Angabe widersprachen indes Aussagen anderer Seefahrer, die eine Nullabweichung bei Corvo auf den Azoren registriert hatten. Weil Mercator keine potenziell nützliche Information unterschlagen konnte, selbst wenn dies auf Kosten der Klarheit ging, erklärte er in einer der Kartenlegenden, dass es in Wahrheit *zwei* Magnetpole gebe, einen auf einem Felsen im Polarmeer nördlich der Anianstraße (am Endpunkt des Kap-Verde-Meridians) und einen weiteren auf einer Insel weiter nordwestlich (am Endpunkt des Corvo-Meridians). Mercator glaubte, dass der eigentliche Magnetpol zwischen den beiden Polarinseln liegen müsse.

Bei der Erstellung dieser neuen Weltkarte hatte sich Mercator erstmals seit drei Jahrzehnten wieder mit der Geographie des gesamten Globus befasst. Und wie bereits bei der Arbeit an seiner *Chronologia* ging es ihm auch hier darum, widersprüchliche Quellen miteinander in Einklang zu bringen. Seine Kartographie gründete auf der Überzeugung, dass die Wahrheit in der universellen Harmonie zu finden sei – dass er die wahre geographische Form der Welt entdecken könne, indem er alle verfügbaren Quellen aufeinander abstimmte. Solch ein Ansatz erforderte jedoch immer umfangreichere Recherchen. Da opportunistische Verleger unentwegt neue und neu entdeckte Reiseerzählungen und Karten zusammenschnürten, wurde es immer komplizierter, all dieses Material zu einem einzigen, einheitlichen Bild der Welt zu vereinen. Und Mercators Ehrfurcht vor den klassischen Autoritäten bedingte zusätzliche Unstimmigkeiten.

Immerhin konnte er die Umrisse Europas und Afrikas mit einem gewissen Maß an Verlässlichkeit zeichnen, doch die Westküste Amerikas und die Ostküste Asiens waren nach wie vor höchst unterschiedlich auslegbar. Und die antarktische Landmasse musste erst noch erforscht werden. »Magellanica« konnte indes warten. Weitaus dringlicher war eine definitive Beschreibung der arktischen Küsten, die möglicherweise eine Abkürzung auf dem Weg nach Ostindien und zu den Gewürzinseln eröffneten.

In Bezug auf die Arktis hatte sich Mercator nie zu einer endgültigen Sichtweise durchringen können. Bei seiner ersten Weltkarte von 1538 war er Gemma gefolgt und hatte eine nördliche Verlängerung Asiens gezeichnet, die den Nordpol bedeckte. Drei Jahre später, bei seinem Erdglobus von 1541, existierte die arktische Landmasse zwar noch, doch diesmal war sie nicht mit Asien, sondern mit Nordamerika verbunden. Dies hatte erhebliche Auswirkungen für Seeleute, die einen Seeweg nach Indien suchten. Auf Mercators erster Karte hatte es eine Nordwestpassage nach Ostindien und zu den Molukken gegeben, aber keine Nordostpassage; und auf seinem Globus gab es dann eine Nordostpassage, aber keine Nordwestpassage. Seine neue Weltkarte wies nun eine Nordostpassage *und* eine Nordwestpassage auf. Dieser letzte Standpunkt entsprach einer Überzeugung, die Mercator lange Zeit unterdrückt hatte und die vielleicht den letzten Rest eines habsburgischen Traums bewahren sollte, einen kürzeren Seeweg nach China und Indien zu erschließen.

Die Zweifel, die Mercator in Bezug auf das wahre Wesen der arktischen Gefilde hegte, lassen sich aus seiner kartographischen Unschlüssigkeit eindeutig ablesen. Er wusste auch, dass seine Auffassung des arktischen Pols als einer Erweiterung Asiens oder Amerikas nicht allgemein anerkannt war. Bereits 1492 hatte Behaim auf seinem Globus den Nordpol als ein von Inseln umgebenes Meer dargestellt. Fünfzehn Jahre später war in der Ptolemäus-Ausgabe von Rom Ruyschs revolutionäre Karte erschienen, die ein von vier Inseln umgebenes nördliches Polarmeer zeigte – eine Darstellung, die der Franzose Oronce Finé entwickelt hatte.

Doch die Zeit drängte. Mercator brauchte für seine große Kosmographie eine gesicherte Arktis. Viele warteten ungeduldig auf seine Entscheidung, vor allem die Engländer und Ortelius, der die

Seefahrer seit geraumer Zeit gedrängt hatte, den Norden weiter zu erkunden. Weil die Engländer nicht nach Norden vorgestoßen und mit neuen Koordinaten zurückgekehrt waren, war Mercator nun auf Quellen angewiesen, die er als zweifelhaft angesehen haben musste. Zwei dieser Quellen waren aufgetaucht, nachdem der Globus von 1541 erschienen war; beides waren ältere Dokumente, die durch Aktualisierungen den Anschein der Neuheit erweckten.

Die dreibändige Sammlung von Reiseberichten und Karten mit dem Titel *Delle Navigationi et Viaggi* war zwischen 1550 und 1559 von dem venezianischen Verleger Giovanni Battista Ramusio veröffentlicht worden. Mercator besaß die Bände.[8] Zu den geographischen Raritäten, die Ramusio sammelte, zählte Material aus einem Buch des Venezianers Nicolò Zeno. Dieser schilderte in seinen *Commentarii*, wie zwei seiner Vorfahren – zwei Brüder, die venezianische Reeder gewesen waren – Ende des 13. Jahrhunderts an den Küsten von Island und Grönland entlanggesegelt waren und in ihren Briefen in die Heimat von ihren Strapazen und Beobachtungen berichtet hatten. Zenos Buch enthielt auch eine Navigationskarte. Diese Karte offenbarte erstaunliche neue Fakten über die Arktis: Am nördlichen Ende Europas lag die Halbinsel Grönland mit einem Kloster, das die Brüder Zeno eingehend beschrieben; und zwei Küstenabschnitte, die als »Estotiland« und »Drogeo« bezeichnet wurden, verwiesen auf eine bisher unbekannte Landmasse westlich von drei neuen Inseln – »Frisland«, »Estland« und »Icaria« – zwischen Island und Schottland.

Nicolò Zeno wurde ein berühmter Kartograph, und seine arktischen Enthüllungen wurden alsbald in den venezianischen Ausgaben der *Geographike* des Ptolemäus übernommen. Für Mercator war dies Bestätigung genug. Er hatte die jüngste Ausgabe von Moletius aus dem Jahre 1562 gesehen, und die darin enthaltene Aussage, Zeno sei ein Kenner der Geschichte und der Geographie, genügte, um ihn von der Glaubwürdigkeit des Venezianers zu überzeugen.[9]

Das neue Grönland Zenos wurde durch eine weitere Quelle ergänzt. Bereits seit einiger Zeit wusste Mercator um einen Reisebericht, der neues Licht auf die dunklen Gefilde der Arktis warf.[10] Der Verfasser war ein gewisser Jacob Cnoyen. Laut Mercator stammten »die meisten und die besten Informationen« in dessen Bericht jedoch »von einem Priester, der im Jahr des Herrn 1364 dem König von Norwegen diente«.[11] Die geographische Darstellung des Priesters, die Cnoyen wiedergab, wies erstaunliche Ähnlichkeiten mit der Arktis-Beschreibung auf, die Ruysch in der Ptolemäus-Ausgabe von 1507 präsentiert hatte.

Mercator, der es durchaus gewohnt war, den Wahrheitsgehalt alter Quellen zu prüfen, hätte Cnoyen eigentlich mit gewisser Skepsis begegnen müssen. Indem Mercator dessen Darstellung übernahm, vertraute er auf einen so gut wie unbekannten, zweihundert Jahre alten Bericht eines mysteriösen Reisenden. Selbst wenn ihm diese zweifelhafte Beleglage Unbehagen bereitete, so war die Verlockung doch zu groß. Cnoyen sorgte für urkundliche Argumente, die Mercators Arktis vervollständigten. Und er lieferte die Neuigkeit, die das seefahrende Volk – insbesondere die Engländer – am sehnlichsten vernehmen wollten: Es existierte sowohl eine Nordostpassage als auch eine Nordwestpassage.

Indem Mercator seine bisher angenommene polare Landmasse gegen Cnoyens Darstellung austauschte, schuf er eine weitaus detailliertere Beschreibung einer insularen Polarregion, als man sie von Behaims Globus beziehungsweise von den Karten Ruyschs und Finés kannte. Mercators neue Karte zeigte also vier Inseln, die in einem Kreis um den Pol lagen. Am südlichen Rand jeder Insel hatte er einen Saum von Bergen eingezeichnet. Zwischen den Inseln erstreckten sich schmale Bänder von Meerwasser, die nach Norden strömten und die Cnoyen als »saugende Seen« bezeichnet hatte. Zwei der Inseln waren bewohnt. Neben die Insel, die Norwegen am nächsten lag, setzte Mercator eine Legende, in der es hieß: »Hier leben Pygmäen, die insgesamt vier Fuß groß sind und die in Grönland auch Skrelinger genannt werden.« Die Nachbarinsel im Westen war seinen Worten nach »die beste und gesündeste im gesamten Septentrion«. Innerhalb des Rings aus vier Inseln lag das annähernd kreisrunde Polarmeer, in dem sich die »saugenden Seen« sammelten, bevor sie »ins Innere der Erde eingesaugt« wurden.[12] Der Ort dieses kosmischen Abflusslochs wurde durch einen großen Felsberg mit einem Durchmesser von dreiunddreißig Meilen am Pol markiert.

Weil die neue Projektion eine extreme Verzerrung in den äußeren Breiten verursachte, zeichnete Mercator die Arktis in einem eigenen Feld. Dies war der einzige Einsatz auf der gesamten Karte, und diese besondere Hervorhebung verlieh dieser definitiven Darstellung der nördlichen Seewege noch zusätzliches Gewicht. Wer die Karte bewunderte, konnte jedoch nicht übersehen, dass der Karteneinsatz noch einen anderen Zweck erfüllte. Während die Weltkarte insgesamt jedes geordnete Muster zu entbehren schien, bestach der Einsatz mit dem Polargebiet durch eine wunderschöne, fast überirdische Symmetrie. Die vier Inseln waren ungefähr gleich groß und gleich weit von dem zentralen Polarberg entfernt. Die Randgebirge säumten die Südküsten der Inseln und bildeten somit einen Ring um den Pol. Die breiteste der vier »saugenden Seen« war annähernd auf den Nullmeridian ausgerichtet.

Mit ihrem Quartett von Meeresströmen und Ringwällen wies Mercators Polarregion eine merkwürdige Ähnlichkeit mit dem Paradies auf, das den Rechtschaffenen nach dem Tode verheißen ward. So wie der Verstand bestätigte, dass Mercators Weltkarte ein mathematisches Wunderwerk war, so begriff das Herz den eingesetzten Kartenausschnitt als den Ort, der kein irdisches Leid kannte.

25

Der Freund und Konkurrent

Mercator hatte sich mit seiner Projektion unsterblich gemacht. Doch nur wenige seiner Zeitgenossen verstanden ihren Zweck. Das riesige Wandkartenformat und die zahlreichen lateinischen Legenden beschränkten die Verbreitung der Karte auf einen kleinen Kreis wohlhabender Humanisten mit hohen Räumen. Der greifbarere Teil seines Lebenswerks sollten die Elemente seiner großen Kosmographie sein. Seine Chronologie und seine Projektion bildeten dazu lediglich den Auftakt und lieferten das zeitliche und räumliche Gerüst.

Mercator war indes siebenundfünfzig. Er wusste, dass sein letzter Feind die Zeit selbst war. Als Nächstes sollte daher der kartographische Teil der Kosmographie folgen, die Darstellung von Land und Meer, bestehend aus zwei Abteilungen. In der ersten Abteilung würde die Welt so beschrieben werden, wie sie den Alten bekannt war. Zu diesem Zweck plante er *die* definitive Ausgabe der *Geographike* von Ptolemäus. Für den zweiten Teil hatte er die Herausgabe einer Serie moderner Karten vorgesehen, die den gesamten Planeten beschrieben. Wahrscheinlich begann er um 1570, sein Vorhaben in die Tat umzusetzen.[1]

Obgleich Karten für Mercator nichts Neues waren, wagte er sich hier doch auf neues Terrain vor. Bisher waren seine kartographischen Arbeiten eher sporadisch und unsystematisch gewesen. In ungefähr dreißig Jahren hatte Mercator weniger als zehn Karten gefertigt. Nun, als er auf die Sechzig zuging, plante er, weit über hundert Karten herzustellen, und zwar in zwei systematischen Reihen – einer ptolemäischen und einer modernen.

*

Ptolemäus kam natürlich zuerst. Seine Mondbeobachtungen waren in Mercators *Chronologia* auf derselben Seite erschienen wie die Kreuzigung Christi. Christus und Ptolemäus gehörten demselben Jahrhundert an. Die Geographie des christlichen Zeitalters begann mit Ptolemäus. Der alte Ägypter hatte das Fundament für die moderne Geographie gelegt, und Mercator hatte sein Leben lang im Schatten des Mannes aus Alexandria gestanden.

Der erfahrene Kartenmacher war sich mehr als manch anderer darüber im Klaren, dass Ptolemäus' *Geographike* aufgrund der Überlieferung durch die Jahrhunderte zahlreiche Veränderungen und Verfälschungen erfahren hatte, sodass »in dem gesamten Werk kein einziger Teil ist, der nicht vor Fehlern strotzt«. Ptolemäus' endlose Listen von Zahlen und Koordinaten waren immer für Übertragungsfehler anfällig gewesen, und auch die fremdartig klingenden Namen von Orten und Personen hatten zu Missverständnissen geführt. Weitere Fehler waren entstanden, indem der Text des Ptolemäus als Grundlage für neue Kartenausgaben verwendet wurde und – umgekehrt – aufgrund der Karten existierende Texte »korrigiert« wurden. Diese Diskrepanzen, meinte Mercator, hatten Ptolemäus unglaubwürdig gemacht: »Zutiefst besorgt über diesen Missbrauch jenes berühmten alten Meisters«, hielt er es für »notwendig, die uralte Geographie des Ptolemäus wiederherzustellen, die seit den Anfängen dieser Kunst überliefert wurde, und sie so weit wie möglich dem Geist des Autors folgend wiederzugeben«.[2]

Mercators *Geographike*-Ausgabe sollte eine exakte historische Quelle sein, ein Kompendium des geographischen Wissens, über das die ersten Christen verfügten. Und sie war als Akt der eigenen Emanzipation zu verstehen: Nur indem er eine angemessene

Grabschrift für den alten Meister schuf, konnte er aus dessen Schatten heraustreten und frei voranschreiten.

Anfangs konzentrierte er sich darauf, von den siebenundzwanzig Karten des Ptolemäus authentische Versionen wiederherzustellen; dazu zählten die »Universalis tabula«, welche die damals bekannte Welt beschrieb, die zehn Karten Europas, die vier Karten Afrikas und die zwölf Karten Asiens. Die Aufgabe war beängstigend, wenn auch vertraut. Wieder einmal versuchte Mercator, Faktisches und Erfundenes miteinander in Einklang zu bringen. »Die größte Schwierigkeit besteht darin, Original und Fälschung auseinander zu halten«, schrieb er. »Man findet keine zwei Ausgaben dieses berühmten Werks, die in jeder Hinsicht identisch sind.« Die Lösung bestand darin, die im Laufe der Zeit angesammelten Sedimente wegzukratzen. »Um diese Aufgabe zu erfüllen, hat man es für notwendig erkannt, die verschiedenen Ausgaben des Werks von Ptolemäus und die Originale verschiedener Manuskripte, die verfügbar sind, miteinander zu vergleichen.« Durch einen Vergleich »der vielen unterschiedlichen Ableitungen von einer Quelle gelangt man zu einer gesicherteren, überlegteren und gültigeren Bestimmung jener Primärquelle«.[3]

Mercator hatte gar nicht so viele Versionen der *Geographike*, auf die er sich stützen konnte, als er sich vielleicht gewünscht hätte. Er hatte Zugang zu drei gedruckten Ausgaben – der von Rom von 1490, der von Lyon von 1535 und der von Venedig von 1562, Letztere in der Übersetzung Pirckheimers. Neben diesen drei Ausgaben, die auch die Karten von Ptolemäus enthielten, verfügte Mercator auch über zwei Fassungen, die nur den Text wiedergaben – eine gedruckte lateinische Ausgabe, die 1540 in Köln erschienen war, und eine Handschrift, die mehr als einhundert Jahre zuvor von Nicolaus Cusanus in Auftrag gegeben worden war. Diese lieh er sich vom neuen Kurfürsten und Erzbischof von Trier, Jacob von Eltz, für den Arnold Mercator kurz zuvor die obere Mosel mittels Triangulation vermessen hatte.

Mercator hatte seine fünf Hauptquellen mit Bedacht gewählt. Da Cusanus dem Papst nahe gestanden hatte, konnte Mercator davon ausgehen, dass dessen Manuskript von einer *Geographike*-Ausgabe in der Vatikanischen Bibliothek abgeschrieben worden war. Und die gedruckte römische Ausgabe, die ihm ein Bekannter aus Köln geliehen oder geschenkt hatte, war anscheinend nach einem griechischen Manuskript berichtigt worden. Die Lyoner Ausgabe von 1535 hatte ebenfalls einen viel versprechenden Hintergrund; sie war sorgfältig nach griechischen Manuskripten korrigiert worden, und zwar von dem radikalen spanischen Humanisten Michael Servetus, von dem Mercator wusste, dass er zwanzig Jahre zuvor als Ketzer verbrannt worden war.[4] Die dritte und jüngste gedruckte Ptolemäus-Ausgabe, die Mercator verwendete, hatte Josephus Moletius in Venedig revidiert und mit Anmerkungen herausgebracht. Mit ihren 64 Kupferstichkarten und in Pirckheimers Übersetzung war dies eine besonders stattliche Ausgabe. Weniger zuverlässig war Johannes Noviomagus' Kölner Ausgabe von 1540, deren Koordinatenlisten die größten Abweichungen von der ptolemäischen Norm aufzuweisen schienen.

*

Mercators Vorhaben war also gut vorbereitet. Doch wieder einmal irrte er sich in der Dauer der Umsetzung, denn für das Abgleichen der ptolemäischen Koordinaten und das Zusammenstellen der siebenundzwanzig ptolemäischen Karten sollte er viel länger brauchen, als er erwartet hatte. Fast zehn Jahre lang brütete er über seinen antiken Quellen. In dieser Dekade entwickelte sich der Markt für moderne Karten ohne ihn. Schlimmer noch: Gerade als er sein riesiges Kartenprogramm in Angriff nahm, gingen die Verkaufszahlen seiner früheren Karten zurück, vor allem im Vergleich zu den erfolgreichen fünf Jahren zwischen September 1564 und September 1569, in denen Bestellungen für 644 Karten und 22 Globenpaare eingegangen waren.[5] Die Verkaufszahlen ließen einen Einkommensrückgang für die Zukunft befürchten. Selbst die Weltkarte mit der neuen Projektion versprach keine nennenswerten Einnahmen über einen Zeitraum von drei oder vier Jahren

Der Antwerpener Drucker Christoph Plantin (1514–89).

hinaus. Der Antwerpener Drucker Plantin hatte bis Dezember 1569 immerhin 41 Exemplare verkauft; im gesamten Jahr 1570 setzte er noch 39 Exemplare ab, doch 1571 waren es nur noch 30 und 1572 ganze 10.

Während Mercator im Abseits stand, machten clevere Verleger, Händler und andere Kartographen das Geschäft. Führend im Feld war Abraham Ortelius. Er verfügte über eng verzweigte Kontakte von Lissabon bis London und Bologna. Im Gegensatz zu Mercator war Ortelius ständig auf Reisen, vor allem nach Paris und Italien, und er besuchte regelmäßig Frankfurt. Der einstige Münzsammler hatte sich inzwischen zum Kartographen entwickelt. Seinen Einstand auf dem Gebiet der Kartographie hatte er mit einer riesigen Wandkarte der Welt gemacht, die mit ihrer herzförmigen Projektion eine große Ähnlichkeit mit der Geographie auf Mercators Globus aufwies. Ortelius reduzierte Mercators arktische Landmasse deutlich und ließ sowohl die Nordost- als auch die Nordwestpassage offen.

Ortelius und Plantin bildeten schon bald ein Zentrum der Herstellung und des Vertriebs von Karten. Plantin verkaufte Karten und Globen an Buchhändler in Spanien und Italien sowie in England, Deutschland und Frankreich. Bei den Frankfurter Buchmessen fanden Käufer die neuesten Karten von Rom, Venedig und Bologna, Afrikakarten von Forlani, Englandkarten von Lily oder van Deventers Karte von Brabant. Es gab sogar einen Messekatalog, in dem Neuerscheinungen verzeichnet waren. Aus der Bestandsliste des Augsburger Buchhändlers Georg Willer entwickelte sich 1564 ein offizieller Messekatalog mit einem eigenen Abschnitt für Karten. Bereits um 1570 führte Willer so viele Karten auf, dass er spezielle Rubriken für Wandkarten, für Karten von venezianischen Verlegern und für historische, astronomische und militärische Karten anlegte. Es entwickelte sich ein systematischer Markt für Karten. Sie waren alphabetisch nach Regionen geordnet und mit einem Hinweis auf den Autor, den Zeichner oder den Drucker versehen. Somit konnte regelmäßig in Augenschein genommen werden, was die Kartographenzunft hervorbrachte. Kartenmacher und Verleger konnten nun leichter überblicken, was bereits kartographisch erfasst war.

Der Kartenboom brachte auch den systematischen Sammler hervor. Doch nur wenige konnten hoffen, mit der außergewöhnlichen Kollektion des regelrecht besessenen Vigius van Aytta mitzuhalten, der ungefähr zweihundert Karten besaß.[6]

Während Mercator noch still und emsig Material für seine Karten zusammentrug, schickte sich sein Freund Ortelius an, die nächste Generation räumlicher Darstellungen hervorzubringen – eine neue Methode, den Planeten abzubilden, die eine Alternative oder vielleicht sogar einen Ersatz für Wandkarten und Globen darstellen sollte. Denn für den geschäftstüchtigen Ortelius stand die Frage des praktischen Gebrauchs im Vordergrund: »Jene großen geographischen Karten, die gefaltet oder gerollt werden, sind gar nicht so zweckdienlich und lassen sich gar nicht so leicht betrachten, wenn vielleicht etwas darauf gelesen werden soll. Und wer sie alle geordnet an eine Wand hängen will, der braucht nicht nur ein sehr großes und weiträumiges Haus, sondern sogar eine fürstliche Galerie.«[7]

Mercator wie Ortelius arbeiteten auf dasselbe Ziel hin. Doch während sein Freund und Konkurrent sich von der praktischen Intention leiten ließ, die faltbare Karte zu ersetzen, verfolgte Mercator seinen Traum, eine Methode zur zweidimensionalen Darstellung des dreidimensionalen Raums zu entwickeln, bei der die »Naturtreue« eines Globus und die Detailtreue einer Karte beibehalten wurden.[8]

Und beide fanden weitgehend dieselbe Lösung – eine einheitliche Sammlung moderner Karten. Gebundene Bände mit Karten hatte es natürlich bereits seit Ptolemäus' *Geographike* gegeben, aber niemand hatte sich die Mühe gemacht, nach einem einheitlichen Muster einen methodisch ausgewählten Bestand an modernen Karten zu stechen und zusammen zu verkaufen.

Durch die Auswahl und Verdichtung geographischer Daten sollten nun die Regionen der Welt in einem Format dargestellt werden, das mühelos gehandhabt werden konnte und in kürzester Zeit Zugriff auf jeden beliebigen Teil der Welt ermöglichte. Das Grundprinzip dieses Projekts war die Verkleinerung. Ortelius wollte ein zweckmäßiges und unentbehrliches Kartenbuch auf den Markt bringen, für das jeder Student Platz in seiner Bibliothek fand.

Die beiden Kartographen gingen indes völlig unterschiedlich vor. Ortelius wusste, dass er solch ein Produkt herstellen konnte, indem er einen Kupferstecher beauftragte, in verkleinertem Maßstab eine Auswahl von Werken anderer Kartographen zu kopieren, die er dann in einer logischen Reihenfolge zu einem Buch zusammenbinden ließ. Mercators puristischer Ansatz hingegen erforderte es, dass er allein das Material für seine Karten recherchierte, die er selbst (oder seine Söhne) dann stachen. Im Jahre 1570 war Ortelius mit seiner Methode dem alten Freund um mehr als ein Jahrzehnt voraus.

Ortelius' *Theatrum Orbis Terrarum* (Theater der Erdkugel) erschien am 20. Mai 1570 in Antwerpen, nur neun Monate nachdem Mercators neue Projektion in Duisburg von der Presse ging. Zur Überraschung der Leser, die mit der traditionellen Darstellung

Abraham Ortelius (1527–98), Mercators Freund – und Konkurrent.

der drei Kontinente in Gestalt dreier menschlicher Figuren auf der Titelseite vertraut waren, zierten zwei weitere Gestalten das Blatt: eine nackte Wilde, die Amerika verkörperte, und eine weibliche Büste, die »Magellanica« beziehungsweise »Terra Australis« repräsentierte und deren Hände und Füße gestutzt waren, »weil sie kaum bekannt ist«.[9]

Mit ptolemäischem Sinn für Ordnung stellte Ortelius eine Weltkarte an den Beginn seiner Sammlung; es folgten Karten der vier großen Erdteile Europa, Asien, Afrika und Amerika. Nach diesen Überblicken kamen Karten kleinerer geographischer und politischer Räume, von Britannien, Spanien, Portugal und Frankreich bis hinüber nach Russland, Persien, Palästina und »Barbaria«. Der Kupferstich – den weitgehend Frans Hogenberg besorgt hatte – war ansprechend, und das Folioformat bewirkte ein harmonisches Gleichgewicht zwischen Handlichkeit und Klarheit. Ortelius fügte den Blättern auch einen *catalogus auctorum tabularum* bei – ein Verzeichnis der siebenundachtzig Kartographen, die er als Quellen benutzt hatte. Zusammen mit seinem rheinländischen Nachbarn Sgrooten wies Mercator den längsten Eintrag auf und wurde auch in der Einleitung zu der Weltkarte lobend erwähnt. Für Ortelius war Gerhard Mercator »der beste Geograph unserer Zeit«.

Das *Theatrum* wurde mit Beifallsstürmen bedacht. So schrieb der Leibarzt Kaiser Maximilians, Johannes Crato von Krafftheim, aus Speyer an Ortelius und sprach von der »Erleichterung«, die ihm das *Theatrum* von seinen »bedrückenden Sorgen und Mühen bei Hofe« verschafft habe – was durchaus verständlich war, zumal zu jenen Sorgen auch des Kaisers Hämorrhoiden zählten. Die Karten zeigten solch lindernde Wirkung, dass Crato das *Theatrum* »gleich nach dessen Empfang Seiner Kaiserlichen Majestät überreichte«.[10]

Die überschwängliche Würdigung, die dem *Theatrum* zuteil wurde, war für Mercator eine unnötige Erinnerung daran, dass sein Perfektionismus seinen kommerziellen Interessen zuwiderlief. Doch Ende November 1570 gratulierte auch Mercator: »Ich habe Euer *Theatrum* studiert und beglückwünsche Euch zu der Sorgfalt und Eleganz, mit der Ihr die Arbeiten der Autoren verschönert habt, und der Genauigkeit, mit der Ihr das Erzeugnis jedes Einzelnen bewahrt habt, was auch erforderlich ist, um die geographische Wahrheit hervorzubringen … Daher gebührt Euch großes Lob dafür, dass Ihr die besten Beschreibungen jeder Region ausgewählt und zu einem Handbuch vereinigt habt, das zu einem geringen Preis gekauft, auf kleinem Raum aufbewahrt und überallhin mitgenommen werden kann.«[11]

*

Indem er Ortelius dafür lobte, die besten Quellen *ausgewählt* zu haben, erklärte Mercator seinen Freund auf diskrete Weise zum Herausgeber statt zum Kartographen.

Mercator erwähnte in seinem Brief auch nicht den Anspruch Ortelius', der geistige Schöpfer der Idee des Kartenbuches zu sein. In seiner Bemerkung an den Leser des *Theatrum* hatte Ortelius festgestellt, sein Nachsinnen über die Unzweckmäßigkeit

»Ich habe mir diesen Mann namens Atlas«, erklärte Mercator, »der sich so sehr durch seine Gelehrsamkeit, Menschlichkeit und Weisheit auszeichnet, als Vorbild zur Nachahmung auserkoren.« Titelseite aus *Atlas sive cosmographicae meditationes de fabrica mundi et fabricati figura*, 1595.

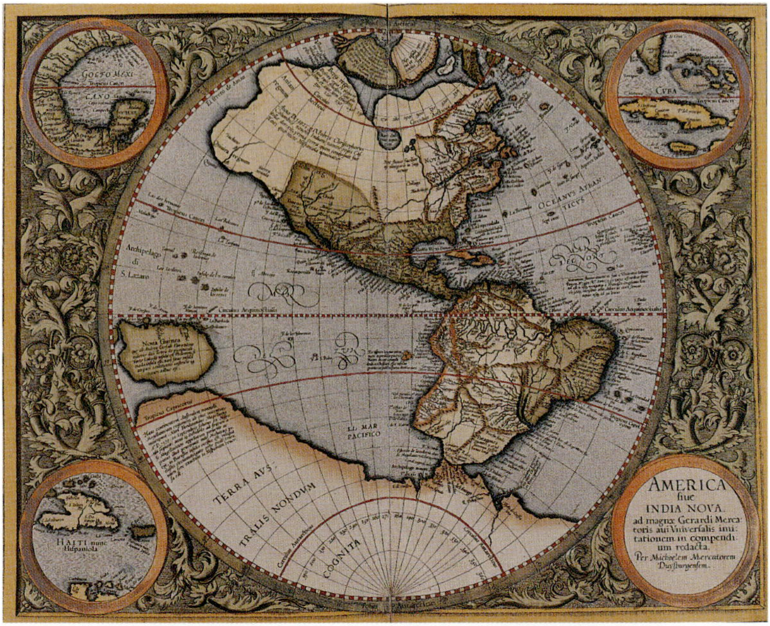

Amerika. Diese Darstellung lehnt sich an Mercators Weltkarte von 1569 an und wiederholt die fehlerhafte Ausbuchtung der Westküste Südamerikas sowie den riesigen antarktischen Kontinent. Man hielt solch eine südliche Landmasse für erforderlich, damit die Erde ihr Gleichgewicht behält. Die Kartographen des 16. Jahrhunderts suchten Bestätigung in den Berichten des Weltreisenden Marco Polo und der Überlebenden der Weltumsegelung Magellans, die die schmale Meerenge passierten, die hier an der Spitze Südamerikas zu sehen ist. Die Karte wurde von Mercators Enkel Michael gestochen. Aus *Atlas sive cosmographicae meditationes de fabrica mundi et fabricati figura*, 1595.

Asien. Mercators Globus von 1541 zeigte vier große Halbinseln im südlichen Asien. Am Ende seines Lebens hatte er deren Zahl auf die zwei reduziert, die wir heute kennen. Das Segelschiff lenkt das Auge des Betrachters auf eine Region, für die sich Mercator und die Engländer besonders interessierten. Vor dem Steuerbordbug des Schiffes liegt die Einfahrt der Anianstraße, flankiert von Asien und der Nordwestküste Amerikas (dem heutigen Alaska). Am Ende der Straße befindet sich der einsame Felsenberg, der den Magnetpol markiert; westlich davon die Öffnung der gemutmaßten Nordostpassage. Die Karte wurde von Mercators Enkel Gerhard gestochen. Aus *Atlas sive cosmographicae meditationes de fabrica mundi et fabricati figura*, 1595.

Die arktischen Länder. Diese prächtige symmetrische Karte entstand nach bestehenden Karten und historischen Reiseschilderungen, nach den Berichten englischer Forschungsreisender und Mercators Theorien über die Lage des Magnetpols. Keine andere Karte des *Atlas* erwies sich als so irrig. Die vier Inseln um den Nordpol waren frei erfunden, wie sich später herausstellte. Die Insel Frisland, die in dem Medaillon oben links zu sehen ist, existierte ebenfalls nicht; Mercator hatte sie von einer fiktiven Karte Nicolò Zenos kopiert. Die beiden anderen runden Einsätze stellen die Färöer und die Shetland-Inseln dar. Mercator platzierte einen Prototyp seiner Arktiskarte in ein Feld in der linken unteren Ecke seiner Weltkarte von 1569. Aus *Atlas sive cosmographicae meditationes de fabrica mundi et fabricati figura*, 1595.

Europa. Kartenstich von Mercators Sohn Rumold. Mercators erste Europakarte (1554) war die fortschrittlichste ihrer Art und »zog so viel Lob seitens der Gelehrtenschaft auf sich wie kein zweites ähnliches geographisches Werk, das je herausgegeben wurde« (Walter Ghim, 1595). Von den 107 Karten in Mercators *Atlas*-Ausgabe von 1595 waren 102 europäischen Regionen gewidmet. Mercators Absicht, seine detaillierte Darstellung auch auf die anderen Kontinente auszuweiten, wurde durch seinen Tod im Alter von 82 Jahren vereitelt. Aus *Atlas sive cosmographicae meditationes de fabrica mundi et fabricati figura*, 1595.

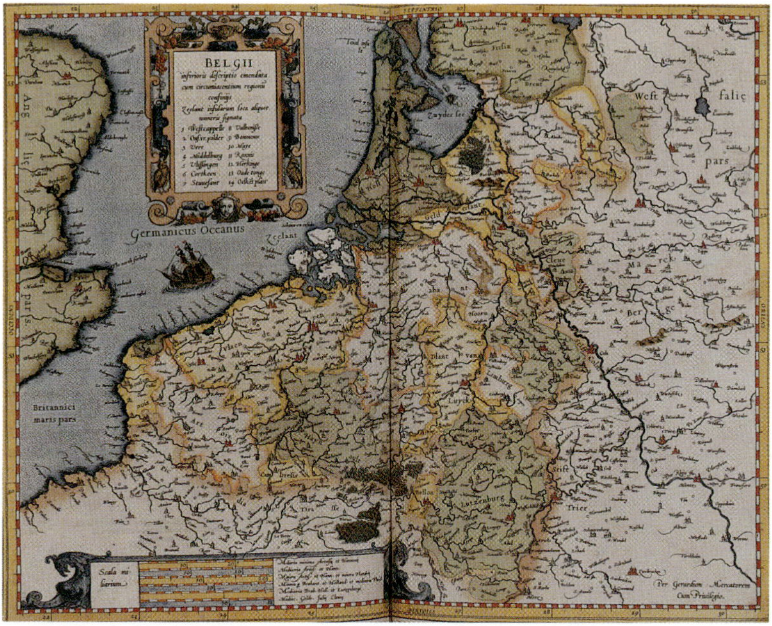

»Belgii inferioris« (das untere Belgien), aus *Atlas sive cosmographicae meditationes de fabrica mundi et fabricati figura*, 1595. Mercators Leben spielte sich im Rahmen dieser Karte ab. Es ist nicht belegt, dass er je über ihren Horizont hinauskam, auch wenn anzunehmen ist, dass er bei seiner verhängnisvollen Vermessungsexpedition nach Lothringen bis südlich von Metz gekommen sein dürfte. Mit dieser Karte definierte Mercator ein modernes »Belgien«, unabhängig vom römischen »Gallien« und »Germanien«.

Rechte Seite: »Frisia occidentalis.« Ausschnitt aus der *Atlas*-Karte von Westfriesland, die Mercators Verwendung kartographischer Symbole veranschaulicht. Man beachte die schraffierten Hügel, Meeresströmungen und Salzmarschen mit Seevögeln. In seinem *Atlas* verwendete Mercator standardisierte Symbole für kleine Siedlungen (einfache Kreise), kleine Städte (ein Turm), große Städte (zwei Türme), Klöster (Kreis mit Kreuz) und Kastelle (Kreis mit gestachelter Linie). Politische Grenzen erschienen als gepunktete Linien. Mercator erklärte dass er Symbole wählte, »die einfach zu machen sind, sodass jeder leicht ergänzen kann, was ausgelassen wurde«. Seine Karten seien als fortlaufendes Werk zu betrachten. Rechts oben Dokkum (Dockum), der Geburtsort seines Lehrers Gemma Frisius. Aus *Atlas sive cosmographicae meditationes de fabrica mundi et fabricati figura*, 1595.

FRISIA
occidentalis.
MARE GERMANICUM
Amelandt
Schellinck
Boerdiep
Dat Wadt
Dat Vlie
De Gettinck
Dat Moer Wardt
Middel gront
De plate
Staueren
Harlingen
Franicker
Hindeloopen
Sloten
Westergoe
Oostergoe
Die Seuen wolden
Bildt
Blanckenham

Ausschnitte aus zweien der sechs Regionalkarten von England und Wales.
Rechts die Küste Ostenglands von Yorkshire bis Norfolk.
Unten Südwestengland. Aus *Atlas sive cosmographicae meditationes de fabrica mundi et fabricati figura*, 1595.

existierender Karten hätte schließlich zu der Entdeckung geführt, dass »es so gemacht werden könnte, wie wir es in diesem unserem Buch getan haben«.[12]

*

Während sich Ortelius also im Erfolg seiner Herausgeberarbeit sonnte, stellte Mercator in mühsamer Einzelfertigung ein Buch für einen Kunden zusammen – möglicherweise den Marschall von Jülich, Werner von Gymnich –, der eine transportable Sammlung von Europakarten haben wollte.[13]

Mit Geschick und Findigkeit schuf Mercator fünfzehn Karten, indem er vier Kopien seiner Wandkarte von Europa und drei Kopien seiner Karte der Britischen Inseln zerschnitt. In dem Buch waren auch zwei der Blätter seiner jüngsten Weltkarte enthalten. Da sich der Kunde besonders für Norditalien interessierte, ergänzte Mercator die Sammlung durch zwei handgezeichnete Karten von Tirol und der Lombardei in größerem Maßstab. Beides waren Skizzen aus der wachsenden Reihe von Karten, die er für die »Darstellung von Land und Meer« seiner Kosmographie vorbereitete. Ganz nach seiner gewohnten Praxis erwartete Mercator wohl, dass der neue Besitzer der Karten nach der Rückkehr von seiner Reise Korrekturen vorlegte.

Neben der Arbeit an diesem Unikat übernahm Mercator einen weiteren Auftrag, der ihn von seiner großen Kosmographie abhielt. Aufgrund großer Nachfrage fertigte er eine neue Ausgabe der Wandkarte von Europa, die er bereits 1554 herausgebracht hatte. Von den fünfzehn Kupferplatten, aus denen die Karte bestand, wurden sechs verändert. Dabei wurde jede Platte an den Stellen, die bearbeitet wurden, glatt gehämmert, frisch poliert und neu gestochen.

In einer neuen Kartenlegende wurde erklärt, die »famose Navigation der Engländer in der Nordostsee« habe Mercator Gelegenheit und Anlass gegeben, seine Karte zu berichtigen. Die englischen Seeleute seien nicht nur mit neuen Entdeckungen in den nördlichen Regionen von »Finmark, Lappland und Moscovia« zurückgekehrt, sondern auch mit der »korrekten Berechnung des Breitengrads der Stadt Moskau«, die Mercator »eine unfehlbare Richtschnur für die Korrektur der Position der Binnenländer« lieferte. Es sei, so Mercator, seine »Pflicht, der Welt eine genauere und gründlichere Karte vorzulegen, als man sie bisher publiziert habe«.[14]

Nach jahrelangem Warten lieferten die Engländer durch die Unternehmungen der Muscovy Company endlich wichtige Koordinaten für die nördlichen Breiten. Damit konnte Mercator die Gestalt Russlands neu bestimmen, den Verlauf der Nordküste abändern und Moskau weiter nach Süden verschieben. Auch Skandinavien wurde auf den neuesten Stand gebracht, und die Berge und Flusssysteme nördlich des Schwarzen Meers wurden neu geordnet.

Mercator beschränkte sich indes nicht nur auf Korrekturen. Er veränderte auch das Erscheinungsbild der Karte, was aus geographischer Sicht nicht nötig gewesen wäre. Auf der ursprünglichen Karte war das Meer weiß gewesen; nun tüpfelte er die Meeresflächen mit Tausenden kleiner Punkte. In den Fluten des Mittelmeers tummelten sich neue Meerestiere, und vor der Küste Mauretaniens sanken nunmehr drei Schiffe in stürmischer See. Zudem ersetzte er, vielleicht ein verschlüsselter Aufruf an die englischen Seeleute, das einsame Schiff, das auf der Karte von 1554 zur Nordostpassage gesegelt war, durch eine Flotte von drei Schiffen mit Kurs auf die Nordwestpassage. Nachdem die Engländer Daten über die Form Russlands nach Hause gebracht hatten, so Mercators implizierte Botschaft, sollten sie nun ihre Aufmerksamkeit auf die Koordinaten Chinas richten. Auch John Dee hatte die englischen Kapitäne aufgerufen, »die günstige Lage« der Insel für »die Seefahrt zu trefflichen und reichen Gestaden« zu nutzen. Es sei ihre Pflicht, die nördlichen Gefilde weiter zu erforschen. Dazu seien die Engländer »gleichsam durch die Gelehrten aufgefordert«, so Dee.[15] Mit »Gelehrten« meinte er sicherlich Ortelius und Mercator.

Mercators aktualisierte Europakarte wurde im März 1572 fertig gestellt, rechtzeitig zur Frühjahrsmesse in Frankfurt. Sie erlebte einen viel versprechenden Start. Plantin kaufte Ende 1572 dreiundfünfzig unkolorierte Exemplare. Willer führte sie im folgenden Jahr in seinem Herbstkatalog auf, in dem aber von Mercators anderen Werken lediglich seine Weltkarte von 1569 genannt war. Ansonsten dominierten italienische Karten, und auch von Ortelius' *Theatrum* waren nicht weniger als drei Versionen vertreten. Es zahlte sich also aus, wenn man seine Karten von anderen zeichnen ließ.

*

Mercator dürfte sich gefragt haben, wie lange er wohl darauf warten musste, bis die Koordinaten der Nordwestpassage von London nach Duisburg durchsickern würden. Für die modernen Karten seiner Kosmographie war eine Beschreibung der wahren Gestalt der Inseln im Norden unentbehrlich. Nach seiner ursprünglichen Planung sollten die nördlichen Länder sogar den ersten Teil des Werkes bilden.

Während die Länder im Norden große Schwierigkeiten bereiteten, war die Arbeit an den Karten von Frankreich und Deutschland relativ fortgeschritten. Sein Alter und seine Abneigung gegen das Reisen machten es jedoch immer schwieriger, die als Quellen erforderlichen Karten zu beschaffen. Der weit herumkommende Ortelius war einer von etlichen Freunden, die dem Duisburger Kartographen in seiner wachsenden Isolation zur Seite standen. Die beiden betrieben einen regelrechten Tauschhandel: Ortelius' Karten gegen Mercators Wissen. So schrieb der Duisburger im Frühjahr 1572 an Ortelius: »Vielen Dank für die Übersendung der Karte von Bayern, die ich in Frankfurt nicht kaufen konnte. Ebenso wenig erhielt ich die Beschreibung Bayerns von demselben Autor. Was die Beschreibung Mährens betrifft, so erfahre ich von Euch zum ersten Mal, dass sie publiziert wurde, da wir hier keine Händler haben, die solche Artikel aus Frankfurt besorgen;

und die Buchhändler von Köln vernachlässigen geographische Karten. Sendet mit daher die Karte von Mähren und die Beschreibung des Hennegaus.«[16] In einem Schreiben vom Mai 1572 tilgte Mercator dann seine Schuld, indem er Ortelius bei der Erstellung einer neuen Amerikakarte beriet; er empfahl ihm, die besten Elemente seiner eigenen Weltkarte mit einer neuen Karte von »Nova India« zu kombinieren.[17]

*

Und Ortelius wusste das erworbene Wissen zu nutzen. Da er ledig und an keinerlei familiäre Pflichten gebunden war, konnte er es durch die erwähnten Reisen und regen Austausch sogar noch erweitern. So war er ungeheuer produktiv: In den paar Jahren seit der Vollendung des *Theatrum* hatte er eine Wandkarte von Spanien veröffentlicht, eine Karte des Römischen Reiches, eine Neuausgabe des *Theatrum* mit achtundzwanzig zusätzlichen Karten und ein Buch über Münzen mit Illustrationen des Kupferstechers Philip Galle.

Während Ortelius in der brodelnden Handelsmetropole Antwerpen seine »Bestseller« kreierte, entwarf Mercator seine Kosmographie weiterhin so gut wie ganz allein. Er recherchierte die kartographischen Quellen selbst und stach auch viele seiner Karten eigenhändig. Weil es in Duisburg keine kommerzielle Druckpresse gab, mussten alle Texte, die für die ptolemäischen Karten erforderlich waren, in Köln gesetzt werden. Mercator war inzwischen über sechzig, und seine Abneigung gegen das Reisen wuchs. Er hatte sich gleichsam in seinem Duisburger Domizil verschanzt, aber er war nicht vergessen. Dreißig Jahre nach ihrem gemeinsamen Studium an der Universität von Löwen wandte sich Andreas Masius an Mercator, als er für seinen Kommentar zum Buch Josua geographische Informationen brauchte. Für Masius, der inzwischen als anerkannter Linguist und Orientalist galt, war Mercator »der gelehrte Mathematiker, der äußerst emsig und erfahren ist in der Darstellung der Länder der Erde und der mir in vielerlei

Hinsicht lieb und teuer ist«.[18] Und Ortelius bezeichnete in einer späteren Ausgabe des *Theatrum* den »besten Geographen unserer Zeit« gar als den »Ptolemäus unserer Zeit«. In England hatte John Dee seine überarbeitete Ausgabe der *Propaedeumata aphoristica* Mercator gewidmet.[19]

Der Antwerpener Kaufmann Joannes Vivianus bat seinen Freund Mercator um einen Beitrag zu einem *Album amicorum*, einem »Buch der Freunde«, das er seit 1571 zusammenstellte. Für den gewissenhaften Mercator war es »keineswegs redlich, für einen Freund läppische Bagatellen abzufassen«, und so steuerte er eine Zeichnung des Universums bei. Typischerweise war es weder aristotelisch noch kopernikanisch, sondern ein Kompromiss zwischen beidem. Merkur und Venus kreisten um die Sonne, doch die Sonne und sämtliche anderen Planeten kreisten um die Erde. Die verschiedenen Planetenbahnen waren in dem Begleitbrief beschrieben. Mercator entpuppte sich immer mehr als ein Perfektionist, der seinen eigenen Maßstäben nicht gerecht werden konnte. Er beklagte sich, nicht genügend Spielraum zum Nachdenken zu haben.[20]

Das war im Sommer 1573. Kurze Zeit später befiel ihn eine »ernste Krankheit«.[21] Vielleicht setzte ihm die tiefe Depression wieder zu, die er aus Lothringen mitgebracht hatte, oder aber die Gicht, die ihn zunehmend in seiner Beweglichkeit einschränkte.

*

Zu eben jener Zeit brach in Antwerpen eine kleine Gruppe von Freunden Mercators zu einer kuriosen Reise auf.[22] Es handelte sich um eine ungewöhnliche Pilgerfahrt, ein geographisches Abenteuer und eine Hommage an den Meister der modernen Kartographie. Die Route und die diversen Beobachtungen und Begegnungen, die sich dabei ergaben, sollten gewissermaßen einen erzählerischen Faden bilden. Die gedruckte Form des Reiseberichts sollte an den Humanisten gerichtet sein, dessen Lebenslauf sich im Horizont der Reiseroute abgespielt hatte. Es war eine Reise zu Mercator.

Die Reisenden waren Ortelius, Vivianus, ein junger Flame namens Jeronimus Scholiers und der Antwerpener Maler Jan van Schille. Letzterer hatte kurz zuvor für Herzog Charles III. Vermessungen in Lothringen vorgenommen, und seine Kenntnis der Region sollte der Gruppe sehr zugute kommen.

Die Reise begann in Antwerpen, dem Buchdruckzentrum Nordeuropas, und endete in der Hauptstadt des europäischen Buchmarkts, Frankfurt. Die Ströme, entlang derer sie verlief, waren jene, die Mercators Leben bestimmt hatten – Schelde, Dijle und Maas sowie Mosel und Rhein. Der geographische Höhepunkt und Wendepunkt der Reise sollte das bewaldete Herzland von Lothringen sein, das Mercator beinahe das Leben gekostet hätte.

Von Antwerpen reiste die Gruppe zunächst nach Mecheln, dem Zentrum der nordeuropäischen Geographie, und dann nach Löwen, der Wiege der Mercator'schen Geographie. Von dort ging es weiter südwärts nach Namur und entlang der Maas bis Lüttich, wo dem Grab von Sir John Mandeville, der im 14. Jahrhundert ein berühmtes Reisebuch verfasst hatte, respektvoll ein Besuch abgestattet wurde.

Danach reisten die Humanisten weiter nach Süden, über die Hügel der Ardennen und durch Luxemburg nach Lothringen. Am Ufer der Meurthe, etwa zwanzig Kilometer südöstlich von Nancy, erreichten die müden Pilger den Wendepunkt ihrer Reise, Saint-Nicolas-de-Port. Der Ort war seit fünfhundert Jahren eine Pilgerstätte, die dem heiligen Nikolaus geweiht war. Nikolaus war als Bischof von Myra während der Regierungszeit Kaiser Diokletians wegen seines Glaubens verfolgt, eingesperrt und gefoltert worden, hatte jedoch überlebt und später noch die relativ tolerante Zeit unter Kaiser Konstantin miterlebt. Ähnelte sein Lebenslauf nicht ein wenig dem Mercators?

Von Saint-Nicolas-de-Port kehrten die reisenden Humanisten nach Nancy zurück, folgten dann der Mosel bis Trier und Koblenz und gelangten auf diesem Wege zur Buch- und Kartenmesse in Frankfurt.

In Nancy muss Ortelius einen Besuch gemacht haben, der allerdings nicht belegt ist. Bereits vor der Reise hatte er nach Nancy an den Arzt des Herzogs von Lothringen geschrieben, einen leidenschaftlichen Münzsammler namens Antoine Le Pois, und angefragt, ob jener ihm die Karte zur Verfügung stellen könne, die Mercator und sein Sohn Bartholomäus 1564 von Lothringen angefertigt hatten. Sie galt als die beste Karte des Herzogtums und wäre den Humanisten auf ihrer Reise eine enorme Hilfe gewesen. Da Ortelius auf dem Hin- und Rückweg durch Nancy kam, ist es undenkbar, dass er nicht versuchte, Mercators Kartenmanuskript zu sehen, zu kopieren oder zu erwerben. Doch die Karte war nach wie vor geheim.[23]

Als die Gruppe schließlich nach Antwerpen zurückkehrte, arbeiteten Ortelius und Vivianus einen Reisebericht aus, ein *Itinerarium*, in dem Mercator gleichsam zu einem virtuellen Reisebegleiter wurde.

*

Seinem wachsenden Ruhm entsprechend, fing auch Abraham Ortelius an, ein *Album amicorum* anzulegen. Mercator war einer der Ersten, den er bat, ein Porträt und ein paar Zeilen beizusteuern. Mercator versprach Ortelius, mit dem nächsten Stapel Karten ein Porträt zu schicken – »sehr gern, wenn es Euch befriedigt, doch nur ungern, soweit es mich betrifft, da ich mich schäme, mich zur Schau zu stellen, so als sei ich etwas Besonderes, unter berühmten Männern …«[24] Mercators Bescheidenheit war nicht gekünstelt; er glaubte ernstlich, er sei der Anerkennung nicht würdig.

Doch schließlich ließ er sich doch von dem kunstfertigen Frans Hogenberg porträtieren (vgl. die Abbildung auf S. I des erten Farbteils). Der Mercator, den Hogenberg in Kupfer stach, hielt seinen Globus, der so gedreht war, dass Daumen und Zeigefinger das Wort »AMERICA« unterstrichen, in seiner Rechten ein gespreizter Zirkel, dessen eine Spitze den Magnetpol durchstach – die Essenz seines lebenslangen Forschens. Die Spitze des mathematischen Instruments, das Mercator mit der Erde verband, war ein Symbol der Wahrheit. Dass sie nicht im Heiligen Land, sondern im Nordpol und dem Nullmeridian verankert war, verwies auf einen Kosmographen, der sein Leben lang die Schöpfung Gottes vermessen und verzeichnet hatte.

Ortelius' »Buch der Freunde« enthielt auch einen Beitrag des kaiserlichen Leibarztes Crato von Krafftheim, der seinerseits den Duisburger Einsiedler rühmte. Crato hatte 1572 »einen äußerst liebenswürdigen Brief« an Mercator geschrieben.[25] Drei Jahre später wartete Crato immer noch auf eine Antwort. Mercator mochte sich gescheut haben, mit einem offenen Befürworter der Lehren Calvins einen Briefwechsel aufzunehmen, doch dieses Versäumnis war nicht sehr klug, denn zu jener Zeit stand Crato dem Kaiser besonders nahe. Kaiser Maximilian hatte seinen Leibarzt in den Rang eines Pfalzgrafen erhoben, und der Breslauer Chirurg wäre durchaus in der Lage gewesen, Mercators Werk zu protegieren und die Erteilung der Drucklizenzen zu beschleunigen, die Mercator bald für seinen Ptolemäus brauchen sollte.

26

Der korrigierte Ptolemäus

Spätestens 1575 konzentrierte sich Mercator ganz auf die Karten für seine Ptolemäus-Ausgabe. Die beständigste Quelle der Ablenkung wurde nun allerdings sein Globus von 1541, denn der hatte sich als sein dankbarstes Werk erwiesen. In England, wo noch kein gedruckter Globus hergestellt wurde, zog man Mercators Weltkugel allen anderen Importen vor, obwohl sie seit ihrem Erscheinen nicht mehr aktualisiert worden war.

Die nicht abreißenden Bestellungen des dreißig Jahre alten Globus waren ebenso willkommen wie störend. Bestellungen bereits veröffentlichter Karten ließen sich leicht erfüllen, indem man entweder vorrätige Blätter verschickte oder – falls die Karte vergriffen war – von den Originaldruckplatten neue Abzüge machte. Globen waren indes etwas ganz anderes. Mercator hatte zwar einige gedruckte Keilblätter auf Vorrat, doch für jede Bestellung musste man eine neue Kugel konstruieren, sorgfältig die Keilblätter ausschneiden und aufkleben, den Globus lackieren und schließlich auf das Gestell montieren, auf dem er sich drehte. Während Karten zusammengerollt, für den Transport in Röhren verpackt und per Kurier verschickt werden konnten, musste jeder Globus einzeln in Stroh gewickelt und in Behälter gepackt werden, die meist speziell angefertigt werden mussten. Die unhandliche und zerbrechliche Fracht musste dann per Schiff an ihren Bestimmungsort befördert werden. Doch mit Globen ließ sich – theoretisch – viel Geld verdienen. Im Jahre 1575 brachte ein unkoloriertes Exemplar der Wandkarte von Europa, die an Plantin geliefert wurde, einen Gulden ein, während ein Globenpaar privat für nicht weniger als zwanzig Gulden verkauft werden konnte.

Doch Mercators Profit aus dem Vertrieb seiner Globen stand in keinem Verhältnis zu der Zeit, die er opferte, um den Bestellungen nachzukommen. In einer Zeit rapide steigender Unkosten war es äußerst schwer, bei einer arbeitsintensiven Produktion mit geringen Stückzahlen Gewinne zu erzielen. Nachdem Mercator im Juni 1575 vier Globen an Plantin geliefert hatte, schickte er ihm fünf Jahre lang keine weiteren mehr.

Einer der zahlreichen Kunden, die zu jener Zeit nach Globen verlangten, war Joachim Camerarius, der Sohn von Melanchthons Biographen, der in Italien Medizin studiert hatte und in Nürnberg einen botanischen Garten unterhielt. Anfang 1574 schrieb er an Mercator und bestellte ein paar der berühmten Globen. Mercator vertröstete ihn bis zur nächsten Frankfurter Messe. Camerarius musste fünf Monate warten, bis die Globen fertig waren. Doch das Warten lohnte sich, denn Mercator kam der Lieferung mit ganz besonderer Sorgfalt nach. Er berechnete Camerarius 40 Gulden für die Globen, 20 Weißpfennige für die Verpackung und 42 Pfennige für den Transport nach Köln. Als »kleines Geschenk« fügte Mercator seine große Wandkarte von Europa bei.[1]

So wurde er allmählich ein Opfer seines eigenen Ruhms, und die Ablenkungen traten in frustrierender Regelmäßigkeit auf. »Ich antworte Euch ein wenig spät«, schrieb er im März 1575 an Ortelius, im Vertrauen darauf, dass jener Verständnis für die Beschäftigungen von Freunden zeigte; des Weiteren gab er zu, dass er »von so vielen Tätigkeiten abgelenkt« werde, dass er »eigentlich ganz langsame Fortschritte beim Abschluss des Ptolemäus-Werkes erzielte«.[2]

Der Brief von Ortelius, auf den Mercator geantwortet hatte, barg eine weitere Irritation, denn Mercators Freund hatte sich verpflichtet gefühlt, auf einen Abschnitt in einem neueren Werk über die Philosophie der Geschichte des französischen Juristen Jean Bodin hinzuweisen. »Nicht weniger vertut sich Mercator«, urteilte Bodin über dessen *Chronologia*, »der glaubt, dass die Sonne im Löwen stand, als das Universum zustande kam.« Wegen dieses »schlecht gelegten Fundaments« drohe Mercators gesamtes chronologisches Gebäude einzustürzen. »Die anderen Dinge, die er über die Bewegung der Sterne und die Glaubwürdigkeit der Geschichte konstatierte, lassen seinen Untergang befürchten.« Bodin unterließ es, Mercators sonstige »triviale Ideen« zu kritisieren, denn diese erschienen ihm »zu unbedeutend, um es wert zu sein, widerlegt zu werden«.[3]

Mercator fühlte sich getroffen. In seiner Antwort an Ortelius behauptete er, die Passage übersehen zu haben, als er Bodins Buch las. »Ich erkenne einen gelehrten und sehr belesenen Mann«, schrieb er, »aber in diesem Werk einen unreifen Richter.« Er verwarf Bodins Ansicht über den Ursprung der Welt und zeigte sich »erstaunt, dass ein gelehrter Mann so leichtfertige Urteile über Dinge fällt, die er entweder nicht verstanden oder nicht klar analysiert hat«. Bodin könne eine Widerlegung erwarten, so schloss Mercator, »wenn ich Zeit dafür finde«.[4] Doch Mercator fand keine Zeit.

Ein paar Wochen später schrieb Camerarius an Mercator und bestellte weitere Globen. Weil der Brief mit großer Verzögerung zugestellt wurde, hatte Mercator eine Ausrede, um seine kartographische Arbeit nicht wieder liegen lassen zu müssen. Für die bevorstehende Frankfurter Messe war es nämlich bereits zu spät, und so vertröstete Mercator seinen Kunden auf die nächste Messe.

Der Grund, weshalb Mercator nicht in der Lage war, den Globenbestellungen nachzukommen, wurde in seinem Antwortschreiben an Camerarius sichtbar: »Ich arbeite emsig an den alten Karten des Ptolemäus, aber da ich ganz allein arbeite, komme ich nur sehr langsam voran, da andere Aufgaben, eine nach der anderen, diese unterbrechen...«[5] Typischerweise zeigte sich Mercator optimistisch, die Korrektur der Ptolemäus-Karten binnen eines

Jahres abzuschließen. Etliche der Druckplatten für die Karten wurden von Arnolds ältestem Sohn Johann und dessen Bruder Gerhard gestochen. Ein Jahr später war man immer noch mit dem Stechen der Karten beschäftigt, doch Camerarius bekam seine Globen.

*

Im Jahre 1577 hatte Mercator die Karten für seine Ptolemäus-Ausgabe so gut wie abgeschlossen. Doch das Gefühl des Zeitdrucks, das in seinen Briefen zum Ausdruck gekommen war, schlug um in ein Gefühl der lähmenden Frustration, als er sich um die notwendigen Drucklizenzen bemühte. Zwei Lizenzen waren erforderlich, eine vom kaiserlichen Hof in Wien, die Mercators Werk vor Kopisten in den Reichsstädten und insbesondere in Frankfurt schützten, und eine vom Hof Philips II. von Spanien in Brüssel, die sein Urheberrecht in den Niederlanden wahrte.

Mercator hatte jedoch den denkbar schlechtesten Zeitpunkt gewählt, um die Gunst des Kaisers zu suchen. In den Niederlanden hatten die Spanier die Macht an kalvinistische Kriegsräte verloren, und Brüssel stand noch unter dem Eindruck eines blutigen Kampfes zwischen den Truppen des Staatsgenerals der Niederlande und spanischen Angreifern, bei dem Antwerpen weitgehend zerstört worden war. In Wien hingegen hatte man durch den Tod des Kaisers andere Sorgen. Johannes Crato von Krafftheim und seine Kollegen, die sich während der zwölfjährigen Amtszeit Maximilians um dessen bizarres Sammelsurium an Krankheiten kümmerten, hatten ihren Patienten nicht retten können. Am 12. Oktober 1576 war Kaiser Maximilian gestorben, nachdem er die letzten Sakramente ausgeschlagen hatte. Eine Ära religiöser Versöhnung endete in dem Augenblick, als sein labiler Sohn Rudolf während eines Zwistes bei der Beerdigung den Dolch zückte. Dass ein überzeugter Katholik, der als unberechenbar galt, auf den Thron folgte, beunruhigte jene Deutschen, die sich an die Zeit der Toleranz unter Maximilian gewöhnt hatten.

Da nun seine direkten Verbindungen zum Kaiserhof abgerissen waren, musste sich Mercator über den Sekretär des Herzogs von Jülich um die neue kaiserliche Lizenz bemühen. Doch auch hier gab es einen unglückseligen Wechsel, als 1576 ein neuer Sekretär, Paul Langer, das Amt übernahm. Mercator meinte, er müsse sich Langer mit Vorsicht nähern, doch von dem Kämmerer Jacob Wichius erfuhr er, dass Langer dem Duisburger Kosmographen und seinen »Bemühungen auf dem Gebiet der Geographie freundlich gesinnt« sei. Im April 1577 erbot sich Wichius, Langer das Anliegen vorzutragen und zu bitten, einen Brief »an Seine Kaiserliche Majestät auf Befehl des erlauchten Fürsten« schreiben zu lassen.[6] Dem Brief sollte eine Bittschrift Langers beigelegt werden. Sobald der Kaiser die Lizenz erteilt hatte, konnte Mercator dieselbe Prozedur beim Hof Philips II. in Brüssel durchlaufen.

Mercator stattete Wichius mit allen nötigen Informationen aus, doch im Juni hatte er die kaiserliche Lizenz noch immer nicht erhalten. Nachfragen ergaben, dass das Gesuch tatsächlich von Langer aufpoliert und an Rudolf II., den neuen Kaiser des Heiligen Römischen Reiches, gesandt worden war. Der ewige Optimist Mercator glaubte immer noch, die Ptolemäus-Ausgabe rechtzeitig für die Frankfurter Herbstmesse fertig stellen zu können. Er umging Wichius und schrieb am 22. Juni direkt an Langer. Der Hofkosmograph ließ keinen Zweifel daran, dass er durch weitere Verzögerungen einiges zu verlieren habe. Nun hing alles von Langer ab, doch Mercator hatte wenig Einfluss auf ihn; vor allem aber war der Sekretär am Kaiserhof in Wien anscheinend unsichtbar.

»Daher bitte ich Euch«, schloss Mercator seinen Brief, »falls Ihr noch nichts über die Erteilung meiner Lizenz gehört habt, dem Rat Seiner Kaiserlichen Majestät bei erster Gelegenheit dringend nahe zu legen, diese so schnell wie möglich zu erteilen. In der Hoffnung, dass Ihr mir und meinem Anliegen eingedenk sein möget, schicke ich Euch eine Karte von Europa, auf Tuch gezogen und koloriert, denn ich werde Eurer Liebenswürdigkeit mir gegenüber umso würdiger sein, wenn ich dieses Werk ans Licht gebracht habe.«[7] Es gab indes kaum jemanden, der solch eines Geschenks unwürdiger gewesen wäre als Langer.

*

Im Sommer 1577 beschleunigte sich die Arbeit an den ptolemäischen Karten, als Mercator ein seltenes Angebot nutzte, sich beim Stechen der Karten helfen zu lassen. Am 31. August 1577 unterrichtete er Theodor Zwinger in Basel, der ein paar Monate zuvor Globen bestellt hatte, er sei zu sehr mit seinem Ptolemäus beschäftigt und könne keine Zeit erübrigen. »Gewisse Handwerker«, schrieb er, »boten mir ihre Dienste an, und ich fürchtete, wenn ich sie nicht schnell in meine Arbeit einspanne, würden sie mich verlassen und bei anderen Anstellung suchen.«[8] Mit der Lieferung der Globen vertröstete er Zwinger auf die nächste Messe.

Im September 1577 waren die ptolemäischen Karten nahezu fertig. Doch einmal mehr unterschätzte Mercator die Zeitspanne, die er für den Abschluss der Arbeit brauchte. Der Ptolemäus war keineswegs in einem Monat erledigt, sondern beschäftigte ihn den ganzen Winter über – einen Winter, in dem Mercator mit zunehmender Unruhe auf die unentbehrliche kaiserliche Drucklizenz wartete. Die Ptolemäus-Ausgabe war erst fertig, als an den Bäumen die ersten Knospen aufgegangen waren. »Endlich« seufzte Mercator, »habe ich mit Gottes Güte das Kolophon gesetzt.« Die Widmung an den Herzog von Kleve trug das Datum »Februar 1578«.[9]

Sofort meldete Mercator dem geduldigen Camerarius, der im September 1577 erneut Globen bestellt hatte, dass er endlich von der »Qual der ptolemäischen Geographie« befreit sei und nun Zeit habe, die bestellten Globen anzufertigen. Diese wurden »kunstvoller zusammengestellt als gewöhnlich, reichlich mit Öl überzogen, damit sie prächtiger aussehen und die Farben klarer und dauerhafter sind«. Camerarius sollte keinen Zweifel hegen, dass er ein bevorzugter Kunde war. »Ich schicke Euch zwei auserlesene Paare«, schrieb er, »doch zu einem geringfügig höheren Preis als bei meinen früheren Lieferungen.« Die Kosten für die Metallbeschläge waren gestiegen, erklärte Mercator, ebenso wie die Löhne für die Arbeiter. »Alles ist inzwischen fast doppelt so teuer wie damals, als ich den Preis festsetzte, zu dem ich bisher verkaufte, und aus diesem Grund habe ich diese geringe Erhöhung vorgenommen.«[10]

Obwohl sich Mercators Kosten praktisch verdoppelt hatten, konnte er sich nicht dazu durchringen, den ursprünglichen Preis der Globen um mehr als zwanzig Prozent zu erhöhen, von 20 auf 24 Gulden pro Paar. Als Plantin 1580 seine nächste Bestellung aufgab, war der Preis auf 36 Gulden gestiegen; das war doppelt so viel wie noch ein Jahrzehnt zuvor.

Mercator war indessen nicht ganz von der Qual mit Ptolemäus erlöst, denn er hatte zwar im Februar 1578 endlich seine Lizenz von Philip II. aus Brüssel erhalten, doch das überaus wichtige kaiserliche Privileg war noch immer nicht eingetroffen. Obwohl der herzogliche Sekretär Langer die kolorierte Wandkarte von Europa als Geschenk entgegengenommen hatte, versäumte er es, seinen Einfluss am kaiserlichen Hof geltend zu machen – was Mercator zu einem seltenen Ausbruch von Ärger veranlasste und zu dem Vorwurf, Langer verfolge das Anliegen »zu nachlässig«.[11]

Um nicht die Frühjahrsmesse in Frankfurt zu versäumen, war Mercator fest entschlossen, das Werk ohne die Lizenz zu veröffentlichen – in dem Wissen, dass er eine neue Auflage des Ptolemäus drucken musste, sobald das kaiserliche Privileg in den Band eingefügt werden konnte. Die verspätete kaiserliche Lizenz wurde schließlich am 26. Mai 1578 erteilt – über ein Jahr nachdem sich Mercator deswegen erstmals an Wichius gewandt hatte. Gemäß den Bestimmungen der Lizenz schickte Mercator drei Exemplare der Ptolemäus-Ausgabe an das Kanzleramt des Kaisers.

Einer derjenigen, die Kopien der Karten erhielten, war Johannes Crato von Krafftheim. Maximilians Leibarzt hatte sechs Jahre auf eine Erwiderung auf seinen freundlichen Brief an Mercator warten müssen. Endlich erhielt er eine Antwort, und als Dreingabe einige der vorzüglichsten ptolemäischen Karten, die je gedruckt wurden. »Es sind nun sechs Jahre her«, schrieb Mercator, »seit Eure Durchlaucht es für wert hielten, meine magere Seele... mit einem höchst liebenswürdigen Brief zu ehren.« Er entschuldigte sich damit, ernsthaft erkrankt und »unentwegt von vielen verschiedenen Tätigkeiten überlastet« gewesen zu sein. Das »kleine Geschenk«, die ptolemäischen Karten, seien ein Zeichen der Dankbarkeit und ein »Freundschaftsangebot«.[12] Aufgrund der Umstände neigte Mercator zur Saumseligkeit, doch er wusste, dass es nie zu spät war, ein Dankesschreiben zu entsenden.

Mercators ptolemäische Karten waren nicht nur die schönsten ihrer Art, sondern entsprachen auch am getreuesten den ursprünglichen Intentionen des alten Ägypters. In einem fünfseitigen Vorwort beschrieb Mercator die Quellen und die Projektionen, die er verwendet hatte. Seine Absicht sei es gewesen, erklärte er, die graphische Fläche jeder Karte so zu gestalten, dass sich der Leser weitgehend ohne die üblichen beigefügten Texte zurechtfand. Die Titelseite jeder Karte enthielt Informationen wie etwa die Anzahl der Stunden des längsten Tages an wichtigen Orten und deren Zeitunterschiede zur Mittagszeit gegenüber Alexandria. Beobachtungen, für die der Platz nicht ausreichte, fanden sich auf den Rückseiten der Karten.

Die Karten waren ganz nach Ptolemäus' System geordnet: Die Darstellung der Regionen erfolgte von West nach Ost und fing mit den Ländern des Nordens an; die Karte »Europa Tabula 1« beschrieb die Britischen Inseln. Insgesamt waren es 28 Karten, da Mercator ein zusätzliches Blatt – eine Vergrößerung des Nildeltas – beigefügt hatte. Im Gegensatz zu den eng beschrifteten modernen Karten, die er ebenfalls ausarbeitete, waren seine ptolemäischen Karten elegante und übersichtliche Bilder der Vergangenheit, die von Breiten- und Längenskalen eingerahmt und mit Kartuschen voller exotischer Motive ausgeschmückt waren. Neben zahlreichen Details hatte Mercator auch die zehn kleinen Inseln des Kannibalenstamms der Manioli eingezeichnet, »von denen es heißt«, wie Ptolemäus geschrieben hatte, »dass Schiffe mit Nägeln fern gehalten werden, damit sie nicht von dem Magnetstein, der sich in der Nähe dieser Inseln befindet, zerstört werden«.[13]

Die kolorierten ptolemäischen Karten ließen die Welt in der Weise lebendig werden, wie sie sich zu Beginn der christlichen Zeitrechnung dargestellt hatte. Das erste Kartenblatt in dem Band war Ptolemäus' Weltkarte, seine *Universalis tabula*, auf der Afrika riesig erschien und Amerika noch fehlte – ein deutlicher Hinweis auf die außerordentlichen Fortschritte, die Mercators Kartographengeneration gemacht hatte. Die Karten waren praktisch fehlerlos. Mercator hatte Jahre darauf verwandt, mit der größten Sorgfalt die ptolemäischen Koordinaten einzuzeichnen und wichtige Orte, wie Städte oder Quellen von Flüssen, mit einem präzisen Kreis zu markieren. Nur eine einzige Karte verriet den Druck, der in dieser Zeit auf Mercator gelastet hatte. An der Küste des Heiligen Landes (»Asiae Tabula IIII«) hatte er versehentlich »Ascalon« und »Gazeorum« vertauscht.

Die aufwändige Titelseite von *Tabulae geographicae Cl: Ptolemei* war reich verziert mit den Abbildungen von Ptolemäus und Marinus von Tyra, einem Erdglobus zu ihren Füßen und einem Himmelsglobus auf einem Säulenfries über ihren Häuptern. Endlich hatte Mercator sein Portal errichtet. Nun musste er den Rest seiner monumentalen Kosmographie erstellen.

Das ungeheuer ehrgeizige Projekt, das Mercator bereits Mitte der sechziger Jahre konzipiert hatte, war zunächst von Ortelius' *Theatrum* überflügelt worden und wurde nun, im Jahre 1578, von einem weiteren Kartenbuch, *Speculum Orbis Theatrum* des Antwerpener Druckers Gerard de Jode, in den Schatten gestellt. Das *Speculum* hielt zwar nicht dem Vergleich mit dem *Theatrum* stand, doch es enthielt nicht weniger als neunzig Karten sowie Reproduktionen weniger bekannter Werke, die ursprünglich außerhalb der Niederlande gedruckt worden waren. De Jode und Ortelius waren schon seit Jahren erbitterte Rivalen; keiner nannte den anderen in seiner Autorenliste. Auch Mercator schien de Jode zu ignorieren, der bereits für eine frühere Kartensammlung, das planlose *Speculum Geographicum totius Germaniae* von 1570, ohne Hinweis auf den Urheber Mercators Flandernkarte kopiert hatte.[14]

Mercator war wahrscheinlich der Einzige, der wusste, dass seine modernen Karten selbst die des *Theatrum* überstrahlen sollten.

27

Ein direkter Weg nach China

Kurz vor Abschluss seiner Arbeit an den ptolemäischen Karten erhielt Mercator einen Brief von seinem Sohn Rumold aus London, der wahrscheinlich im Herbst 1576 geschrieben wurde.[1] »Du meldest wichtige Dinge«, antwortete Mercator, ohne zu erläutern, worum es sich dabei handelte, »aber nur sehr wenig über die neue Entdeckung Frobishers.«[2]

Rumold arbeitete zu dieser Zeit als Agent des Kölner Buchhändlers Birckmann, bei dem er einige einflussreiche Bekanntschaften gemacht hatte, auch die von John Dee, der mindestens seit 1560 häufig Birckmanns Londoner Geschäft aufgesucht hatte.[3] Mercators besonderes Interesse an Rumolds Neuigkeiten und allgemein an England war verständlich: Gemäß der traditionellen ptolemäischen Reihenfolge mussten in einem Kartenbuch zuerst die nördlichen Länder erscheinen, und die Engländer besaßen den Schlüssel zur Kartographie dieser Gefilde.

Mercator äußerte sich im gleichen Brief denn auch überrascht darüber, dass die Engländer so lange gebraucht hatten, um den Nordwesten zu erforschen, und vertrat gegenüber Rumold erneut die Ansicht, es existiere »ein direkter und kurzer Weg nach Westen selbst bis nach China«. Dieses Reich, so Mercator weiter, wäre zu finden, wenn die Engländer nur den richtigen Kurs einschlügen.[4]

Und tatsächlich gab es englische Bestrebungen, die Nordwestpassage zu finden. Der »Frobisher«, den Rumold erwähnte, war der englische Kapitän Martin Frobisher, der 1576 aufgebrochen war, um über die Nordwestpassage bis China und Indien zu gelangen. Der Mann aus Yorkshire war mit zwei kleinen Barken und einer Pinasse mit ganzen 35 Mann Besatzung in Blackwall ausgelaufen. Mit an Bord war die »große gedruckte Universalkarte von Mercator«, die Weltkarte von 1569.[5] Frobishers Pinasse ging in einem Sturm unter, und eine der Barken desertierte, doch der Rest segelte weiter und erreichte die Küste Nordamerikas, wo man eine viel versprechende Durchfahrt entdeckte. Frobisher drängte voran, in der Hoffnung, durch diese Passage führe vielleicht ein Weg »in ein offenes Meer auf der anderen Seite«. Doch nach Kämpfen mit Eingeborenen kehrte er am 9. Oktober 1576 nach London zurück, mit Legenden über die Passage nach China und einem geheimnisvollen Klumpen »schwarzer Erde«, bei dem es sich ihm und seinen Förderern zufolge um einen Brocken Golderz handelte. Die schwarze Erde genügte, um Königin Elisabeth davon zu überzeugen, dass Frobisher im folgenden Jahr wieder in See stechen sollte.[6]

Doch was waren die »wichtigen Dinge«, von denen Rumold berichtet hatte? Hatte sich Rumold dabei überhaupt auf Frobisher bezogen oder vielmehr auf eine andere bedeutsame Entdeckungsreise? In England kursierte zu jener Zeit ein Name, der in den Augen eines Kosmographensohns den von Frobisher noch in den Schatten gestellt haben dürfte.

Francis Drake hatte seit seiner Rückkehr von einer blutigen Expedition nach Irland im Jahre 1575 einen Angriff auf die spanischen Häfen in Südamerika geplant. Gerüchte gingen um, wonach die Königin selbst den Plan eines Angriffs auf spanisches Territorium befürwortete – als Vergeltung für gewisse Übergriffe. Jeder, der den Plan dem König von Spanien preisgab, so die Königin, solle dafür mit seinem Kopf bezahlen. Der Hintergrund waren wachsende Spannungen mit Spanien und das englische Bestreben, eine eigene Großmachtstellung aufzubauen. Waren dies vielleicht die »wichtigen Dinge«, die Rumold seinem Vater in Duisburg berichtet hatte?

*

Königin Elisabeth hatte die Franzosen aus Schottland vertrieben und den Begriff eines englischen England in ein britisches Britannien ausgeweitet. Etliche Monate, bevor Mercators Ptolemäus-Ausgabe erschien, veröffentlichte John Dee den ersten Band der *General and Rare Memorials Pertaining to the Perfect Art of Navigation*, jenes großen Werks, das – wie er hoffte – zur Gründung eines »BRYTISH IMPIRE« führen sollte.[7] Genau dreißig Jahre, nachdem Dee den Kanal überquert und die Vermesser von Löwen aufgesucht hatte, war er bei seinen geographischen und historischen Recherchen zu der Schlussfolgerung gelangt, dass die Zukunft des Elisabethanischen Englands in der Seefahrt lag. Dee zufolge ließ sich die Aufteilung des Globus nach dem Vertrag von Tordesillas in eine spanische und eine portugiesische Hemisphäre außer Kraft setzen, indem Britannien »durch Entdeckung, Besiedelung oder Eroberung« Land in Übersee in Anspruch nahm.[8]

Also horchte Dee Ortelius per Brief nach den Quellen aus, die dieser für »die Nordküste des Atlantiks« verwendet hatte. Dee hatte schon bei Frobishers Expedition eine bedeutende Rolle gespielt, indem er den Forschungsreisenden in Fragen der Navigation und Kartographie beraten hatte. Seinen Brief an Ortelius schloss Dee mit dem spannenden Hinweis, dass »unsere Leute eine Expedition zu den nördlichen Teilen des Atlantiks vorbereiten. Letztes Jahr sind sie nur bis zur Grönlandstraße gekommen, doch in der großen Hoffnung, um die gesamte Küste zu segeln und auf diese Weise bis zur Östlichen See vorzudringen«.[9]

Etwa zu der Zeit, als Mercator von Rumold hörte, schrieb Dee auch nach Duisburg und erkundigte sich nach dem »Hauptgewährsmann«, auf den sich Mercator bei »jener sonderbaren Tafel der septentrionalen Gefilde« gestützt habe. Bei »jener sonderbaren Tafel«, auf die sich Dee bezog, handelte es sich um den Einsatz auf der Weltkarte von 1569, auf der die vier arktischen Inseln und die eindeutige Meerverbindung zwischen dem Atlantik und dem Pazifik, die Nordwestpassage, dargestellt war. Da Frobisher im Mai 1577 zu einer zweiten Expedition aufbrechen sollte, war Dee ungeheuer darauf erpicht, sich von der Richtigkeit der Mercatorkarte zu überzeugen. Deswegen erkundigte er sich nach Mercators wichtigster Quelle – dem Beleg dafür, dass Mercators vier Inseln nicht nur von Ruysch und Finé abgeleitet waren, sondern auf Beobachtungen aus erster Hand beruhten.[10]

Mercator schrieb am 20. April 1577 zurück. Zufälligerweise hatte er seine Hauptquelle noch zur Hand und sandte Dee eine Abschrift der ungewöhnlichen Geschichte der Nordexpedition, die einst Jacob Cnoyen aus ’s-Hertogenbosch nach dem Bericht eines Priesters aus dem 14. Jahrhundert festgehalten hatte.[11] Dee kopierte, wohl ohne Mercators Wissen, sowohl dessen Brief als auch die Abschrift des Berichts von Cnoyen und fügte eine Einleitung hinzu, in der er erklärte, dass er »seit dem letzten Jahr« Informationen über die »nördlichen Länder und Inseln« gesucht habe und dass einer derjenigen, an die er sich gewandt habe, der »redliche Philosoph und Mathematiker Gerardus Mercator« sei. Dee erklärte weiter, die Abschrift »beweist die ehrliche und weise Hochachtung, die jener meinem Ansinnen entgegenbrachte«.[12]

Dee hatte, was er wollte. Auf der Weltkarte von 1569 hatte Mercator als Quelle lediglich »Jacobi Cnoyen Buscoducensis« erwähnt. Nun konnte Dee seiner Königin den Bericht Cnoyens selbst vorlegen, wenn auch nur in der Abschrift Mercators. Ein gewichtigeres Schriftstück hätte Dee gar nicht verfassen können, beschrieb doch der angesehenste Kartograph Nordeuropas in diesem Dokument unter anderem, wie König Arthur »die nördlichen Inseln bekriegte und [sich] alle untertan machte«. Damit erbrachte Dee den indirekten Beweis, dass die Länder der Arktis bereits vor tausend Jahren von den Briten besiedelt worden waren. Und diese Besiedelung belegte ein mathematisch geschulter und zuverlässiger Autor. Dees Abschrift, die Mercators Namen trug, wenn auch nicht seine Handschrift beziehungsweise seine Unterschrift, bildete gleichsam die Gründungsurkunde des Britischen Reiches.

Weniger als einen Monat, nachdem Mercator Dee die Abschrift des Berichts von Cnoyen geschickt hatte, schrieb Dee erneut nach

John Dee (1527–1608). In Mercators Löwener Zeit waren er und Dee zeitweise unzertrennlich. Später wurde Mercator in Dees Pläne zur Gründung eines Britischen Empire verstrickt.

Duisburg und bat diesmal um Informationen über die enge Anianstraße, die Nordamerika von Asien trennte.[13] Dreizehn Tage später, am 26. Mai 1577, stach Frobisher mit drei Schiffen und 120 Mann in See. Falls Mercator glaubte, dass er den Briten zu weiterem geographischem Verständnis verhalf, so täuschte er sich. Frobisher lief mit Grubenarbeitern und der Weisung aus, die nähere Erkundung der Passage bis auf Weiteres zu verschieben. Die Briten brachen gen Norden auf, um nach arktischem Gold zu suchen.

Am 2. November 1577 konnte Dee in seinem Tagebuch folgendes vermerken: »Ich verkündete der Q ihren Rechtstitel und Anspruch auf Grönland etc. Estotiland, Friseland.« Auf der Rückseite einer Karte der nördlichen Länder fasste Dee die Beweise zusammen, die er der Queen vorgelegt hatte: »Kraft Entdeckung, Besiedelung beziehungsweise Eroberung« erstreckte sich das Britische Empire von Terra Florida über den Nordpol bis Nova Zemla vor der Nordküste Asiens.[14]

*

Im Jahre 1580 waren Frobishers unergiebige Erkundungen beendet, und die Engländer wandten sich erneut der Nordostpassage zu, der von John Dee favorisierten Route nach China. Und abermals wurde Mercator zum Empfänger geographischer Nachfragen.

Der Duisburger Kartenmacher wurde im Frühling 1580 »aus England unterrichtet«, dass Kaufleute, die mit der Russia Company Handel trieben, »heimlich einen äußerst erfahrenen Seemann aussenden« wollten, der die Küste Nordasiens »sogar über das Kap Tabin hinaus« erkunden sollte. Mercators Gewährsmann verriet auch, dass der Seemann Arthur Pet hieß und mit einem schnellen Schiff und Vorräten für zwei Jahre ausgestattet sei.[15] Pets geplante Expedition zur Nordostpassage bot Mercator die außerordentliche Gelegenheit, eine der am wenigsten bekannten Küsten der Welt kartographisch zu erfassen, und versprach schlüssige Anhaltspunkte dafür, ob sich nördlich von Norwegen ein direkter Seeweg nach China bot.

Mercators Gewährsmann war wahrscheinlich der junge Geograph Richard Hakluyt, der an der Universität Oxford studiert hatte und bereits in jungen Jahren als Fachmann für Reisen und Entdeckungen galt.[16] Wie Dee sah auch Hakluyt in Mercator einen Geographen, der den Schlüssel für einige wichtige britische Interessen in der Hand hielt. Hakluyt wandte sich an Mercator und bat ihn dringend um Rat bezüglich der geplanten Reiseroute. Bedauerlicherweise traf sein Brief erst am 19. Juni bei Mercator ein. Pet war bereits drei Wochen zuvor, am 30. Mai, in Harwich ausgelaufen. Weitere fünf Wochen verstrichen, bis Mercator am 28. Juli Zeit fand, Hakluyt zu antworten.

Mercator äußerte sein Bedauern über das verspätete Eintreffen von Hakluyts Brief. »Ich wünschte, Arthur Pet wäre vor seiner Abreise über einige spezielle Punkte unterrichtet worden. Die Reise nach Kathai [China] auf dem östlichen Seeweg ist zweifellos sehr leicht und kurz…« Darüber hinaus, so Mercator weiter, werde die Nordostpassage den Zugang zum Inneren Asiens eröffnen – über die »großen Flüsse«, die in die »große Bucht« strömten, welche jenseits der »Insel Vaigats und Nova Zembla« lag. Mercator empfahl den englischen Händlern, einen Hafen an einem der Zuflüsse der großen Bucht zu wählen, »von wo aus sich später die Landspitze Tabin und die gesamte Küste Kathais leichter und gefahrloser erkunden lässt«. In offensichtlicher Sorge um Pets Schicksal beschrieb Mercator die »äußerst zahlreichen Felsen und die ungeheuer schwierige und gefährliche Strecke« jenseits von Tabin sowie die Gefahren der Kompassabweichung bei der Annäherung an den Magnetberg. »Wenn Kapitän Arthur darauf nicht genügend vorbereitet oder nicht geschickt genug ist, die Abweichung zu korrigieren, fürchte ich, dass er beim Umherirren Zeit verliert und mitten in der Unternehmung vom Eis überrascht wird.«[17]

Das Ergebnis von Pets Erkundung war von größtem Interesse für Mercator, der seine neuen Karten der nördlichen Breiten noch nicht auf Kupferplatten gestochen hatte. Zusammen mit seiner Einschätzung der Nordostpassage schickte er Hakluyt eine Reihe von Fragen, die sich, wie er hoffte, nach Pets Rückkehr beantworten ließen: Wie hoch war die Flut an den asiatischen Küsten der Nordostpassage? Strömte das Meer in der Passage nach Osten oder nach Westen oder stieg und fiel es mit den Gezeiten? Des Weiteren wollte Mercator wissen, ob Frobisher dieselben Informationen auch für die Nordwestpassage liefern könne.

Mercator beantwortete Hakluyts Fragen gewissenhaft und erklärte sich bereit, weitere Erkenntnisse mitzuteilen. Gleichzeitig forderte er den Engländer auf, sämtliche Beobachtungen, die sich aus den Reisen Pets und Frobishers ergaben, nach Duisburg zu melden. Mercator betonte den Wert solcher Beobachtungen und beteuerte, er werde dergleichen Informationen »nach Eurem Wunsch und Ermessen unter Verschluss behalten«.[18]

*

Doch Mercators Wunsch erfüllte sich nicht. Über Rumold hatte Ortelius seinem Freund Mercator einen Bericht über Drakes »neue englische Reise« zukommen lassen; gemeint war Drakes im Jahr 1577 begonnene Weltumseglung. Eine weitere Nachricht folgte nach dessen Rückkehr im September 1580. Mercator war offenkundig enttäuscht darüber, dass er nichts Schlüssiges über Drakes Route in Erfahrung bringen konnte. »Ich bin überzeugt,« schrieb Mercator im Dezember an Ortelius, »dass es keinen anderen Grund dafür geben kann, die auf dieser Reise eingeschlagene Route so gründlich zu verheimlichen beziehungsweise unterschiedliche Berichte über die gewählte Route zu verbreiten, als dass man auf sehr reiche Regionen gestoßen sein muss, die bisher noch nicht von Europäern entdeckt worden sind.« Dies beweise der »riesige Schatz an Silber und Edelsteinen, den man angeblich durch Plünderungen erworben hat«. Mercator war ferner der Überzeugung, dass Pets geheime Reise zur Nordostpassage im Grunde eine Such- und Begleitoperation war, um Drake mit seinen Reichtümern nach Hause zu geleiten. Mercator ging von seiner eigenen Weltkarte aus, auf der er freilich den entscheidenden Engpass der Nordwestpassage geflissentlich mit einer Kartusche verdeckt hatte, und vertrat gegenüber Ortelius die Ansicht, Drake müsse von Osten her zurückgekehrt sein, weil – wie Frobisher bewiesen habe – die Nordwestpassage »von zahlreichen Klippen versperrt« sei.[19]

*

Ein paar Monate später erhielt Mercator dann doch einige Informationen über die Nordküste Asiens, nämlich in Form eines Briefes von John Balak aus »Arusburg am Fluss Osella«.[20] Balak, der wahrscheinlich in Löwen gemeinsam mit Mercator die geographischen Schriften von Homer, Strabon, Aristoteles, Plinius und Dionysius studiert hatte, berichtete seinem »teuren Freund«, er habe unlängst einen »gebürtigen Niederländer« namens »Alferius« kennen gelernt, der »einige Jahre lang … auf dem Gebiet

Russlands« gefangen gehalten worden war. Alferius war von denen, die ihn gefangen hielten, gezwungen worden, nach Antwerpen zu reisen, wo er »geschickte Kapitäne und Matrosen anwerben sollte, indem er großzügige Entlohnung versprach«. In Russland sollten die Seefahrer an Bord zweier Schiffe eines schwedischen Schiffsbauers »den Fluss Dwina« erkunden.

Dies war jedoch nur eine Randepisode. In dem Brief erfuhr Mercator, Balak sei von Alferius in die Route nach China eingeweiht worden. Balak fuhr fort: »Die Erfahrung dieses Mannes wird Euch sehr bei der Erkenntnis gewisser Sachverhalte helfen, nach denen Ihr so intensiv strebt und zu denen die neueren Kosmographen solch unterschiedliche Auffassungen vertreten – nämlich die Entdeckung des riesigen Kaps von Tabin und der berühmten und reichen Länder, die dem Kaiser von Kathai untertan sind, und [der Länder] am Nordöstlichen Ozean.«

In einer merkwürdigen Wiederholung der Ausdrucksweise, die Mercator ein Jahr zuvor selbst gebraucht hatte, erklärte Alferius, der Seeweg nach China durch die Nordostpassage sei »ohne Zweifel sehr kurz und leicht«. Anscheinend war Alferius bis zum Ob gereist, sowohl zu Lande als auch auf dem Seeweg. Die restlichen Zeilen des Briefes befassten sich mit dem unglaublichen Plan, den Alferius ersonnen hatte, nämlich Ende Mai mit einer »Barke voller Handelsgüter« nach Osten zum Ob zu segeln. Wenn alles gut lief, wollte der niederländische Abenteurer die Mündung des Ob erkunden, »um zu erfahren, wo der Fluss am besten zu befahren ist«, und dann »gegen den Strom« ins Landesinnere vorstoßen, durch »das Land Siberia« zum »Kittay-See, … an den jenes mächtige und große Volk angrenzt, das als Carrah Colmak bezeichnet wird und kein anderes als das von Kathai ist«.

Zum Schluss des Briefes erklärte Balak, Alferius habe versprochen, Mercator in Duisburg zu besuchen, »denn er wünscht sich mit Euch zu beraten, und zweifellos werdet Ihr dem Mann sehr nützen«. Falls Alferius in jenem Frühjahr tatsächlich nach Duisburg kam, so hinterließ sein Besuch keinerlei Spuren. Und auch Balak schien kein weiteres Mal geschrieben zu haben. Doch Tabin und der Ob wurden auf den Karten, die Mercator für seine »neue Geographie« ausarbeitete, groß herausgestellt.

Die rege Korrespondenz zwischen den englischen Briefpartnern und Mercator schlief 1581 weitgehend ein. Der Briefwechsel war für beide Seiten relativ unbefriedigend gewesen. Die Engländer hatten keine definitive Bestätigung der Quelle für Mercators Arktis-Darstellung erhalten, und Mercator war der Meinung, sie behielten wichtige Informationen über ihre Entdeckungen für sich. Doch zumindest eine Zeit lang stand der Stubenhocker in weit engerem Kontakt zur Speerspitze der Entdeckungsreisenden als in all den Jahren zuvor. Die englischen Seefahrer hatten immer wieder versucht, nach China zu gelangen, doch obwohl »der Fürst der Geographen« mit seinem Wissen ausgeholfen hatte, blieben Nordwest- und Nordostpassage unentdeckt.

28

Die Neue Geographie

Als Mercator der Qualen der Ptolemäus-Korrekturen endlich entbunden war, hatte sich die Arbeit an den modernen Karten seiner Kosmographie mit unterschiedlichem Fortschritt bereits über mehr als zehn Jahre hingezogen. Um den kartographischen Teil der Kosmographie zu vollenden, musste Mercator die gesamte Erde nach dem zeitgenössischen geographischen Wissensstand darstellen. Diese Karten bezeichnete Mercator nun als seine »Neue Geographie«.[1]

In den drei Jahrzehnten, die seit der Arbeit an seiner Wandkarte Europas verstrichen waren, hatte sich Mercators Vorstellung von der Geographie und vom Zweck geographischer Karten verändert. Die Geographie drehte sich nicht mehr bloß um die graphische Darstellung von Flüssen und Küsten, Bergen und Städten. Vielmehr fand sie eine neue, nach-ptolemäische Anwendung. Gleichsam in einem geographischen Manifest erklärte Mercator, der »außergewöhnliche Rang« der Geographie bestehe darin, zum »Wissen um politische Regimes« beizutragen. Die Geographie behalte ihre Bedeutung für die Rechtsordnung der geographischen Lokalitäten bei, doch inzwischen müsse sie auch das »Wesen«, die Verhältnisse und die »Atmosphäre« von Orten beschreiben. Ohne dies, so Mercator, bliebe die Geographie eine tote Materie.[2]

Diese politische Dimension bildete indes weit mehr als bloß eine weitere Schicht kartographischer Daten; sie verlieh den Karten einen ganz neuen Zweck – und eine eigene Macht. Mercator strebte danach, die Rolle der Karten als einem irdischen Instrument zur Beschreibung des Schöpfungswunders zu erweitern. Karten konnten auch dazu verwendet werden, das Wirken menschlicher Kräfte darzustellen; Karten konnten politische (und religiöse) Regionen ebenso deutlich veranschaulichen wie die Berge und Flüsse, die benachbarte Landstriche trennten. Später beteuerte Mercator, es sei nicht seine Absicht gewesen, »politische statt geographischer Studien zu betreiben«. Vielmehr wolle er lediglich »aufzeigen, wie die beiden Studienzweige, jener der Geographie und jener der politischen Regimes, sich gegenseitig beleuchten können«.[3] Wie immer strebte er nach Harmonie und Ausgleich.

Mercator kann jedoch nicht blind gegenüber den impliziten Folgerungen seiner »Neuen Geographie« gewesen sein. Immerhin bestand ein grundlegender und weitreichender Unterschied zwischen einer topographischen und einer politischen Grenze. Während Berge und Flüsse kartographisch unzweideutig waren, blieben die Grenzen zwischen menschlichen Gruppierungen offen für unzählige Veränderungen – und damit für kartographische Manipulation.

Nur wer in Grenzgebieten aufgewachsen war, konnte zu dieser klaren Einsicht gelangen. Gangelt, Rupelmonde, 's-Hertogenbosch und Duisburg lagen alle nur einen Steinwurf von einer anderen politischen Einheit entfernt. Darüber hinaus war Mercator in einer Gegend aufgewachsen, die ebenso viele politische Grenzen aufwies wie Flüsse. Je nachdem welche Grenze er betrachtete, konnte er »Deutscher«, »Gallier« oder »Belgier« sein; er konnte Untertan des Heiligen Römischen Reiches, der Habsburger, der Spanier oder seines Herzogs sein. Wie der Geograph Sebastian Münster in seiner *Cosmographia* von 1552 bemerkte, wurden regionale Grenzen nicht mehr von Fluss und Fels bestimmt, sondern von »Sprache und Herrschaft«.[4]

Der neue Zweck der Geographie verlieh ihr zugleich eine ungeheure Macht. Für Mercators Zeitalter des Humanismus war alles Gedruckte maßgeblich. Mit seinen Karten konnte er politische Unterscheidungen schaffen. In der Praxis war die Darstellung politischer Geographie eine Frage der selektiven Wahl; der Kartograph entschied, welche Kategorie von politischer Grenze zu markieren war.

Die Neue Geographie erforderte aber auch ergänzende Texte zur Erläuterung der diversen Kriterien, mit denen jedes Gebiet beschrieben wurde. »Aus diesem Grund«, erklärte Mercator, »halte ich es für äußerst bedeutsam, meinen Karten für jede Region eine angemessen abgesetzte Erörterung von Wesen und Ordnung der Regierungsformen in den untergebenen Örtlichkeiten von jeder Region voranzustellen, sodass unsere Arbeit jenem zugute komme, der sich mit politischer Gliederung und mit den Formen von Gemeinwesen befasst«.[5]

Mercators »Neue Geographie« war weit mehr als nur ein weiteres Kartenbuch. Die Arbeit seiner Vorgänger mag verdienstvoll gewesen sein, doch die Bücher von Ortelius und de Jode bestanden aus Karten, die von diversen anderen Kartographen kopiert worden waren. Die einzelnen Blätter wiesen deshalb unterschiedliche Maßstäbe und Standards auf und passten im Allgemeinen nicht zusammen. Mercator hingegen ersetzte kartographisches Flickwerk durch einen neuen, verbesserten und universellen Standard.

Seine Karten waren von einem Einzelnen recherchiert und gezeichnet worden und entsprachen einer einheitlichen redaktionellen Norm. Sie richteten sich nach einem einheitlichen Stil, der eine größere Genauigkeit und Klarheit gewährleistete. So verwirrte die Neue Geographie nicht durch überflüssige Legenden und beliebig beigefügte Ziergestalten. Die wichtigste technische Neuerung bestand jedoch in der Einführung von Überlappungen zwischen den einzelnen Kartenblättern. »Somit erscheinen alle Orte, die unmittelbar an den Rändern einer jeden Karte liegen, noch einmal auf den benachbarten Karten, und in jedem Fall weisen sie dieselbe Länge, Breite und Entfernungen auf, sodass der Wechsel und Übergang von einer Karte zur nächsten gleichermaßen er-

Der Prozess des Kartenmachens: Vermesser bei der Arbeit auf dem freien Feld (oben) und ein Kartograph in seinem Atelier (unten). Aus Paul Pfinzings *Methodus Geometrica*, 1596.

kennbar und wahrnehmbar ist, so als gebe es eine durchgehende Karte, die beide Beschreibungen enthält.« Der einzige Unterschied, so Mercator, bestand darin, »dass sich die Karten oft nicht mit derselben Größenordnung von Himmelsgraden vergleichen lassen, sodass die Distanz einer Meile... auf einer größer ist als auf der anderen«.[6] Mit anderen Worten: Die Überlappungen auf benachbarten Karten waren in jeder Hinsicht identisch, außer in Bezug auf den Maßstab.

Mit dieser gleichsam durchgehenden Karte konnte der Politiker oder der Gelehrte zu Hause bequem den ganzen Globus durchmessen. Der Maßstab jeder Karte spiegelte das verfügbare geographische Wissen über den jeweiligen Kontinent. Afrika, Asien, Amerika und der geheimnisvolle südliche Kontinent »Australis« (beziehungsweise »Magellanica«) erforderten daher weniger Regionalkarten als Europa.

Als ob dieses Vorhaben nicht schon ehrgeizig genug gewesen wäre, legte Mercator bestimmte Karten so an, dass sie zu regionalen Wandkarten zusammengefügt werden konnten. Dies machte die Gesamtplanung ungeheuer kompliziert, da diese Karten mit »Doppelfunktion« [7] identische Maßstäbe und aufeinander abgestimmte Ausschnitte aufweisen mussten. Bei den Doppelfunktionskarten kam es auch darauf an, Informationen wie Legende, Druckprivileg und Titelkartusche so zu platzieren, dass sie weder wiederholt noch verdeckt wurden, wenn nebeneinander liegende Karten zusammengeklebt wurden. Aus diesem Grund hatten einige dieser Karten keine Titelkartusche.

Mit der Vorstellung, dass benachbarte kartographische Regionen zusammenpassen konnten und sollten, demonstrierte Mercator, dass sich der gesamte Planet nahtlos in Ptolemäus' chorographischem Maßstab darstellen ließ. Mercators moderne Karten deckten die dreidimensionale Erdkugel mit zweidimensionalen Kartenblättern ab. Damit gewährte er jedem Erdenbürger Zugang zu einer mathematisch präzisen Darstellung seines eigenen Feldes in Gottes Schöpfung.

Solch ein komplexes und ehrgeiziges kartographisches Unternehmen stellte ein ungeheures Unterfangen dar, dem die Entwicklung der vorausgegangenen zwanzig Jahre zugute kam. Als Mercator 1578 dem Marschall von Jülich, Werner von Gymnich, ein Exemplar seiner ptolemäischen Karten geschickt hatte, schätzte er, dass die »nieuwe geographie« mindestens hundert Karten erfordern würde – zehn mehr, als de Jode kurz zuvor in seinem *Speculum* herausgebracht hatte.[8] In dem Brief an Gymnich klang auch die Befürchtung an, dass seine Pläne vielleicht ein wenig *zu* ehrgeizig waren. Mercator gab zu, dass er bei den Recherchen für die Karten auf Probleme stieß, und fragte Gymnich, ob dieser bei dessen bevorstehender Italienreise nützliche Informationen besorgen könne. Mercator musste einsehen, dass die Ausarbeitung einer umfassenden und exakten kartographischen Unterabteilung der geplanten Kosmographie weit mühsamer war als erwartet.

Die Neue Geographie sollte nicht als zusammenhängendes Gesamtwerk erscheinen, sondern in Einzelausgaben. Bei seiner niedrigen Gewinnspanne blieb Mercator nichts anderes übrig, als das Werk in Einzellieferungen aufzuteilen. Die achtundzwanzig ptolemäischen Karten hatten etwa ein Jahrzehnt seiner Lebenszeit in Anspruch genommen. Für die ungefähr einhundert Karten der »Neuen Geographie« mussten Quellen studiert werden, die noch versprengter und widersprüchlicher waren als die des ptolemäischen Kanons. Die Publikation aufzuschieben, bis alle hundert Karten vorlagen, war aus finanzieller Sicht untragbar.

Die Neue Geographie wurde zudem schließlich in einer anderen Abfolge herausgegeben als ursprünglich geplant. Anstatt die nördlichen Regionen zuerst zu veröffentlichen, brach Mercator mit der ptolemäischen Tradition und publizierte als Erstes »die Nederlanden mit Vranckrijck unde Duytslant«. Der Grund, so teilte er Gynmich mit, bestand darin, dass er von den Niederlanden, Frankreich und Deutschland bessere Beschreibungen besaß.

*

Nach jahrzehntelanger minutiöser und konzentrierter Arbeit stellte Mercator fest, dass er nicht mehr in der Lage war, »am hellichten Tage Buchstaben zu unterscheiden«. Er selbst führte diesen Zustand weniger auf das Nachlassen der Sehschärfe im Laufe des Alters zurück als vielmehr »auf dicke und zähe Säfte«, die sich »um den Sehnerv gelegt« hatten. Der Leibarzt des Herzogs, Reiner Solenander, verschrieb das zuverlässigste Heilmittel, das bekannt war – die Bergblume Euphrasia beziehungsweise »Augentrost«. Mercator sollte die Pflanze trocknen und als Lösung in »gutem Rheinwein« zu den Malzeiten trinken. Nach etlichen Monaten bemerkte Mercator tatsächlich eine Besserung. »Dank dieses Heilkrauts sind die Säfte auf wunderbare Weise aufgelöst, verdünnt und aus meinem Kopf herausgespült worden. Da aber die Sehschärfe nachlässt, halte ich es für sinnvoller, Fenchelsamen zu kauen, ohne jedoch auf eine mäßige Dosis Euphrasia zu verzichten.«[9]

Dass Mercator wie gewöhnlich keine geschickten Kupferstecher zur Verfügung standen, verschlimmerte die Situation. Einer der besten Kartenstecher war sein ältester Sohn, der einige der ptolemäischen Karten gestochen hatte. Doch Arnold, klagte Mercator, war zu sehr mit den Belangen seines erlauchten Fürsten beschäftigt, dem er durch ein Stipendium verpflichtet war. Rumold arbeitete immer noch für Birckmann. Frans Hogenberg hatte Mercator eine Zeit lang bei den neuen Stichen geholfen, fertigte jedoch nur eine Hand voll Karten, bevor er an seine eigene Arbeit zurückgerufen wurde.[10] Mercators einziger ständiger Assistent war Arnolds ältester Sohn, Johann, der damals erst Anfang zwanzig war.

Anfang 1583 konnte Mercator dem befreundeten Humanisten Ludger Heresbach mitteilen, dass er sechs der Karten für Deutschland »fast abgeschlossen« habe und die Karten für Frankreich »bis zum Ende des Jahres« fertig zu stellen hoffe. In seiner Antwort konnte Heresbach seine Enttäuschung darüber nicht verhehlen, dass die Deutschlandkarten nicht als Erstes erscheinen sollten. Mercator hatte erklärt, dass er sich »aus dringenderen Gründen« gezwungen sah, sich auf die Frankreichkarten zu konzentrieren, konnte diese Gründe jedoch nicht näher erläutern. Die Deutschlandkarten, versicherte er, würden sich schließlich auf »insgesamt etwa zwanzig« Blätter belaufen, von denen viele bislang nicht veröffentlicht worden waren. Erst wenn er diese abgeschlossen habe, wolle er sich Italien, Spanien, England und anderen Ländern zuwenden.[11]

Die Fortschritte seiner Kosmographie wurden jedoch nach wie vor dadurch gehemmt, dass Mercator gezwungen war, Globen zu bauen. Vor der Frühjahrsmesse von 1583 berichtete er, dass er alle Globen, die er besaß, nach Frankfurt geschickt habe und noch weitere bauen wolle; er rechnete damit, dass es drei Monate dauern werde, bis sie fertig waren, und beabsichtigte, sie für zehn Taler pro Stück zu verkaufen. In jenem Frühjahr erschien auch die Neuausgabe von Mercators Ptolemäus. Fünf Jahre nach der Veröffentlichung der ptolemäischen Karten war Pirckheimers lateinischer Text der *Geographike* von Arnold Mylius überarbeitet worden, und Mercators Ausgabe erschien nun in ihrer vollständigen Form mit neuer Titelseite und neuem Titel: »Acht Bücher der Geographie des Claudius Ptolemäus, sorgfältig korrigiert und neu veröffentlicht, nebst Karten, im Geist des Autors erstellt und korrigiert von Gerardus Mercatorem.«

Der Krieg war wieder einmal bis vor Mercators Haustür vorgerückt. Nachdem der Kölner Erzbischof zum Kalvinismus übergetreten war, wüteten bayrische und spanische Truppen in der gesamten Region, auch um Duisburg, um den widerspenstigen Kleriker zur Räson zu bringen. Doch der eigentliche Kampf wurde in den Niederlanden ausgefochten, wo die Spanier unter Leitung des gerissenen Taktikers Alexander Farnese, des Herzogs von Parma, mit einer gnadenlosen Rückeroberung begonnen hatten. Nachdem sich Farnese im Hennegau einen Stützpunkt gesichert hatte, arbeitete er sich systematisch nach Norden vor. Im Sommer 1583 eroberte er Dünkirchen zurück, im Oktober stieß er an die Schelde vor und drang von dort aus ins Landesinnere, bis Rupelmonde, vor. Der Hafenort, in dem Mercator aufgewachsen und inhaftiert gewesen war, wurde verwüstet.

Durch die spanische Rückeroberung wurde die politische Landschaft der Niederlande drastisch verändert. Nach Brügge ergaben sich auch Dendermonde und Gent. Der Herzog von Parma drang bis Brabant vor, und nichts schien den offenbar unbesiegbaren Krieger davon abzuhalten, die Niederlande für seinen spanischen, katholischen König zurückzuerobern. Im September 1584 wurde Vilvoorde eingenommen. Anschließend wandte sich Farnese dem größten Beutestück zu – Antwerpen. Als das spanische Militär die Stadt in den Würgegriff nahm, brachte der Antwerpener Drucker Christoph Plantin eilig ein Buch heraus, das die Tugenden des »belgischen Gallien« pries. Es war Gerhard Mercator gewidmet.

*

Das Buch mit dem Titel *Itinerarium per nonnullas Galliae Belgicae partes* (Bericht über eine Reise durch einige Teile des belgischen Gallien) trug das Datum Oktober 1584 und schilderte die (in Kapitel 25 beschriebene) Reise, die Ortelius, Vivianus, Scholiers und van Schille neun Jahre zuvor unternommen hatten, während Mercator damit rang, seine Ptolemäus-Karten zu vollenden.

Der dünne Oktavband mit neunundsiebzig Seiten war von Ortelius und Vivianus verfasst worden, und zwar in Form eines Briefes an Mercator, der die Reisenden im Geiste begleitete. An verschiedenen Stellen war der Text durch Illustrationen ergänzt. Der Bericht verzichtete auf überflüssige Anekdoten und beschränkte sich – wie Mercators moderne Karten – auf das Wesentliche.

*

Im Sommer 1585 war Mercator endlich so weit; die erste Lieferung der neuen Geographie sollte auf der Herbstmesse in Frankfurt dem Buchhandel vorgestellt werden. Diese Lieferung umfasste einundfünfzig Karten nebst etlichen Seiten Begleittext:

einer zweiseitigen Notiz »An den eifrigen und geneigten Leser«, vier Seiten »Über die politische Verfassung des Königreichs Frankreich«, einer einseitigen »Anleitung zum Gebrauch der Karten«, einem »Verzeichnis der Karten Galliens«, dem Widmungsbrief an Herzog Johann Wilhelm und einem Register der Namen, die auf den Karten auftauchten. Für Mercator war dies eine erstaunliche Leistung; diese einundfünfzig Blätter übertrafen die kartographische Ernte seines gesamten bisherigen Lebens um mehr als das Doppelte.

In der Widmung an den Herzog erklärte Mercator, dass die große, lang erwartete Kosmographie noch nicht in ihrer Gesamtheit veröffentlicht werden konnte, da sich die Arbeit schwieriger gestaltete als erwartet. Mercator erläuterte seinem Herzog den Gesamtplan der Kosmographie, der einige Änderungen erfahren hatte, seit er siebzehn Jahre zuvor im Vorwort zur *Chronologia* umrissen worden war. Die Kosmographie bestand nun aus sechs statt aus fünf Teilen: Der erste behandelte »die Erschaffung der Welt und die Anordnung ihrer Teile insgesamt«. Der zweite befasste sich mit der »Reihenfolge und Bewegung der Himmelskörper« und der dritte mit »deren Natur, Strahlung und Ablenkung der wirkenden Kräfte«. Den vierten Teil bildeten »die Elemente« und den fünften »die Beschreibung der Reiche und der ganzen Erde«. Der sechste Teil schließlich bestand aus »den Genealogien der Fürsten seit der Schöpfung der Welt, um die Wanderungen von Völkern, die ersten Bewohner der Länder, die Zeiten der Erfindungen und die Ereignisse des Altertums zu erforschen«. Der neue Abschnitt über das Verhalten von Himmelskörpern war eingefügt worden, »um nach einer richtigeren Astrologie zu suchen«. Ansonsten war der Inhalt ähnlich, wenn auch leicht umgeordnet. Dies war, so Mercator weiter, »die natürliche Reihenfolge der Dinge, die deren Gründe und Ursprünge leicht aufzeigt und zu wahrer Kenntnis und Einsicht der beste Führer ist«.[12]

Dann beschrieb Mercator die erwähnten Schwierigkeiten, mit denen er kämpfte und die den Abschluss der Arbeit verzögerten. Dennoch schien es nicht gerechtfertigt, den Lesern jenen Teil vorzuenthalten, den er bereits abgeschlossen hatte, auch wenn er alles bis zur Vollendung des gesamten Werkes hätte zurückhalten können. Sein Unmut war nicht zu übersehen, doch unter den gegebenen Umständen blieb ihm gar nichts anderes übrig. Es erschien ihm vordringlich, jene Karten der Neuen Geographie herauszubringen, die bereits gestochen waren und »die der Öffentlichkeit zu diesem Zeitpunkt am meisten nützen, nämlich die von Gallia und Germania«.[13]

Immerhin hatte er einen Anfang gemacht. Ungefähr siebenundvierzig Jahre waren vergangen, seit Mercator erstmals im Druck seine Absicht bekundet hatte, die Welt nach Regionen darzustellen. Kartenkäufer hatten ein Leben lang auf diesen Augenblick gewartet.

*

Die Karten sahen langweilig aus. Die Frankfurter Buchhändler müssen die Köpfe geschüttelt haben. Wo waren die Legenden, die Kompasse und Verzierungen, wo die schroffen Klippen und Katarakte? Wo waren die Flotten von Karavellen? Und wo, um Himmels willen, waren die Fische? Und die Umrahmungen waren ausgesprochen schmucklos; es waren nüchterne Linien, die laufend mit Längen- und Breitengraden markiert waren. Die Kartentitel waren nur dürftig verziert, und einige Karten hatten überhaupt keinen Titel. Keine der Karten sah auch nur annähernd wie ein *Bild* aus. Verglichen mit den exotisch dekorierten und modisch aufgemachten Karten des *Theatrum* oder des *Speculum* wirkten Mercators phantasielos betitelte *Geographischen Karten Galliens* eher fad.

Nur wenige der Händler in der Buchgasse dürften erkannt haben, worauf es Mercator ankam. Die einundfünfzig Blätter mögen nüchtern gewirkt haben, doch es handelte sich nicht um einen weiteren x-beliebigen Satz regionaler Karten; sie bildeten die erste Teillieferung einer universellen Mehrzweckkartographie. Mercators Karten überlappten sich und deckten die dargestellten

Regionen nahtlos ab. Sie wiesen unterschiedliche Maßstäbe auf, die Gesamtüberblicke über ganze Reiche beziehungsweise Nahaufnahmen einzelner Ausschnitte ermöglichten. Die Karten konnten einzeln verkauft oder thematisch zu Kartenbüchern zusammengebunden werden. Viele benachbarte Karten (jene ohne Titel) konnten zurechtgeschnitten und zu einer Wandkarte zusammengeklebt werden. Aus den einundfünfzig Kartenblättern ließen sich nicht weniger als sieben Wandkarten zusammenstellen: Karten für Lothringen, Burgund (vielleicht ein Geschenk an Perronet), Elsass, Niedersachsen mit Braunschweig, Hessen mit Thüringen und Westfalen (an dessen unteren Rand sich ein Blatt von Bergen, Mark und Köln anfügen ließ). Die größte Wandkarte, die sich zusammensetzen ließ, war eine prächtige Darstellung der Schweiz auf vier Blättern. Bis auf ein paar kleinere Unregelmäßigkeiten passten die einzelnen Blätter exakt zusammen; wurden die Blätter zusammengeklebt und koloriert, war der Falz so gut wie unsichtbar.

Mercators Karten waren überdies genau. Musste im Text die Lage eines Ortes angegeben werden, nannte er nicht nur die entsprechenden Längen- und Breitengrade, sondern auch die Minuten. Auch die Lage der Orte, die im Register erschienen, waren bis auf die Minute genau angegeben.

Mercators Karten waren praktisch und leicht zugänglich; ihre zweckmäßige Aufmachung förderte die Bildung. Dies war auch das Leitprinzip der Begleittexte. In dem Abschnitt mit dem Titel »Anleitung zum Gebrauch der Karten« erhielten Allgemeinleser und Nichtgeographen eine knappe Einweisung in den graphischen Aufbau von Karten, die Markierung mit Längen- und Breitengraden und die Unterteilung der Grade in jeweils sechzig Minuten.

Dass Mercator beabsichtigte, den gesamten Globus mit diesen präzisen, überlappenden Karten abzudecken, muss den Zeitgenossen noch unglaublicher erschienen sein, nachdem sie nun die ersten Beispiele im Druck vor Augen hatten. Allein die Vervollständigung Europas sollte ein immenses Unterfangen werden.

Danach ging es an »Afrika, Asien, Amerika und, falls es entdeckt wird, was wir hoffen,... das magellanische oder südliche Land (Australis)«.[14]

*

Mit seinen ersten Karten hatte Mercator seinen Lesern ein riesiges Gebiet von der Atlantikküste Frankreichs bis nach Polen und Ungarn erschlossen. Der Gesamtraum dieses Territoriums wurde auf zwei Überblickskarten dargestellt, die mit den Titeln »Gallia« beziehungsweise »Germania« versehen waren. Mercators Definition von »Gallien« entsprach im Großen und Ganzen dem römischen Gallien, einem viereckigen Gebiet, das vom Atlantik, den Pyrenäen, dem Mittelmeer, den Alpen und dem Rhein begrenzt wurde. Sein »Germanien« war ein Konglomerat, das sich über die Grenzen des Heiligen Römischen Reiches ausdehnte und auch Teile der ehemaligen römischen Provinzen Rätien, Noricum und Panonia einschloss.

Die prestigeträchtigen ersten Seiten der Neuen Geographie nahm Gallien ein – als Symbol einer funktionierenden Monarchie. Die Franzosen (»das weiseste und kriegerischste Volk«) hatten bei dem Bestreben, sich die besten politischen Verhältnisse zu schaffen, erkannt, dass es wünschenswert sei, »sich in allen Angelegenheiten an eine einzige Person zu wenden«. Mercator erwähnte das Deutsche Reich nicht namentlich, doch es war klar, welches politische System er meinte, als er hinzufügte, »das Gemeinwesen« erleide »Schwierigkeiten und Gefahren, wenn mehrere Personen gleichzeitig das Sagen haben«.[15]

Frankreich war auf regionaler Ebene bislang nie systematisch kartographiert worden. Mit drei überlappenden Blättern – sowie weiteren vier Blättern in einem größeren Maßstab zu besonderen Örtlichkeiten wie Boulogne und Guines und dem Herzogtum Berry an der oberen Loire – deckte Mercator die gesamte Monarchie ab. Gerade als Frankreich von religiösen Konflikten zerrissen wurde, stellte Mercator das Land als vereinigtes, zusammenhängendes Ganzes dar, das aus Regionen von eigenständigem geographischem Charakter bestand.

Gallien und Germanien waren indes nicht die einzigen Domänen. Mercator hatte von Gallien und dem Heiligen Römischen Reich ein drittes Gebiet abgezwackt, dessen politische Präsenz durch die Spitze seiner Stechnadel auf subtile Weise legitimiert wurde.[16] Dieses Territorium erschien am westlichen Rand der Germanienkarte und am östlichen Rand der Gallienkarte, wurde aber auf keiner der beiden eigens genannt. Es wurde jedoch mit einer eigenen Titelseite und einer eigenen Übersichtskarte ausgewiesen. In seiner Darstellung der politischen Geographie der Region erinnerte Mercator daran, dass Julius Cäsar Gallien in Celtica, Aquitania und Belgica unterteilt hatte. »Der König von Spanien«, fuhr er fort, »besitzt nun schon seit einigen Jahrhunderten eine Hälfte Belgicas«, während die andere Hälfte, »nämlich die Picardie, die Champagne, die Normandie (deren letztere zwei Bestandteile allerdings nicht ganz in Belgien aufgehen) und der übrige Teil Belgiens den Herzögen von Lothringen und von Jülich und Kleve, den Erzbischöfen von Trier, Mainz und Köln sowie dem Bischof von Lyon und anderen gehören«.[17] Aus jenem Teil Galliens, den der König von Spanien besaß, hatte Mercator »Belgii inferioris«, das untere Belgien, gemacht; diese Region umfasste Flandern, Brabant, Holland, Zeeland, Geldern, Artois, den Hennegau, Trier und Luxemburg. Nicht weniger als neun der einundfünfzig neuen Karten waren dem Gebiet »Belgii inferioris« gewidmet.

Der Begleittext rühmte Belgica als den edelsten Teil Galliens. Zwar sei »ganz Belgica ausgesprochen berühmt, [doch] der Teil, der stets dem katholischen [d. h. spanischen] König gehörte, ist bei Weitem der edelste«. Das untere Belgien sei deswegen so berühmt, weil es »Ursprung und Heimat so vieler Monarchen, Könige, Fürsten und Herzöge« war – »und wegen der dicht bevölkerten und ungeheuer reichen Städte sowie der erstaunlichen Vielzahl ihrer Einwohner und deren Reichtum, Gesittung und Geistesstärke«. Weder Gallia noch Germania wurden in solchen

Begriffen beschrieben. Was damit angedeutet werden sollte, war klar: Das untere Belgien war kein politisches Anhängsel Frankreichs oder Deutschlands. »Es heißt«, fügte Mercator hinzu, »selbst Kaiser Karl V. sei so bewegt gewesen von diesen [Eigenschaften], dass er oft überlegte, ob er diese Provinzen zu einem Königreich erheben solle.«[18]

Es war kein Zufall, dass in dem Buch, das Ortelius und Vivianus im Jahr zuvor Mercator gewidmet hatten, eine Reise durch das »belgische Gallien« beschrieben worden war. Die römischen Altertümer, das Grab Mandevilles, der Schrein des heiligen Nikolaus und die Begegnungen mit gelehrten Humanisten bildeten Episoden einer Erzählung, die den geschichtlichen Rang und die kulturelle Zusammengehörigkeit des belgischen Galliens veranschaulichen sollten.

*

Die Hand des politischen Kartographen wirkte jedoch auch auf einer etwas regionaleren Ebene. Unter den einundfünfzig Karten befand sich nur eine einzige, die keinen Titel trug und nicht Teil einer Wandkarte war. Diese Karte wich von dem ansonsten einheitlichen Muster ab. Sie wies einen ganz anderen Maßstab auf als ihre Nachbarblätter und enthielt außer dem üblichen Signum »Per Gerardum Mercatorem Cum Privilegio« keinerlei redaktionelle Information. Das dargestellte Gebiet war weder eine geschlossene politische Domäne noch eine einheitliche geographische Region. Keine andere Karte war so dicht mit Ortsnamen übersät. Der Titel fehlte, weil es keinen leeren Raum gab, in dem er Platz gefunden hätte.

Auf der Rückseite war das Kartengebiet als »Brabantia, Gulick et Cleve« gekennzeichnet. Mitten aus dem unteren Belgien, das Mercator als die edelste Region Nordeuropas würdigte, hatte er ein Rechteck herausgeschnitten, das Brabant und die Territorien Herzog Wilhelms umfasste und das er hiermit als Herzstück des unteren Belgien präsentierte. Innerhalb dieses Rechtecks lagen die geographischen Arterien und Organe der Region: die Flüsse Schelde, Maas und Rhein sowie die Städte Antwerpen, Mecheln, Brüssel, Löwen, Köln, Lüttich und Aachen – die Zentren des Handels, des Druckgewerbes, der Kartographie, der Wissenschaften und der Kirche. Im Gebiet dieser Karte waren Karl V. gekrönt und Sir John Mandeville begraben worden.

Die Karte »Brabantia, Gulick et Cleve« wies außerdem engste Bezüge zu Mercators eigener Biographie auf, denn sie versammelte sämtliche Orte, an denen er gelebt hatte. In der rechten Hälfte der Karte lag Gangelt, wo er gezeugt und großgezogen worden war, und ganz am linken Rand befand sich ein Stück von Flandern mit Rupelmonde. Am oberen Rand war die Stadt seiner Schulzeit, 's-Hertogenbosch eingezeichnet und am Fuß seine Universitätsstadt Löwen. Ganz zur Rechten fand sich Duisburg. Und in der Mitte der Karte lag die herzförmige, unbesiedelte Leere des Kempenlandes, umgeben von den Venen und Arterien des belgischen Flusssystems.

Mercator hatte praktisch sein gesamtes Leben auf dem Gebiet dieser einen Karte verbracht, deren Geographie mit Sinnbezügen befrachtet war, die sich nur ihm allein erschlossen. Gewiss, die Karte war viel zu sehr beschriftet, um auch noch einen Titel zu enthalten. Doch gönnte sich Mercator vielleicht einen Moment der Rache, indem er das Herzogtum, das ihn und so viele seiner Freunde verfolgt hatte, seines Namens beraubte? Und welche Ironie lag darin, dem irregeleiteten Brabant jenes Herzogtum an die Seite zu stellen, das dessen Flüchtlinge in einem Geist der Toleranz und Mäßigung aufgenommen hatte!

Und was ging Mercator durch den Kopf, als er den Kölner Kirchturm abknickte und wie ein Damoklesschwert über der Stadt schweben ließ? Eine der Kölner Kirchen hatte tatsächlich einen schiefen Turm, den Sebastian Münster vierzig Jahre zuvor in einer Stadtansicht seiner *Cosmographia* abgebildet hatte. Doch da Mercators Neue Geographie ansonsten jeder bildhaften Darstellung entbehrte, erhebt sich die Frage, wieso er in diesem einen Fall seine Regel brach. Köln erschien auf dreien seiner neuen Karten, und auf jeder hatte er den Kirchturm abgeknickt. Ein winziges Detail nur – doch bewegten ihn auch hier Gedanken der Vergeltung? Schließlich war Köln erst vor kurzem mit solch verheerenden Folgen für den Niederrhein zum Kalvinismus übergetreten. Es schien wohl treffend, dass die Stadt, die mit der Kirche des Papstes gebrochen hatte, durch ein gebrochenes christliches Symbol repräsentiert wurde.

Seltsamerweise war diese aus der Reihe fallende Karte die einzige der einundfünfzig Karten, die Anzeichen einer größeren Korrektur erkennen ließ; wahrscheinlich war sie eines der beiden Blätter, die Mercator noch einmal neu und richtig stechen ließ, nachdem einige Fehler entdeckt worden waren, die kaum zu tolerieren waren. Solch eine Korrektur war ein mühsames Unterfangen, da die betreffenden Stellen der Kupferplatte von der Rückseite herausgehämmert, frisch poliert und neu gestochen werden mussten. Zu berichtigen war ein großes Gebiet am unteren Ende der Karte. Zwischen Namur und Lüttich mussten der Lauf der Maas und die Position von ungefähr vierzig Städten und Dörfern geändert werden. Da dasselbe Gebiet auf zwei weiteren Regionalkarten enthalten war, die ebenfalls dem aktualisierten Stand entsprachen, ist zu vermuten, dass »Brabantia, Gulick et Cleve« eine der ersten Karten war, die Mercator vollendete – vielleicht sogar ein Prototyp für die gesamte »Neue Geographie«. Das korrigierte Gebiet lag auch auf der Route, der Ortelius und Vivianus 1575 auf ihrer Reise durch das belgische Gallien gefolgt waren, und es ist denkbar, dass sie die berichtigten Daten bereitgestellt hatten.

Mercator hatte sich dieser detaillierten und mühsam korrigierten Karte mit einer Intensität gewidmet, wie sie seine »Neue Geographie« kein zweites Mal erkennen ließ. Das Blatt konnte durchaus als persönliche Aussage und als Experiment einer politischen Kartographie verstanden werden.

29

Apokalypse

Erst knapp die Hälfte der modernen Karten, welche die »Neue Geographie« bilden sollten, war in Druck, als das Jahr 1588 näher rückte und Mercator sich immer mehr mit einer seiner Überzeugung nach unabwendbaren Apokalypse befassen musste.

Einer derjenigen, die sich seit einiger Zeit für Mercators Kenntnisse in den Bereichen Chronologie und Astronomie interessierten, war Heinrich Rantzau, der ungeheuer wohlhabende Vizekönig von Holstein, einem Herzogtum an der unsteten Grenze zwischen dem Reich und Dänemark. Rantzau, der sich auch mit Kartographie beschäftigte, war nicht abgeneigt, seinen Namen gedruckt zu sehen, und auf der Karte Dänemarks in Brauns und Hogenbergs *Civitates Orbis Terrarum* war er nicht weniger als sechsmal genannt. Auch war er ein Anhänger des bekannten, aber umstrittenen Astronomen Tycho Brahe. Brahe, der sich eine Kupfernase angefertigt hatte, nachdem er sein Riechorgan bei einem Duell verloren hatte, lehnte wie Mercator die kopernikanische Theorie ab und vertrat stattdessen eine gemäßigte Variante des ptolemäischen Systems.

Mercator kannte Rantzau wahrscheinlich durch Georg Braun in Köln und durch Rantzaus *Catalogus imperatorum*, den Plantin 1580 veröffentlicht hatte. Rantzau war jemand, der möglicherweise wertvolle Beiträge zu der »Neuen Geographie« leisten konnte, und er war aufgrund seiner Stellung durchaus in der Lage, Mercator Karten und Beschreibungen der politischen Strukturen

Dänemarks zu liefern. Im Gegenzug erwartete Rantzau, auf den Seiten der »Neuen Geographie« Anerkennung zu finden. Außerdem interessierte er sich für Mercators Ansichten zum unmittelbar bevorstehenden Ende der Welt.

In den Jahren 1585 und 1586 tauschten Rantzau und Mercator Briefe und Informationen aus. Mercator erhielt von Rantzau ein Verzeichnis der Festungen und königlichen Städte auf Fünen, zwei Karten Schwedens, »verschiedene Skizzen Dithmarschens« sowie astronomische Neuigkeiten aus Brahes Observatorium in Uraniborg, einschließlich einer Beschreibung des Kometen, der 1585 beobachtet worden war und der, wie Mercator mit offensichtlicher Freude schrieb, viel Stoff für seine Spekulationen bot.[1] Rantzau wiederum erhielt von Mercator eine ausführliche und detaillierte Abhandlung über »die Bewegung und die Umlaufbahnen der Sonne« sowie »das Wesen und die Funktionen, für die sie erschaffen wurde«. Weder die Bewegung der Sonne noch die der Planeten konnten indes für die bevorstehende Apokalypse verantwortlich gemacht werden. »Die Planeten versagen nicht in ihrem Wesen und ihrer Energie, sondern bleiben so, wie sie erschaffen und für die Erzeugung und Erhaltung der Arten in der niederen Welt bestimmt wurden.« Jegliches Versagen, so Mercator, gehe zurück auf »eine Störung der Substanz und eine schädliche Mischung der Elemente, wofür die primäre und beinahe einzige Ursache die Sünde ist«. Und die Sünde, betonte Mercator, »entspringt weder den Planeten noch einer Neigung der von Gott erschaffenen Natur, sondern allein dem freien Willen des Menschen«. Dieser freie Wille sei fehlgeleitet und der Verfall der Erde selbst verschuldet. »Ihr Untergang... hat seine Ursache allein in dem Willen Gottes, der ihren Lauf beendet und ihr Gefüge auflöst.«[2]

*

Im März 1586 waren die Allgemeinkarte Dänemarks sowie die Regionalkarten von Fünen und Holstein vollendet. Nun konzentrierte Mercator sich darauf, die gesamte Beschreibung Dänemarks abzuschließen. Er versicherte Rantzau, die verschiedenen Manuskripte, die er sich ausgeliehen hatte, bald zurückzuschicken.[3]

Doch Mercators Uhr – und die gesamte irdische Zeit – schien so gut wie abgelaufen. In ihren Briefen, die sie im Frühjahr 1586 austauschten, verglichen der Vizekönig und der Kartograph ihre Vorstellungen über das »prophetische Jahr«. Aus Duisburg erhielt Rantzau einen kurzen Abriss der von Mercator seit langem vertretenen Ansicht, dass das Weltenende 1588 eintreten werde. Mercator verwies den Vizekönig auf Sleidans Geschichte der Religion und erklärte, indem man die siebzig Jahre der Babylonischen Gefangenschaft zu dem Datum hinzufüge, an dem die Lehre Luthers und Zwinglis aufgestellt worden war, komme man auf »den Beginn des Jahres '88«. »Lebt wohl«, schrieb Mercator. »Möge Euch unser Herr glücklich und wohlbehalten durch das nahende Jahr der Krise führen.«[4]

*

Das Unheil kam schneller, als Mercator erwartet hatte. Ganze vier Monate, nachdem er Rantzau vor außergewöhnlichen Ereignissen gewarnt hatte, starb Barbara. Es war der 24. August 1586. Für Ghim, der Barbara gut gekannt hatte, war sie mehr als eine treue und »treffliche Hausfrau« gewesen. Krieg, Pest und wirtschaftliche Not forderten ihren Tribut, doch Barbara stand unerschütterlich einem Mann zur Seite, der an den Pranger gestellt und in Haft genommen worden war und der sich zwanghaft einer Aufgabe verschrieben hatte, die zeitweise wenig einträglich war. Sie hatte sechs »gehorsame und begabte« Kinder zur Welt gebracht. Drei dieser Kinder, die Knaben, waren mit Begabung und Hingabe in die Fußstapfen ihres Vaters getreten. Barbara war fünfzig Jahre und drei Wochen mit Mercator verheiratet gewesen.

*

Als Barbara starb, züngelten am Rhein die Flammen des Krieges. Die Spanier waren immer weiter auf Duisburg vorgerückt. »Von allen Seiten«, bemerkte Mercator, »werden wir vom Krieg bedrängt.« Südlich von Duisburg wurde Neuss »bestürmt und erobert«; im Norden wurde Rheinberg »von einer Armee umringt«. Die Straße nach Wesel war abgeschnitten. Es war nicht mehr möglich, Briefe zu versenden. Den ganzen Sommer des Jahres 1586 wartete Rantzau auf Mercators Antwort. Er schrieb einen zweiten Brief und dann einen dritten. Trotz der Kämpfe hatte Mercator alle drei Briefe erhalten. Als er im September schließlich antwortete, versäumte er es, Barbaras Dahinscheiden zu erwähnen. In seinem Brief, in dem es hauptsächlich um die Karten der unvollendeten »Neuen Geographie« ging, schilderte er jedoch das Chaos, das am Niederrhein um sich griff.[5]

*

Trotz seines schmerzlichen Verlustes und eines drohenden Angriffs der Spanier hatte Mercator weitere Fortschritte mit seiner Kosmographie gemacht. Die Karten für Italien und Griechenland waren weitgehend gezeichnet, und während sie gestochen wurden, machte er sich an die Königreiche im Norden. Die Karte Dänemarks war so weit fertig, dass sie gestochen werden konnte. Unterdessen wartete Mercator auf die ausführlichen Beschreibungen Polens und Livlands, die »ein gewisser adeliger Pole« in Köln für ihn hinterlegt hatte. Sobald er diese Karten erhielt, machte er sich daran, sie »korrekt zu vermessen«.[6] Erst als sämtliche Koordinaten bestätigt waren, sah er sich imstande, sie in Kupfer zu stechen.

Und dann erlag Arnold einer Lungenentzündung. Erst Barbara, und nun Arnold. Es war eine doppelte Tragödie. Mercator bezahlte einen hohen Preis für seine Langlebigkeit: Er musste zusehen, wie ihm seine eigene Familie wegstarb. Seine Frau und sein ältester Sohn waren für ihn Gegenwart und Zukunft gewesen, die Eckpfeiler seines irdischen Daseins. Arnold war ein begabter Kartograph gewesen, fähig genug, das Werk seines Vaters fortzuführen. Er war laut Ghim »beinahe unübertroffen im Bau präziser und wunderschöner mathematischer Instrumente« und fand »kaum seinesgleichen in seiner Kenntnis der Geographie und Vermessung«. Arnolds Vermessungen im Erzbistum Trier und in der Grafschaft Katzenelnbogen hatten ihm sogar »ein stattliches Honorar« eingebracht.[7] Als Festangestellter des Herzogs von Kleve hatte er den Gerichtsbezirk Windeck vermessen und in den Bezirken Sittard und Bonn gearbeitet. Er hatte Köln vermessen und kurz zuvor mit einer Neuvermessung von Hessen für den Landgrafen Wilhelm IV. begonnen.

Vater und Sohn hatten sich in der Geographie und der Chorographie ideal ergänzt. Und die Chorographie, die Orts- und Raumkunde, war durchaus einträglich. Arnolds Regionalkarten waren Auftragswerke gewesen, die territoriale Angelegenheiten klären oder bestätigen sollten und die ordentliche Vergütungen mit sich brachten. In Duisburg schätzte man ihn auch wegen seiner Baupläne für Häuser und Deiche. Im Gegensatz zu seinem Vater war Arnold Bürger von Duisburg und sogar Mitglied des Stadtrats gewesen. Er starb kurz vor seinem fünfzigsten Geburtstag und hinterließ dreizehn Kinder.

Dass Mercator ausgerechnet Arnold verlor, bedeutete nicht nur einen persönlichen Verlust. Zwei von seinen wichtigsten Kupferstechern waren nun seine Enkel Johann und Gerhard. Drei Wochen nach Arnolds Tod schlug Mercator dem Landgrafen Wilhelm IV. vor, Johann solle die Arbeit seines Vaters in Hessen abschließen.[8]

Arnold war am 6. Juli 1587 gestorben. Am Ende jenes schrecklichen Sommers rückte die Front immer näher heran. Mercator bereitete seine Familie darauf vor, Duisburg zu verlassen, und packte Bücher, Karten und Papiere zusammen. Als der städtische Senat ihn beauftragte, einen Stammbaum der Herzöge von Jülich und Kleve zu erstellen, erwiderte Mercator, »diese gefährlichen Zeiten zwingen mich, meine Schriften und Karten durcheinanderzubringen und die Sachen für eine Flucht an einen sichereren Ort zusammenzupacken, falls es nötig werden sollte«.[9] Im häuslichen Bereich hatte der Weltuntergang schon begonnen. Umringt von einer blindwütigen Soldateska, musste sich Mercator nach Löwen zurückversetzt gefühlt haben. Die spanischen Verbände belagerten und stürmten die Festung Ruhrort am Flussufer vor den Toren der Stadt. Doch so wie Löwen im letzten Augenblick verschont geblieben war, so entging auch Duisburg der Verwüstung. Die Spanier ließen die Stadt unversehrt.

Doch die Katastrophen nahmen kein Ende. Das Jahr 1588 brachte die Pest nach Duisburg. In Paris begann Philips II. lang angekündigte Rückeroberung des protestantischen Europas mit dem »Tag der Barrikaden«, an dem der versöhnliche französische König Heinrich III. von der radikalen katholischen Liga unter dem dritten Herzog von Guise, Henri, und dessen Bruder Louis aus der Stadt vertrieben wurde. Zur gleichen Zeit segelte eine riesige spanische Flotte Richtung England.

Mercator wusste, dass die Zeit gekommen war. Die Städte am Rhein, die für ihre Toleranz gegenüber dem Kalvinismus bekannt waren, gehörten sicherlich zu den ersten Zielen, die sich der tobende katholische König vornahm, sobald er das ketzerische Volk in England und den Niederlanden bestraft hatte. Philips Rückeroberung schlug jedoch fehl. Seine Armada wurde von Frobisher, Drake, Hawkins und einem ketzerischen Wind versprengt und vernichtet. Ungefähr 15 000 Soldaten und Seeleute kamen ums Leben, und nur etwa sechzig der hundertdreißig Schiffe kehrten nach Spanien zurück. An Weihnachten gewann Heinrich III. von Frankreich neue Stärke und trennte den Kopf der katholischen Liga ab; Henri und Louis Guise wurden ermordet. Gemäßigte Kräfte auf dem ganzen Kontinent warteten darauf, dass der französische Monarch die Radikalen vertrieb und sein Volk wieder vereinte.

Mercators alter Studienkollege und Förderer Antoine Perronet erlebte den katastrophalen Untergang Spaniens nicht mehr mit. Er war im September 1586 in Madrid gestorben. Spanien, schrieb er vor seinem Tod, »steuert auf den Abgrund und endgültigen Untergang zu«.[10]

30

Atlas

Im März 1589 wurde Mercator siebenundsiebzig. Dennoch zog in das Haus an der Oberstraße neuer Lebensmut ein: Der Kartenmacher heiratete wieder, und auch Rumold vermählte sich. Mercators neue Frau war Gertrud Vierlings, die Witwe des ehemaligen Duisburger Bürgermeisters Ambrosius Moer. Rumold heiratete Gertruds Tochter.

Eine weitere Lieferung der modernen Karten wurde gedruckt. Der neue Stapel von zweiundzwanzig Karten deckte Italien und die Balkanländer ab. Trotz des Fortschritts, den Mercator mit Skandinavien gemacht hatte, waren die Blätter über die nördlichen Breiten noch nicht fertig. Wie der vorausgehende Kartensatz umfasste auch die Lieferung *Italiae, Sclavoniae, et Graeciae tabulae geographicae* eine eigene gestochene Titelseite, ein Porträt des Verfassers, einen Widmungsbrief, eine Bemerkung an den Leser und eine Liste der verzeichneten Orte. Es mag voreilig gewesen sein, eine weitere Teillieferung herauszubringen, doch der Käufer konnte einen hübschen Band mit allen üblichen bibliographischen Gefälligkeiten erwerben.

In seiner knappen Bemerkung an den »freundlichen Leser« erinnerte Mercator daran, dass die jüngsten Karten Teil einer systematisch geplanten Weltschau waren; wie Ptolemäus vorgeschrieben hatte, ging die Kartenabfolge (weitgehend) von West nach Ost und von Nord nach Süd, »sodass nichts dazwischen ausgelassen wird«. Die erste Regionalkarte zeigte daher die Lombardei und die letzte Kreta. Jenen, die bereits seit Jahrzehnten gewartet hatten, wurde außerdem versichert, »wir werden schließlich alle Regionen der Erde herausbringen und dabei so selten wie möglich wiederholen, was dereinst geschildert wurde, damit dem Käufer nicht eine überflüssige Vielzahl von Karten aufgebürdet wird«. Mercator betonte, diese Karten seien Teil eines definitiven Unterfangens, »das gesamte Werk einmal vollständig in einer so reinen Form wie möglich herauszugeben«.[1]

Die Karten wiesen dasselbe Format auf wie die von Gallia, Germania und Belgii inferioris; sie waren von den Skalen der Längen- und Breitengrade eingerahmt und mit einer einzigen Titelkartusche ausgeschmückt. Auf überflüssige Dekoration hatte Mercator praktisch vollkommen verzichtet. Auf den einundfünfzig Karten der ersten Lieferung waren insgesamt ganze dreizehn Schiffe und vier Seeungeheuer zu zählen. Auf den zweiundzwanzig Karten von Italien und dem Balkan erschien auf der Allgemeinkarte Italiens ein einziges Schiff und ein einziges Ungeheuer, und auf der Regionalkarte mit dem »Fuß« Italiens kreuzte eine einzige Karavelle. Mercator ersetzte das künstlerische Zierwerk immer konsequenter durch die geographischen Grundelemente der Erde.

In den neuen Karten verbarg sich nur eine potenzielle Wandkarte, doch dies war die bislang spektakulärste. Ausgeschnitten und zusammengeklebt, ergaben vier Blätter ein geographisches Abbild Norditaliens. Die Darstellung der vieltürmigen italienischen Städte, die von Norden, Westen und Süden durch Alpen und Apennin eingerahmt waren, konnte als heimliche Hommage an die Heimat des Humanismus verstanden werden. Fünfzig Jahre nach der Fertigung seiner ersten Karte stieß Mercator auf eine Landschaft, die sich dafür eignete, die allegorischen Weltansichten eines Joachim Patinir als ptolemäische Realität darzustellen. Die Karte beruhte auf den neuesten Daten, die Mercator beschaffen konnte, und besaß aufgrund der Platzierung der Ränder eine perfekte kompositorische Anlage: Drei Seiten wurden von Bergen eingerahmt, und an der vierten setzte sich der Stiefel Italiens fort. Allein in diesem speziellen rechteckigen Ausschnitt Europas, wo die höchsten Berge auf die breiteste Ebene stießen, entsprach die Geographie vollkommen dem Lexikon der Kartographie. Hier wurde die Natur schlüssig erklärt, indem die scheinbar bedeutungslosen Windungen von Küsten und Hügeln von oben in ihren wirklichen Mustern präsentiert wurden. Und von all diesen Mustern war keines so symmetrisch – und so hochgradig symbolisch – wie das große Flussbecken, das die Mitte der Karte ausfüllte. Der Schustersohn, der in jener zweiten großen europäischen Flussebene groß geworden war, hatte die zahlreichen Nebenflüsse des Po so gezeichnet, dass der majestätische Strom und seine Verästelungen und Verzweigungen wie der Baum des Lebens aussahen.

*

Diese zweite Lieferung der »Neuen Geographie« widmete Mercator in kunstvollen Formulierungen dem Kardinalgroßherzog und spanischen Protektor der Toskana, Ferdinand de Medici. Mercator präsentierte stolz »Italien, die Blume der Erde«. Ferdinand, den man für seine Politik der religiösen Toleranz in der Republik Florenz schätzte, war ein großzügiger Kunstmäzen und förderte auch Kartographen, unter anderem Mercator, der sich in seinem Widmungsbrief für die Gunst und Gönnerschaft des Fürsten bedankte.

Mercators Widmungsbrief an Medici enthielt einen Hinweis auf die eigentliche Wesensbestimmung seiner Kosmographie – auf den Titel, der dieses Werk weit über das *Theatrum* eines Ortelius und das *Speculum* eines de Jode hinaushob. Vor seinem knappen Verweis auf Medicis »Gunst und Gönnerschaft« nannte Mercator einen weitaus würdigeren Grund dafür, die Karten einem italienischen Fürsten zu widmen. Dazu musste er allerdings eine etwas gewundene Genealogie kreieren, in der Ferdinand mit einer Quelle kosmographischer Weisheit in Verbindung gebracht wurde. »Begierig darauf, das römische Altertum zu feiern«, schrieb Mercator,

»zog mich mein Geist zum Thron jenes alten und weisen Königs Janus von Etrurien. Denn so wie dort, unter der Ägide des idäischen Herkules und seines Sohnes Tuscus und seines Enkels Janus und dessen Lehrer Atlas, schien der ganze Glanz Italiens auf, gleichsam wie aus seiner frühesten Kindheit.« Indem Mercator die Erinnerung an jenen edlen toskanischen König auffrischte, pries er Ferdinand als »Nachfolger des Janus«. Und der Lehrer Atlas wurde zum Sinnbild und zur Verkörperung der Kosmographie Mercators.[2]

*

»Ich habe mir diesen Mann namens Atlas«, erklärte Mercator, »der sich so sehr durch seine Gelehrsamkeit, Menschlichkeit und Weisheit auszeichnet, als Vorbild zur Nachahmung auserkoren.«[3] In dem Vorwort, das er für die Kosmographie vorbereitete, skizzierte Mercator die Genealogie des Titanen, der dazu verurteilt worden war, den Himmel auf seinen Schultern zu tragen. Atlas stammte von dem phönizischen König und Astronom Sol (»Sonne«) ab. Sols Sohn Terrenus (auch bekannt als Caelus, der Himmlische) hatte nicht weniger als fünfundvierzig Söhne gezeugt, siebzehn davon (nämlich die Titanen) mit seiner Schwester Titea (auch bekannt als Terra, die Erde). Eines der prächtigsten der titanischen Kinder war ein Knabe namens Atlas, der König von Mauretanien wurde. Atlas war nicht nur »ein sehr versierter Astronom«, sondern auch »der Erste unter den Menschen, der sich über die Kugel ausließ«. Der Sohn des Atlas, der denselben Namen trug, war König von Iberien und wurde nach dem Tod seines weisen Bruders Hesperus Verwalter Etruriens und Lehrer des Janus.

Mercators Vorbild war also Atlas der Jüngere, der Urenkel der Sonne, der Enkel von Himmel und Erde und der Lehrer »jenes alten und weisen« toskanischen Königs Janus, der seinen Namen vom Gott des Anbeginns aller Dinge ableitete und zugleich als Gott des Himmelsgewölbes ein Überirdischer war.

So wie der mythische Atlas die Sphäre von seinem göttlichen Standpunkt aus betrachten konnte, bot Mercators *Atlas* der Menschheit eine Perspektive für die Betrachtung der Erde. Der vollständige Titel der Kosmographie lautete *Atlas sive cosmographicae meditationes de fabrica mundi et fabricati figura* (Atlas, oder kosmographische Betrachtungen über die Erschaffung der Welt und die Gestalt des Erschaffenen).

*

Mercator war nicht auf der Frankfurter Frühjahrsmesse, als die Karten für Italien und den Balkan auf den Markt kamen. Er stürzte sich auf die nächste Lieferung des *Atlas*. Dabei ging es um die lang erwarteten Karten für die nördlichen Gebiete. Sobald sie im Druck vorlagen, war Europa – mit Ausnahme des problematischen Iberiens – vollständig.

Inzwischen war jedoch offenkundig, dass Mercator wie immer das Ausmaß seines Unterfangens unterschätzt hatte. Die modernen Karten für Europa umfassten bereits weit über hundert Blätter – mehr, als die gesamte »Neue Geographie« eigentlich umfassen sollte. Und mit Afrika, Asien, Amerika und »Magellanica« hatte er noch gar nicht angefangen.

Vorläufig jedoch schenkte Mercator seine ganze Aufmerksamkeit den nördlichen Ländern. Er hatte immer Wert darauf gelegt, dass sich die Reihenfolge seiner modernen Karten nach dem Vorbild des Ptolemäus richtete und beim Pol und den umliegenden Regionen begann. Diese Karten sollten schließlich dem Leser den Rest der Welt eröffnen und einen Vergleichsmaßstab setzen. Die allererste Karte sollte also den arktischen Pol darstellen.

Die Karte des Nordpols war mehr als nur eine geographische Beschreibung. Die kreisrunde Karte starrte den Betrachter gleichsam wie ein Auge an, dessen Iris aus dem Rund der inneren Polarinseln bestand. Die Kreis- und Kugelform symbolisierte Mercators gesamte Kosmographie; dies war das ptolemäische Universum, die Kugel, die Atlas auf seinen Schultern trug. Der innere Kreisausschnitt der Karte lehnte sich an den kleinen Polareinsatz der Weltkarte von 1569 an; unverändert übernommen wurden die vier Inseln und die vier endlos fließenden Meeresarme, die dem großen Felsen am Pol und somit der Erdmitte entgegenströmten.

Den Radius des abgedeckten Gebiets hatte Mercator jedoch um 10 Breitengrade erweitert, sodass am Rand der Karte die Nordspitze Schottlands sichtbar wurde. Zu sehen waren auch ganz Grönland und die angrenzende Küste Nordamerikas. Im Blickfeld waren ferner die nördlichen Regionen Russlands und Asiens sowie die Anianstraße. Dies war nicht nur die erste gedruckte Karte, die sich ausschließlich den arktischen Ländern widmete, sondern gleichsam auch das Vergrößerungsglas des Kosmographen, durch das der Betrachter den Prozess der Entdeckung in Augenschein nehmen sollte. In den fein verästelten Meeresengen zwischen Grönland und Amerika ließen sich die Bemühungen der englischen Seefahrer ablesen: An Frobishers hartnäckige Expedition erinnerte die lange Passage mit den Inschriften »Fretum Forbosshers«, »Lockes Land« und »Contie Warwiks Sund«. Auf die jüngsten Reisen des John Davis verwiesen die Ortsnamen an der Küste jenseits von »Fretum Davis« – »Mont Ralegh«, »Cap. Walsingam« und »L. Lumleys Bucht«.

Im Gegensatz zu den anderen modernen Karten des *Atlas* war diese regelrecht keck verziert. Um das Rund der Karte hatte Mercator einen Rahmen aus Blätterwerk drapiert und in jede Ecke ein Medaillon gesetzt. Drei dieser Medaillons zeigten Inselgruppen (die Shetland-Inseln, die Färöer und Zenos »Frislant«); das vierte füllte der Kartentitel aus.

Septentrionalium terrarum descriptio war eine höchst emblematische Karte. Mit ihrer Kreisform und Symmetrie entsprach sie ganz dem Ideal des humanistischen Regelmaßes. Mit ihren gemutmaßten Landformen verwies sie auf die mythologischen Wurzeln und die mathematische Zukunft der Kartographie zugleich. Und mit ihrer Ausschmückung weckte sie die Begeisterung des Betrachters.

*

Auf die einleitende Karte des Nordpols folgten im *Atlas* die Blätter über die nördlichen Länder – Island, die Britischen Inseln und Skandinavien, Sarmatia und Russland. All dies waren Regionen, deren geographische Darstellung im Laufe eines halben Jahrhunderts intensiver Kartographie entscheidend verbessert worden war.

Das Island, das Mercator 1554 gestochen hatte, war fast nicht wieder zu erkennen. Im Jahre 1585 hatte der dänische Historiker Anders Sørensen Vedel seinem König, Friedrich II. von Dänemark, eine neue Karte der Insel gewidmet.[4] Die Karte war wohl von Bischof Gudbrandur Thorláksson gestochen worden. Wo Mercator einst etwa dreißig Ortsnamen hatte vermerken können, zeichnete der Bischof ungefähr zweihundertfünfzig ein. Das Island, das Mercator nun für den *Atlas* zeichnete, wies zahlreiche neue Halbinseln und Meeresbuchten auf sowie den explodierenden Vulkan Hekla.

Aufgrund ihrer nördlichen Lage nahmen die Britischen Inseln die ersten Seiten des *Atlas* nach der Arktis und Island ein. Auch Britannien spielte eine symbolische Rolle, denn »Albion« wies die Geographie des Paradieses auf: »Die Natur«, schrieb Mercator, »stattete Britannien mit allen Vorzügen des Himmels und der Erde aus. Dort sind weder die Unbilden des Winters zu groß … noch die Hitze des Sommers.« Die Gaben »von Ceres und Bacchus sind im Überfluss vorhanden: Die Wälder sind ohne wilde Tiere, und das Land ist frei von giftigen Schlangen. Überall grasen Herden zahmer Tiere, reich an Milch und Wolle … Britannien ist in der Tat das Werk der freudigen Natur; die Natur scheint es, zur Freude des Menschengeschlechts, wie eine andere Welt außerhalb der Welt erschaffen zu haben …, sodass das Auge eines jeden erquickt wird, dessen Blick darauf fällt.« Mercator war natürlich noch nie in Britannien gewesen. Allerdings kannte er Vertreter dieses Volkes, »deren Tugend im Frieden wie im Krieg in der ganzen Welt reichlich bestätigt wird«.[5] Die Engländer, allen voran der »ranke Jüngling«, dem er vierzig Jahre zuvor in Löwen begegnet war, hatten Mercators Sympathie gewonnen.

Während die Karten der nördlichen Regionen ihre endgültige Form erhielten, weilten Mercators Sohn Rumold und sein Enkel Michael, Rumolds dritter und jüngster Sohn, in London, vermutlich, um allerneueste Informationen zu sammeln. Die beiden schickten einen so großen Bestand an geographischen Daten nach Duisburg, wie dies ein paar Jahrzehnte zuvor noch undenkbar gewesen wäre.[6] So verbesserte Mercator seine Darstellung des schottischen Binnenlandes aufgrund der Angaben auf Lawrence Nowells ausgezeichneten Kartenmanuskripten der Britischen Inseln, von denen mindestens eine ein Gitternetz von Längen- und Breitengraden aufwies. Inzwischen war in Paris auch Alexander Lyndsays akkurate Schottlandkarte gedruckt worden, die ebenfalls ihren Weg nach Duisburg fand. Nach den Ergebnissen der Vermessungen, die Robert Lythe für Königin Elizabeth durchgeführt hatte, konnte Mercator auch Irland auf den neuesten Stand bringen. England und Wales dagegen revidierte er nach der prächtigen neuen Wandkarte und den vierunddreißig Grafschaftskarten von Christopher Saxton. Saxtons Karten entsprachen zwar nicht Mercators Standard und ließen Längen- und Breitengrade vermissen, erwiesen sich jedoch mit ihren Ortsnamen und Grafschaftsgrenzen als ungeheuer nützlich.

England erfuhr somit von allen Monarchien die systematischste Darstellung in Mercators *Atlas*. Sechzehn überlappende Blätter deckten England, Schottland und Irland in drei verschiedenen Detailstufen ab. Den kleinsten Maßstab wies eine Karte der gesamten Britischen Inseln auf. Es folgten drei Karten von Schottland, Irland und England. Den größten Maßstab hatten Karten von Nord- und Südschottland, Nord- und Südirland sowie sechs Regionalkarten von England. Mit den Karten der Britischen Inseln ließen sich auch Wandkarten von Schottland und Irland zusammenstellen.

Die sechzehn britischen Karten nahmen in der Darstellung der nördlichen Länder eine Vorrangstellung ein. Skandinavien war weitaus weniger systematisch abgehandelt. Eine einzige Generalkarte deckte Norwegen und Schweden ab, doch von Dänemark lagen dank Rantzau vier Karten vor. Mit weiteren Einzelkarten zu Preußen, Livland, Russland, Litauen, Transsylvanien und der Krim hatte Mercator die systematische kartographische Erfassung Europas praktisch vollendet.

Doch dann wurde er plötzlich niedergestreckt. Nachdem ihn sein Glaube an die Erneuerung durch das Jahr der Apokalypse gerettet hatte, versagte schließlich am 5. Mai 1590 sein Herz.

31

Die Schöpfung

Der Donnerkeil, der Mercator niederstreckte, raubte ihm die Sprechfähigkeit und lähmte seine linke Körperseite.[1] Das ebenmäßige bärtige Antlitz, das Hogenberg porträtiert hatte, starrte mit verzerrtem Ausdruck aus dem Bett. Reiner Solenander, der Leibarzt des Herzogs, wurde gerufen. Doch Mercator war achtundsiebzig. Aufgrund der Lähmung konnte er nicht mehr schlafen und nicht mehr richtig essen. Er war so hilflos wie ein kleines Kind.

Solenanders Maßnahmen schienen anfangs wenig Wirkung zu zeigen. »Die Schwäche des fortschreitenden Alters«, schrieb Ghim später, »verhinderte ein erfolgreiches Resultat.« Doch mit der Zeit schien sich Mercators Zustand zu bessern. Nach und nach erlangte er seine Sprache wieder, doch er war verzweifelt. Weinend schlug er sich, so notierte Ghim, drei- oder viermal mit der Faust auf die Brust und klagte: »Schlage, brenne, schneide deinen Knecht, Herr, und wenn du ihn nicht hart genug getroffen hast, schlage ihn noch stärker und heftiger nach deinem Wohlgefallen, damit du mich im künftigen Leben schonst.« An seiner Krankheit störte ihn am meisten, so erinnerte sich Ghim, dass sie ihm so viel wertvolle Zeit raubte.[2]

Mercator hielt sich an Solenanders Empfehlungen, und so konnte er nach einiger Zeit wieder leidlich schlafen, leicht verdauliche Kost zu sich nehmen und sich ab und zu einen Schluck Wein oder Bier gönnen. Um seinen linken Arm und sein linkes

Bein wieder beweglich zu machen, rieb seine Schwiegertochter seine gelähmten Gliedmaßen jeden Morgen und jeden Abend eine Stunde lang mit verschiedenen Salben ein. Da sich keine deutliche Besserung einstellte, ließ sich Mercator einen Tragsessel besorgen, in dem er im Hause umhergetragen werden konnte.

Seine Ungeduld war augenfällig. Doch als Praktiker der Chronologie musste sich Mercator eingestehen, dass er gleichsam zwei Lebensspannen durchmessen hatte. Denn er lebte in einer Zeit, in der viele Männer nicht älter als vierzig wurden. Er hingegen ging auf die Achtzig zu. Nach der Schicksalsprüfung im Alter von achtunddreißig Jahren, bei der er in einer Gefängniszelle auf den Ruf des Henkers wartete, hatte er eine zweite Chance erhalten – und genutzt. In diesem zweiten Leben, seiner Duisburger Zeit, hatte er all die monumentalen Werke geschaffen – die Europakarte, die Chronologie des Universums, die neue Kartenprojektion, die maßgebliche Ptolemäus-Ausgabe, die modernen Karten der »Neuen Geographie« und die Kosmographie mit dem Titel *Atlas*.

Doch sein Herz hatte dennoch allzu früh versagt. Er war noch nicht bereit. Der *Atlas* war noch nicht vollständig; von den etwa einhundert geplanten modernen Karten waren dreiundsiebzig im Druck, doch über dreißig weitere warteten darauf, endgültig fertig gestellt zu werden. Innerhalb Europas warfen Spanien und Portugal noch immer besonders große Probleme auf; die Monarchien, die das Zeitalter der Entdeckungen eingeläutet hatten, erwiesen sich als äußerst unwillig, geographische Informationen preiszugeben. Und für den *Atlas* mussten noch etliche Textabschnitte geschrieben werden.

Darüber hinaus warteten weitere Werke auf ihre Vollendung: verschiedene Schriften über das Wort Gottes, darunter Kommentare zum Römerbrief des Apostels Paulus, zu einigen Kapiteln aus Ezekiel und zum Buch der Offenbarung. In Arbeit war auch eine Überarbeitung und Neuauflage der Evangelienharmonie, die Mercator bereits zwanzig Jahre zuvor in seine *Chronologia* aufgenommen hatte.

Keines dieser Werke war ihm jedoch so wichtig wie seine Abhandlung über die Schöpfung – ein Thema, das bereits den eifrigen jungen Studenten gefesselt und den Kosmographen schrittweise zu seinem *Atlas* geführt hatte. Mercator war nicht imstande, seine vollständige Genesung abzuwarten. Solange sein linker Arm gelähmt war, nutzte er die Zeit, indem er sich seiner Schilderung der Schöpfung und der Entstehung der Erde zuwandte. An Tagen, an denen er sich besser fühlte, nahm er seine Studien wieder auf, las, schrieb oder dachte über wichtige Themen nach.

Von den verschiedenen unvollendeten Teilen des *Atlas* war der Schöpfungsbericht der Einzige, den nur Mercator vollenden konnte. Vor zehn Jahren hatte er ihn als »den schwierigsten Teil meines ganzen Unterfangens« bezeichnet. Die biblische Schöpfungsgeschichte neu zu schreiben war schließlich eine Ungeheuerlichkeit, die ihn in Konflikt mit gewissen Theologen bringen musste, und so hatte Mercator es für ratsam gehalten, den ersten Teil seiner Kosmographie am Ende seines Lebens zu verfassen. »Dies ist zwar der letzte Teil meines Werkes, doch es wird dennoch der wichtigste Teil sein, ja das Fundament und der Gipfel des Ganzen... Dies wird das Ziel all meiner Bemühungen sein, dies wird das Ende meines Schaffens bilden.«[3]

Die Abhandlung »Über die Erschaffung und Gestalt der Welt« sollte den *Atlas* in einen kosmographischen Kontext stellen. Sie war zugleich der Schwanengesang eines Humanisten des 16. Jahrhunderts, seine erste und letzte Gelegenheit, sich tiefste Wahrheiten von der Seele zu schreiben.

Zunächst begründete er den Sinn und Zweck seines Lebens: »Denn dies ist unser Ziel, während wir uns der Kosmographie widmen: dass aus der wunderbaren Harmonie aller Dinge... und in der unergründlichen Vorsehung ihrer Gestaltung die Weisheit Gottes als unendlich erkennbar wird und seine Güte als unerschöpflich.« Gottes überquellende Schöpfungskraft habe ihn dazu bewogen, den Menschen zu erschaffen, »damit dieser an seiner Herrlichkeit teilhabe«. Diese Herrlichkeit offenbare sich in der Erschaffung und Gestalt der Welt, »die zu betrachten wir uns angeschickt haben«. Die einleitenden Kapitel schlossen mit Mercators Rechtfertigung »einer universellen Geographie … die noch immer sehr nötig ist, da die Kaufleute keinen Zugang zu den edelsten und reichsten Regionen haben, in denen sie Handel mit anderen Völkern treiben, welche sie mit dem Christentum vertraut machen können, und da die Fürsten nichts Sicheres und Gewisses über ihre Gebiete sagen können, … weil es an Karten mangelt, den sichtbaren Zeugen ihrer Territorien und Domänen«.[4]

Indem sich Mercator am Abend seines Lebens wieder der Schöpfung zuwandte, schloss er endlich die Betrachtungen ab, die er vor sechzig Jahren begonnen hatte. Er arbeitete das erste Kapitel des Buches Genesis durch und brachte den biblischen Schöpfungsbericht mit ausgewählten Autoritäten in Einklang. Als Mercator den letzten Punkt setzte, hatte er dreißigtausend Wörter geschrieben. Nach seinem Urteil war die Schöpfungsgeschichte das ihm liebste Werk, das er in seinem ganzen Leben hervorgebracht hatte.

Eine Abschrift des Manuskripts wurde an Solenander gesandt, der es an den gelehrten Jacob Sinstedius weiterleitete. Auf diesen übte die Schrift eine unglaubliche Wirkung aus. Er gestand gegenüber Solenander: »Ich will offen sagen, was mir beim Lesen widerfuhr: Es erfasste mich ein großes Verlangen und Sehnen nach allem, was von Gott erschaffen ward (außer allein den Teufeln).« Sinstedius räumte ein, dass Mercators Ansichten über die Erbsünde »nicht jeden Theologen in allen Punkten befriedigen« werden, doch er versicherte, »die Naturwissenschaft wird ohne die Ergänzung dieses Autors unvollständig sein«.[5]

Solenander war ähnlich beeindruckt: »Werden Eure Argumente erst einmal richtig gesehen und verstanden«, schrieb er, »werden wir nicht länger von Aristoteles' überaus eitler und monströser ›Negation‹ verführt werden.« Solenander, der sich über Mercators Alter und Gesundheitszustand durchaus im Klaren war, drängte seinen Patienten, nicht nur dieses Buch herauszubringen, sondern auch die anderen.[6]

Doch es war zu spät. Bevor die Briefe von Solenander und Sinstedius eintrafen, wurde Mercator ein zweites Mal niedergestreckt. Laut Ghim »bekam Mercator einen heftigen Gehirnschlag, der ihm so Kehle und Gurgel versperrte, dass er eine Zeit lang die Sprache verlor und nur mit größter Schwierigkeit das, was ihm an Speise und Trank geboten wurde, hinunterschlucken konnte«.[7] Noch einmal erholte er sich und konnte bald wieder einigermaßen sprechen und essen. Er kämpfte sich bis zum Ende des Jahres durch, doch der Tod lauerte vor der Tür. Das Ende war absehbar. Als die Tage noch kälter und kürzer wurden, erlitt Mercator einen weiteren Rückfall. Man rief den Schultheiß und die nächsten Nachbarn. Mercator, der noch immer bei klarem Bewusstsein war, klagte über schreckliche Gliederschmerzen und rief wiederholt die Barmherzigkeit Gottes an.

Jene lange Dezembernacht überlebte er noch. Auch am Morgen war er noch bei Bewusstsein. Er saß vor dem Kamin in seinem Sessel, doch die Glut erwärmte seine absterbenden Glieder kaum noch. Mit der allerletzten Kraft verlangte er beharrlich, der Prediger möge am Ende der Versammlung in der Kirche vor der Gemeinde für ihn beten.[8] »Dies waren seine letzten Worte, die von den Umstehenden vernommen werden konnten«, hielt sein Nachbar Walter Ghim fest, »und er entschlief ganz ruhig im Herrn kurz nach elf Uhr vormittags am 2. Dezember 1594; er war zweiundachtzig Jahre, siebenunddreißig Wochen und sechs Tage alt geworden. Gewähre ihm der Herr«, schloss Mercators Freund und Nachbar, »eine frohe Auferstehung am Tag des Jüngsten Gerichts.«[9]

Epilog

Mercator weilte nicht mehr auf Erden, doch er war und blieb der Spiritus Rector seines unvollendeten *Atlas*. Rumold und Arnolds drei Söhne Johann, Gerhard und Michael machten sich rasch daran, die verschiedenen Teile der Kosmographie zusammenzufügen. Freunde und Kollegen wurden um Gedichte und Lobreden gebeten. Walter Ghim, der Zugang zu Mercators Bibliothek und Briefwechsel erhielt, schrieb eine liebevolle Biographie.

Dem *Atlas* wurden eine eigene Titelseite und eine Widmung an die Herzöge Wilhelm und Johann Wilhelm von Jülich, Kleve und Berg vorangestellt. Es folgte Frans Hogenbergs Porträt des zweiundsechzigjährigen Mercator, eingerahmt von Dankesworten aus der Feder seines Freundes und Kollegen Vivianus »für die Darstellung neuer Bereiche der Erde und der Meere und des großen, allumfassenden Himmels«.[1]

Von Bernardus Furmerius aus Leeuwarden kam ein Gedicht, in dem Mercators mannigfaltige Eigenschaften gepriesen wurden: »Er war wahrlich gelehrt, fromm, rein, gerecht zu allen/und so gewandt im Geist wie mit der Hand.« Als Mathematiker »beschrieb er die Sterne« und »bannte den gesamten Erdenkreis auf Karten«. Er entlockte der Geschichte Gewissheiten über die Zeiten und »enthüllte die heiligen Mysterien der Propheten«. »Und er tat diese Dinge, um alle vergangenen Künstler zu übertreffen, ganz allein – mit eigener Hand.«[2]

Dem Porträt war eine schlichte Gedenktafel beigefügt, die Mercators Heimatlosigkeit zum Ausdruck brachte. Demnach war er »ein Flame aus Rupelmonde, geboren in der Provinz Jülich, Diener Karls V., des Heiligen Römischen Kaisers, im Dienste Wilhelms (des Vaters) und Johann Wilhelms (des Sohnes), der Herzöge von Jülich und Kleve, etc.«[3]

Ein weiteres Gedicht wurde unter der Gedenktafel abgedruckt: »Ihr fragt, wer ich war?«, hieß es zu Beginn des Gedichts rhetorisch. »Mit dem Himmel als Schutzherrn«, lautete die Antwort, »erspähte ich die Erde/und versöhnte die Dinge unten mit denen oben. Durch mich erstrahlen die Sterne des Himmels auf Karten.«[4] Es war eine treffende Umschreibung von Mercators Vermittlerrolle.

*

Nur vier Monate nach Mercators Tod war der *Atlas* fertig. Die Kosmographie hatte sich zu einem gewichtigen Band im Folioformat ausgeweitet. Den einleitenden Würdigungen folgten Ghims »Lebenslauf«, die Briefe von Solenander und Sinstedius, in denen Mercators »Studie über die Werke der sechs Tage« gepriesen wurde, Mercators Vorwort mit der Genealogie des Atlas sowie seine Abhandlung »Über die Erschaffung und Gestalt der Welt«.

Der zweite Teil des *Atlas* trug den Titel »Eine Neue Geographie der gesamten Welt«. Rumold schrieb in seiner Bemerkung an den Leser: »Endlich legen wir nun den zweiten Teil des *Atlas* vor, den ersten Band der Neuen Geographie, nämlich die Beschreibung der Länder des nördlichen Europa.« Nun also waren die drei Teillieferungen der modernen Karten zwischen zwei Buchdeckeln vereinigt – die dreiundsiebzig Karten von 1585 und 1589 sowie die neunundzwanzig Blätter, an denen Mercator gearbeitet hatte, als er den Schlaganfall erlitt. Außer Spanien und Portugal war nun Europa in Gänze abgedeckt.

Und was, so mochte sich der Leser fragen, war mit der restlichen Welt? »Sobald die nördlichen Länder veröffentlicht sind«, fuhr Rumold fort, »mache ich mich an den zweiten Band der Neuen Geographie, an die akkurate Beschreibung Spaniens, und dann an Afrika, Asien und Amerika; und, falls es entdeckt wird, wie wir hoffen, rüste ich mich für den dritten Kontinent, das so genannte Magellanische oder Südliche Land (Australis).«[5]

Rumold glaubte, dass er das Werk, das sein Vater »seligen Angedenkens unvollendet hinterließ, zu seinem vorbestimmten Abschluss bringen« könne. Aber er schaffte es nicht allein. Daher richtete er, wie dereinst schon sein Vater, einen Appell an die geschulten Geographen unter den Lesern, sie mögen ihm ihre Beobachtungen von ihren Reisen zu Lande und zur See zukommen lassen.

Damit der Leser keinen Zweifel daran hegte, dass die Familie Mercator solche Gunst und Gefälligkeit zu würdigen wisse, war die gesamte »Neue Geographie« jener Monarchin gewidmet, die wie kein anderer die Erweiterung des geographischen Wissens gefördert hatte: »Elisabeth, der durchlauchtigen und mächtigen Königin von England, Frankreich und Irland.« Rumold erging sich aus gutem Grund in Lob. Durch Elisabeth und ihre Untertanen »erlangte die Welt erstmals Kenntnis von jenen Regionen, die bislang verborgen waren«. Und wenn die Königin weitere Reisen »durch die rauen Reiche Neptuns« befahl, würden diese Fahrten bald Früchte tragen, »nicht nur für euch Briten, sondern auch für alle übrigen benachbarten Bewohner Europas«. Die Expeditionen berühmter englischer Seefahrer und »edler Helden« würden viele weitere Geheimnisse der Erde lüften, nicht nur in der nördlichen Hemisphäre, sondern »auch im Bereich der Antarktis, die ein Drittel der Erde umfasst und immer noch im Verborgenen liegt«. Dies würde, so Rumold, den alltäglichen Handel verstärken sowie das menschliche Staunen vor der Schöpfung Gottes vertiefen.[6] Rumold dürfte gewusst haben, dass die Engländer auf das religiöse Motiv ansprachen, doch der Handel war gewiss die größere Verlockung.

Die Engländer erhielten also die Widmung und den ersten Platz in der »Neuen Geographie der gesamten Welt«. Im Gegenzug erwartete Rumold die Informationen über die Antarktis, die ihn in die Lage versetzen sollten, das Lebenswerk seines Vaters zu vollenden. Und es galt als selbstverständlich, dass diese Gunst wiederum den Engländern selbst zugute kommen würde. So wie Mercators Brief (an Dee) über die Polarregionen einst Elisabeths Anspruch auf die nördlichen Länder untermauert hatte, sollten

Rumolds Karten der Antarktis es England ermöglichen, auch den südlichen Kontinent für sich einzunehmen.

Die 102 modernen Karten, die Mercator angefertigt hatte, wurden von Rumold und seinen Neffen durch fünf weitere ergänzt. Rumold steuerte seine Weltkarte von 1587 und eine Europakarte bei. Gerhard stach Karten von Afrika und Asien. Der jüngste Spross der Familie Mercator, Michael, sollte den jüngsten Kontinent, Amerika, in Kupfer stechen.

*

Der Band mit dem Titel *Atlas sive cosmographicae meditationes de fabrica mundi et fabricati figura* wurde im Frühjahr 1595 veröffentlicht. Die Verkaufszahlen waren enttäuschend. Das Werk, das Spanien und Portugal ganz ausließ und die Regionen außerhalb Europas mit ganzen drei Karten bedachte, entsprach kaum dem, was der Titel verhieß. Ohne Mercator fehlte es dem *Atlas* an Durchschlagskraft. Und Rumolds »edle Helden« Englands verschieden einer nach dem anderen. Frobisher starb 1594, Drake erlag 1596 einer Ruhrerkrankung. Auch von Ortelius kamen keine neuen geographischen Werke mehr. Im Juli 1598 wurde Mercators alter Freund in St. Michael in Antwerpen bestattet. Rumold wurde wohl durch die laue Aufnahme des *Atlas* entmutigt und brachte die versprochenen Karten nicht mehr heraus. Nur fünf Jahre nach dem Dahinscheiden seines Vaters starb auch er – am 31. Dezember 1599, dem letzten Tag des Jahrhunderts.

Im Jahre 1602 versuchten Mercators Erben, den *Atlas* in einer neuen Ausgabe auf den Markt zu bringen – mit denselben 107 Karten und einem neu gesetzten Text. Doch das Werk hielt noch immer nicht dem Vergleich mit Ortelius' *Theatrum* stand, das inzwischen in dreizehn lateinischen Ausgaben sowie auf Niederländisch, Französisch, Italienisch, Deutsch und Spanisch vorlag. Kaum einer, der die beiden Ausgaben an den Ständen auf der Frankfurter Buchgasse verglich, verstand die konzeptuelle Grundlage von Mercators nüchtern wirkenden Karten.

Der kommerzielle Erfolg kam schließlich über Umwegen. Die Familie benötigte Geld, um Rumolds kleinere Kinder zu versorgen, und so wurde 1604 durch einen Leidener Buchhändler Mercators Bibliothek verkauft. Im selben Jahr forderten Gerhard Mercator, der Enkel, und Tylmann de Neuville (der zweite Ehemann von Mercators Tochter Dorothea) als Vormünder von Rumolds Kindern den Duisburger Stadtrat auf, dem Verkauf der Kupferplatten für Mercators Karten zuzustimmen. Gerhard kaufte die Platten selbst auf, veräußerte sie jedoch bald an den Amsterdamer Kartographen Jodocus Hondius, der sich beeilte, den *Atlas* kommerziell auszuschlachten. Hondius fügte neue Texte sowie Karten von Spanien und Afrika, Asien und Amerika hinzu. Das Buch, das nun mit insgesamt 143 Karten Mercators ursprünglicher Intention entsprach, wurde 1606 unter seinem Namen und mit dem Originaltitel neu verlegt.

Der erweiterte *Atlas* war ein ungeheurer Erfolg. Zwischen 1609 und 1641 veröffentlichten Hondius und sein Sohn neunundzwanzig Auflagen in Latein, Niederländisch, Französisch, Deutsch und Englisch, die sie durch weitere Karten ergänzten. Hondius folgte auch Ortelius' Beispiel und vertrieb den *Atlas* in einem Taschenformat als *Atlas minor*.

Endlich hatte Mercators exakte Kosmographie ihren Markt gefunden. Die Karten selbst sollten im Laufe der Zeit allmählich durch andere abgelöst werden, doch das Konzept hatte Bestand. Bereits der erste Band der »Neuen Geographie« verkörperte die Prinzipien der künftigen Kartographie: Mercators kursive Beschriftung, seine Überlappung der Kartenausschnitte, sein vollständiges Abdecken von Regionen in mehr als nur einem Maßstab, seine konsequente Verwendung von Gitternetzen mit Längen- und Breitengraden und sein einheitlicher redaktioneller Stil wurden zu allgemeinen Standards der Kartographie. Und das einzigartige Werk prägte den später allgemein verwendeten Namen für »ein geographisches Kartenwerk in Buchform«: Atlas.

*

Und was wurde aus Mercators übrigen Werken? Sein Erdglobus von 1541 wurde nach fünfzig Jahren erfolgreicher Vermarktung schließlich von aktuelleren Globen abgelöst. Die geniale und ketzerische *Chronologia* erfreute sich ganze vierzehn Jahre lang großer Bekanntheit, bevor sie von Joseph Justus Scaligers *De emendatione temporum* verdrängt wurde. Mercators Edition der *Geographike* des Ptolemäus verkaufte sich über ein Jahrzehnt lang. Im Jahre 1636 verwendete der englische Essayist Thomas Blundeville in seinen *Exercises* als Beispiel der Kartographie »eine ausgezeichnete Karte von Europa, die Mercator im Jahre unseres Herrn 1554 fertigte«.[7]

Blundeville war es auch, der sich für Mercators missverstandene Weltkarte von 1569 einsetzte. In Mercators Todesjahr veröffentlichte der Essayist als erster die Tabellen der Sekanten, die für den Entwurf der neuen Projektion erforderlich waren. Blundeville hatte sich die Tabellen von seinem Freund Edward Wright, einem klugen jungen Mathematiker aus Cambridge, geborgt. Kurz darauf fertigte Wright mit Hilfe der Mercator'schen Projektion eine Karte seiner Reise zu den Azoren und publizierte seine Tabellen 1599 in *Certaine Errors in Navigation*. Im selben Jahr brachte Richard Hakluyt eine Weltkarte (ebenfalls von Wright) nach Mercators Projektion heraus. Am Ende des Jahrhunderts hatte sich die Projektion des Duisburger Kartenmachers als praktisches geographisches Hilfsmittel etabliert. Sein Abbild der Welt – kreuz und quer von den einst rätselhaften Loxodromen überzogen – war endlich auf ein Publikum gestoßen. »Er lächelt mehr Linien in sein Gesicht hinein«, schrieb damals ein junger englischer Dramatiker, ein gewisser William Shakespeare, »als auf der neuen Weltkarte mit beiden Indien stehn.«[8]

Bei den Seefahrern gewann die neue Projektion erst langsam an Akzeptanz. Sie erkannten erst ganz allmählich, dass die sonderbaren räumlichen Verzerrungen der notwendige Preis für eine Karte waren, die sie unfehlbar zu einem fernen Ziel zu führen vermochte. Erst Mitte des 17. Jahrhunderts erschien mit Sir Robert Dudleys *Arcano del Mare* der erste Seeatlas, der sich durchweg auf Mercators Projektion stützte. 1686 verwendete Edmond Halley die Projektion für die erste meteorologische Karte.

Die Projektion entwickelte sich zu einem derart fähigen Instrument, dass Mercator schließlich in den Schatten seiner eigenen Erfindung gestellt wurde. Im 20. Jahrhundert wurde der Mann, der seinen Namen von »Gerhard Kremer« in »Gerardus Mercator« geändert hatte, regelrecht mit der »Mercator-Projektion« gleichgesetzt. Seine Projektion wurde von staatlichen Kartographen verwendet, die das Land erfassten, das er auf den Namen »Nordamerika« getauft hatte. Im Jahre 1938 entschied man sich auch bei der amtlichen Neuvermessung Großbritanniens für Mercators Projektion. Und 1974 verwendete der amerikanische Kartograph Alden P. Colvocoresses die raumverzerrende Mercator-Projektion für die erste Satellitenkarte der Vereinigten Staaten. Als *Mariner 8* und *Mariner 9* ausgesandt wurden, um den Mars zu kartographieren, folgten auch sie dem Standard der Mercator-Projektion; und das erste Kartenbuch, das den roten Planeten beschrieb, trug natürlich den Titel *Atlas des Mars*.

Die erfassbaren Himmelskörper unseres Sonnensystems erscheinen, einer nach dem anderen, über Internet auf unseren Bildschirmen, wobei sie nach Mercators Prinzip in eine zweidimensionale Gestalt umgeformt werden. Mit Hilfe so genannter »Radarmosaiken«, die von der Raumsonde *Magellan* zur Erde zurückgesandt wurden, ist bereits die Venus nach dem Prinzip der Mercator-Projektion kartographiert worden. Dasselbe gilt für den Jupiter, dessen vulkanischen Mond Io sowie den größten Mond des Saturn, den Titan.

Mercators Projektion brachte die Kugelform mit der planen Ebene in Einklang. Sein *Atlas* erfasste die Welt in einem integrierten Kartensystem. Er lebte in einer Zeit heftiger Umbrüche, doch er strebte mit jedem Strich, den er zog, nach globaler Harmonie. Mit seinen kartographischen Meisterwerken verfasste der Schustersohn aus den Niederlanden seine eigene, ewig gültige Grabinschrift.

Anmerkungen

1 EIN STÄDTCHEN NAMENS GANGELT

1 Averdunk und Müller-Reinhard (S. 1) deuten an, dass der Junge aufgrund der anstrengenden Reise verfrüht zur Welt kam.

2 Bis zum Jahr 1500 hatten die europäischen Druckzentren vierzigtausend Ausgaben gedruckt und ungefähr zwanzig Millionen Bücher und Broschüren unter den achtzig Millionen Einwohnern des gesamten Kontinents vertrieben. In Köln lernte 1471 Englands erster Drucker, William Caxton, die Technik der beweglichen Lettern.

3 Zu dieser Verwendung der Bezeichnung *»mercator«* siehe Westfall Thompson, S. 19, Anm. 67.

4 Johannes mit den sieben goldenen Leuchtern, aus der Reihe *Apokalypse*, 1498. Siehe Belgrave et al., S. 74–5.

5 Nimmt man an, dass Emerentia alle eineinhalb Jahre ein Kind gebar, dürfte das älteste, Gisbrecht, knapp zehn gewesen sein, als Gerhard zur Welt kam. Stabel schätzt, dass die städtischen Haushalte in Flandern zwischen 1510 und 1520 im Durchschnitt 3,32 bis 4,62 Kinder zählten (siehe Clark, S. 221). Die gesamte neunköpfige Familie dürfte ungefähr fünf Kilogramm Brot pro Tag gebraucht haben. Siehe Blockmans und Prevenier, 1978, S. 21–2.

6 Im Mai 1521 musste der Herzog von Jülich-Berg der kaiserlichen Steuertabelle zufolge 45 Reiter, 270 Fußsoldaten und 500 Gulden für den römischen Feldzug und für den Unterhalt der Regierung bereitstellen. Dasselbe galt für den Herzog von Kleve-Mark. Aus dem Rechnungsbuch für die Wormser *Reichsmatrikel* geht hervor, dass die beiden Herzogtümer zusammen mehr Geld zu entrichten hatten als irgendeiner der anderen 367 Kurfürsten, Erzbischöfe, Fürsten, freien Reichsstädte, Grafen und Lehnsherren. Lediglich der Kurfürst von Böhmen, der Erzherzog von Österreich und Herzog von Burgund stellten eine größere Zahl an Reitern und Fußsoldaten. Siehe Benecke, S. 385.

7 In der Gegend von Osnabrück, nordöstlich von Gangelt, hatte sich die Bevölkerung im Laufe des 16. Jahrhunderts nahezu verdoppelt; siehe

The Cambridge Economic History of Europe, Bd. IV, S. 25. Siehe Erfurter Chronik von 1483, zitiert ebd. Siehe auch Sebastian Franck, *Germaniae Chronicon* (Augsburg, 1538), zitiert ebd.

8 Von dem Brief, der erstmals im April 1493 in Barcelona veröffentlicht wurde, kursierten bis zum Jahre 1500 siebzehn Ausgaben, nahezu alles Übersetzungen. Die erste deutsche Ausgabe wurde 1497 in Straßburg gedruckt. Morison weist darauf hin, dass die erwähnten »zwanzig Tage« auf einen Druckfehler zurückgingen und die Reise in Wirklichkeit 33 Tage gedauert habe; die massenweise Verbreitung der niedrigeren Zahl erweckte den irrtümlichen Eindruck, dass die von Kolumbus entdeckten Inseln viel näher bei Europa lagen. Die hier zitierten Passagen entstammen alle der Übersetzung von Morison (S. 205–13) nach der originalen Barcelona-Ausgabe des Kolumbus-Briefs von 1493.

9 Vespuccis Brief erschien unter dem Titel *Mundus Novus* (Neue Welt). Als Mercator zur Welt kam, zirkulierte er in nicht weniger als vierzig Ausgaben, darunter in Flämisch, Französisch und Tschechisch. Die deutsche Ausgabe von 1505 trug den Titel *Von der neüw gefunden Region*. Alle Zitate beziehen sich auf die englische Übersetzung in Northrup, S. 1–13.

10 Brief vom 5. März 1518 von Erasmus an William Warham (?). Brief vom 13. März 1518 von Erasmus an Beatus Rhenanus.

11 B. de Mandrot (Hrsg.), *Mémoires de Philippe de Commynes* (Paris, 1901), S. 15, zitiert in Blockmans und Prevenier, 1999, S. 141.

2 IM LAND DER VERHEISSUNG

1 Unter Verweis auf die Pacht von Huberts »Hofstatt« in Rupelmonde, die »seit Weihnachten 1511 sechs Jahre lang« nicht bezahlt wurde, mutmaßten Averdunk und Müller-Reinhard (S. 2), dass sich die Kremers »1517 oder 1518« wieder nach Rupelmonde begaben. Von den beiden Jahreszahlen ist die Letztere die Wahrscheinlichere. Die Serie von Hochwassern, Frösten und Teuerungen (mit entsprechend hohen Sterblichkeitsraten), die Flandern zwischen 1515 und 1517 bedrängt hatten, spricht dafür, dass die Kremers erst 1518 auswanderten, also in jenem Jahr, in dem sich die Verhältnisse in Flandern allmählich wieder besserten. Da eine Reise im Winter nicht in Frage gekommen sein dürfte, brachen die Kremers wahrscheinlich in den trockeneren Monaten des Jahres 1518 auf.

2 Die Einwohnerzahl von Hondschoote explodierte von 2500 im Jahre 1469 auf 15 000 im Jahr 1560. Siehe Lis und Soly, S. 68.

3 Brief aus der ersten Oktoberhälfte 1518 von Erasmus an Beatus Rhenanus; Erasmus von Rotterdam, *Briefe*, S. 213.

4 Die Mühle steht auch nach vierhundert Jahren noch.

5 Stabel (in Clark, S. 210–11) schätzt die Einwohnerzahl von Rupelmonde im Jahre 1469 auf 702. Die drei größten Siedlungen in Flandern waren Gent (60 000 Einwohner), Brügge (45 000) und Ypres (9900). Vor der verheerenden Schlacht von 1452 könnte Rupelmonde 5000 bis 6000 Einwohner gezählt haben.
6 Stabel bezeichnet 1516 und 1517 als Jahre mit einem »Sterblichkeitsboom« in Flandern (siehe Clark, S. 223).
7 Martyr sprach erstmals von der »Neuen Welt« in einem Brief vom 20. Oktober 1494; damals war er am spanischen Hof als Lehrer tätig.
8 Zitiert in Borstin, S. 257.
9 Averdunk und Müller-Reinhard (S. 1) halten es für sehr wahrscheinlich, dass Gisbert in Löwen studierte, denn dies war die Universität in den Niederlanden, an der die Mehrzahl der flämischen Kleriker studierte. Außerdem war Löwen im westlichen Teil des Herzogtums Jülich recht beliebt.
10 Mit über 150 Schulen allein in Antwerpen wies die Region entlang der Schelde mit die größte Schuldichte in Europa auf.
11 Ein Holzschnitt von Dirk Vellert aus dem Jahr 1526 zeigt die Innenräume eines Antwerpener Schulhauses, dem das hier geschilderte geähnelt haben dürfte. Die Kinder saßen in kleinen Gruppen zusammen und wurden von Erwachsenen unterrichtet. Es entsteht der Eindruck disziplinierten Lernens unter der Aufsicht geschulter Kräfte. Die Grundschule stand sowohl dem Kaufmannssohn als auch der Bauerntochter offen; eine Schulbildung über die Grundschule hinaus blieb Mädchen und Söhnen armer Leute aber meist verschlossen.
12 Dies ist eine plausible Vermutung, keine historisch belegte Tatsache.
13 Nach der englischen Übersetzung von Duff und Duff, S. 601.
14 Zitiert in Roberts, S. 578–9.
15 Koenigsberger, Mosse und Bowler, S. 231.
16 Der Mathematiker war Johann Stöffler, der in seinem *Almanach* von 1499 eine Sintflut für das Jahr 1524 vorhersagte.
17 Zitiert in van der Stock, S. 43.
18 Brief vom 8. Februar 1524 von Erasmus an Lorenzo Campeggi.

3 AN DEN GRENZFLUSS

1 Nach Post sind Erasmus von Rotterdam, die Vettern Cornelius Gerards (Aurelius) und William Hermans (Goudanus) sowie Macropedius die einzigen niederländischen Humanisten zwischen 1480 und 1540, die »überhaupt mit der Devotio moderna, wie sie sich damals entwickelt hatte, in Verbindung zu bringen wären«. Schoeck (S. 48) erweitert die Liste, ohne die Bedeutung des Macropedius zu bestreiten. Für Schoeck

(S. 267) zählt Macropedius auch zu jenen Freunden des Erasmus, die von der Bruderschaft erzogen worden waren.

2 Die Wegstrecke zwischen Rupelmonde und 's-Hertogenbosch beträgt ungefähr 110 Kilometer.

3 Laut einer Volkszählung bestand 1526 die Gesamtbevölkerung des Herzogtums Brabant zu 27 Prozent aus verarmtem Landvolk (siehe Blockmans und Prevenier, 1978, S. 35). Drei Jahre später äußerten sich die Prälaten von Brabant verzweifelt darüber, dass sie die Abwanderungsströme vom Land in die städtischen Armenviertel nicht aufhalten konnten. »Wir und das gesamte Land befinden uns in einer so großen Armut, dass es gar nicht zu beschreiben ist. Wir können die Landbewohner nicht daran hindern wegzugehen, wie sie es bereits vielerorts getan haben« (zitiert in Lis und Soly, S. 78).

4 Von 1480 bis 1526 nahmen die Armenküchen in kleinen brabantischen Städten wie Turnhout und Tilburg ungeheuer zu; siehe Blockmans und Prevenier, 1978, S. 35.

5 Im Mittelalter wurden Pariser Studenten nach Nationen eingeteilt. Studenten der Niederlande, die nördlich der Maas zu Haue waren, gehörten zur »natio Anglicana«, die von südlich der Maas zur »natio Picardia«. Siehe Keuning, 1952, S. 40.

6 Die Details dieser Beschreibung entstammen Brauns und Hogenburgs Ansichten in *Civitates Orbis Terrarum*, die wiederum auf Holzschnitte Lodovico Guicciardinis von 1567 und eine Zeichnung Jacob van Deventers von ca. 1560 zurückgingen.

7 Das Gemälde, das später unter dem Titel *Garten der Lüste* bekannt wurde, hing 1517 in Brüssel im Palast Heinrichs III. von Nassau. Es ist jedoch durchaus denkbar, dass Mercator in 's-Hertogenbosch durch Kopien oder andere Fassungen Boschs das Bild mit eigenen Augen betrachten konnte.

8 In den Werken des Macropedius wird häufiger der Einfluss von Titus Maccius Plautus (ca. 254–184 v. Chr.) als der des jüngeren Publius Terentius Afer (ca. 195–159 v. Chr.) entdeckt. Terenz beherrschte den Stil der hohen Komödie und war eindeutig der bessere Schriftsteller. Plautus dagegen verstand sich vorzüglich darauf, entlehnte griechische Stoffe in Farcen zu verwandeln. In dem Auf und Ab des neuen gesellschaftlichen Gefüges war Plautus jedoch ein Symbol seiner Zeit – ein einfacher Zimmermann aus Umbrien, der zum größten Komödienschreiber des antiken Roms aufstieg. Plautus verdiente viel Geld mit seinen Komödien und wurde Kaufmann, verlor jedoch alles wieder und kehrte in Armut nach Rom zurück, wo er für einen Bäcker den Mühlstein drehte. Während er in der Backstube Korn mahlte, schrieb er drei weitere Komödien.

9 Im Vorwort zu den Dramen *Die Rebellen* und *Aluta* (siehe Best), die 1535 gemeinsam veröffentlicht wurden, schrieb Macropedius, dass er etwa um 1515 mit seinen »Bagatellen« begonnen habe (also etwa zwölf Jahre, bevor Mercator sein Schüler wurde). An anderer Stelle erklärte er, er habe sechs seiner zwölf Dramen vor 1535 geschrieben, wenn auch nicht veröffentlicht. Das bedeutet, dass Mercator mit *Asotus, Die Rebellen, Aluta, Petriscus, Andrisca* und *Bassarus* vertraut gewesen sein dürfte.

10 Epilog, *Die Rebellen.*

11 Der Turm, der weit über die Poldern sichtbar sein sollte, wurde erst später erbaut; er wurde vollendet, als die Kirche (1561) zur Kathedrale wurde.

12 Es war weitgehend ein Verdienst der vielen Lateinschulen und der pädagogischen Arbeit der Brüder vom gemeinsamen Leben, dass die Niederlande den höchsten Bildungsstand in Europa vorzuweisen hatten.

13 Ghim berichtete, dass Mercator nach 's-Hertogenbosch kam, um sein Studium der Grammatik abzuschließen und mit dem der Logik zu beginnen, woraus sich schließen lässt, dass seine schulische Ausbildung an der Schelde nicht ausreichend war, um den Zugang zur Universität zu erhalten.

14 *De ratione studii ac legendi interpretandique auctores liber* wurde 1511 in Paris erstmals veröffentlicht. Im Jahr darauf erschien eine erweiterte Ausgabe in Löwen.

15 Eine Liste der Bücher, welche die Brüder von 's-Hertogenbosch hinterließen, findet sich bei Hyma (S. 136–7).

16 Plinius der Ältere, *Naturalis historia*, 3. Kapitel.

4 *HET CASTRUM*

1 Eine Elle entsprach ungefähr 0,7 Meter.

2 Im Jahre 1530 waren nahezu ein Drittel aller Studierenden in Löwen »Ausländer«.

3 J. B. Mullinger, »Universities«, *Encyclopedia Britannica*, 1911, 11. Ausgabe, Bd. 27, S. 759.

4 Andreas Vesalius, *De Humani Corporis Fabrica*, 1543, zitiert in O'Malley, S. 31.

5 Vesalius hatte sich ein paar Monate vor Mercator, am 25. Februar 1530, eingeschrieben.

6 Vanpaemel (S. 45, Anm. 17) schreibt: »Der Lehrplan der Geisteswissenschaftlichen Fakultät war noch bis in die Mitte des 17. Jahrhunderts weitgehend scholastisch.«

7 So bezeichnete Dante den antiken Klassiker in der *Göttlichen Komödie*.

8 *Sententia I*, zitiert in van Raemdonck (S. 32, Anm. 2).

9 *Acta 1470*, zitiert ebd. S. 24, Anm. 2.
10 Juan Luis Vives, *In Pseudodialecticos.*
11 Vesalius, op. cit., S. 31.
12 Brief aus dem Jahre 1500 von Vespucci an Lorenzo Pietro Francesco de Medici, zitiert in Parry, S. 180.
13 Ghim, nach der englischen Übersetzung in Osley, S. 185.
14 Mercator, Vorwort zu *Evangelicae historiae quadripartita Monas*, zitiert in van Raemdonck, S. 22, Anm. 1, 2.
15 Hyma (S. 136) nennt *Summa Theologiae* und Thomas von Aquins *De Puritate Conscientiae et de Modo Confitendi* unter den Werken in der Hausbibliothek der Bruderschaft in 's-Hertogenbosch.
16 Widmung, *Evangelicae historiae*, zitiert in van Raemdonck, S. 25, Anm. 2.
17 Die Löwener Theologen waren wohl nicht so nachsichtig wie die in Paris, die zwei Jahre später Petrus Ramus ungeschoren davonkommen ließen, als dieser eine These mit dem unzweideutigen Titel »Alles, was Aristoteles lehrt, ist falsch« verfasste.
18 Mercators Widmung, *Evangelicae historiae*, op. cit.
19 Ein entsprechendes Werk entstand an Mercators Lebensende und wurde im *Atlas* von 1595 veröffentlicht. Die Grundlagen seiner Abhandlung »Über die Erschaffung und den Aufbau der Welt« dürfte er in dieser zweijährigen Studienphase gelegt haben.
20 Mercator, Widmung, *Evangelicae historiae*, op. cit.

5 TRIANGULATION

1 Siehe van Isacker und van Uytven, S. 85: Die Einwohnerzahl Antwerpens stieg von schätzungsweise 33 000 im Jahre 1480 auf 40 000 im Jahre 1496. 1526 zählte die Stadt etwa 55 000 Einwohner und 1568 bereits 114 000.
2 Siehe Febvre und Martin, S. 187.
3 Praefatio, *Tabulae geographicae Cl: Ptolemei*, 1578, zitiert in Babicz, S. 62.
4 Nach der englischen Übersetzung von Berggren und Jones (S. 4). Dilke (S. 295) übersetzte Ptolemäus' Titel mit »Manual of Geography« (Handbuch der Geographie).
5 Zu Ptolemäus' Geographie vgl. Berggren und Jones, S. 57, 93.
6 Johannes Cochlaeus, *Brevis Germaniae Descriptio*, 1512, zitiert in B. Englisch, S. 116, Anm. 16.
7 Zitiert in Wilford, S. 70.
8 Brief des Historikers Johannes Trithemius vom 12. August 1507, zitiert in Karrow, S. 571.

9 Schöner, *Luculentissima quaedam terrae totius descriptio*, 1515, nach der Übersetzung von van der Krogt, S. 31.

10 Begleitbrief zu Schöners Globus von 1523, nach der Übersetzung von van der Krogt, S. 31.

11 Denucé (1941, zitiert in van der Krogt, S. 44) bezeichnete Monachus als »einen der bedeutendsten Geographen seiner Zeit«. Sein Erdglobus ist nicht erhalten geblieben, wird aber in einer undatierten Broschüre erwähnt. Nach eingehender Prüfung der vorliegenden Daten grenzte van der Krogt (S. 43–44) das Erscheinungsdatum des Globus und der Broschüre auf die Jahre 1526–27 ein.

12 Monachus, *De Orbis Situ* ..., 1526/7, nach der Übersetzung von van der Krogt, S. 42.

13 Dieses Land war nicht Teil eines Kontinents, wie Monachus dachte, sondern die Insel South Georgia.

14 Übersetzt nach Karrow, S. 408.

15 Dieser Hinweis auf Gemmas ersten Globus stammt aus seiner Widmung (vom 18. Januar 1553) in *De principiis astronomiae*. Zitiert in van der Krogt, S. 48–49.

16 Gemma Phrysius, *De principiis astronomiae*, 1530, nach der englischen Übersetzung in Andrews, S. 390–91.

17 Richard de Benese, *The Boke of Measuring of Lande*, London 1537, sowie Anthony Fitzherbert, *The Boke of Surveyinge*, London 1523, zitiert in Kiely, S. 104.

18 Falls dieser »Jacobus lantmetere de Mechlina«, der sich 1523 in Löwen einschrieb, jener van Deventer war, der später die Niederlande kartographierte, dürfte Gemma den künftigen Vermesser der Stadt nach seiner eigenen Immatrikulation im Jahre 1526 kennen gelernt haben.

19 *Atlas sive cosmographicae meditationes de fabrica mundi et fabricati figura*, (in den folgenden Erwähnungen *Atlas*) 1595, S. 35; alle weiteren Zitate und Verweise beziehen sich auf die CD-ROM-Ausgabe der Lessing J. Rosenwald Collection in der englischen Übersetzung von D. Sullivan, 2000.

20 Ghim, nach Osley, S. 185.

21 Es ist auch möglich, dass Gisbert nicht in der Lage gewesen war, für Mercators weitere Ausbildung an der Theologischen Fakultät aufzukommen, da an den höheren Fakultäten erhebliche Kosten für Unterkunft und Verpflegung, Vorlesungen, Bücher und Zeremonien entstanden.

22 Das einzige erhaltene Dokument über diese rätselhafte Phase in Mercators Leben ist die Biographie, die Walter Ghim sechzig Jahre später niederschrieb. Laut Ghim dauerten die philosophischen Studien »einige Jahre«. Um sich noch vor seiner Mitarbeit an Gemmas Globus von 1535–6 »binnen sehr weniger Jahre« (Ghim) fundierte Kenntnisse in Mathematik anzueignen, kann Mercators philosophisches Abenteuer nicht

viel länger als zwei Jahre, von Oktober 1532 bis Oktober 1534, gewährt haben. Van Raemdonck (S. 25, Anm. 1) schreibt, allerdings ohne einen Beleg anzuführen, dass Mercators Rückkehr nach Löwen »sehr wahrscheinlich 1534 erfolgte«.

23 Ghim, *Atlas*, S. 5

6 GLOBEN UND ANDERE PRAKTISCHE GERÄTE

1 Während ihrer Recherchen in Antwerpen fanden Averdunk und Müller-Reinhard (S. 4, Anm. 17) keine Bestätigung für van Raemdoncks Behauptung, dass Mercator dort nicht nur für einen oder mehrere kürzere Aufenthalte, sondern für eine längere, durchgehende Zeit weilte. – Mercator in einem Brief vom 3. März 1581 an Haller, zitiert in van Durme, S. 166.

2 Ebd.

3 Juan Luis Vives, S. 80.

4 Dieses und die folgenden Zitate stammen aus Mercators Brief vom 3. März 1581 an Haller, zitiert in van Durme, S. 165–66.

5 Ebd.

6 Eine Ausgabe dieses Buches von 1534 ist in Mercators Bibliothek katalogisiert; Watelet, 1994, S. 412.

7 Aus Bordones Druckantrag von 1508 an den venezianischen Senat, zitiert in Karrow, S. 89.

8 Ghim, nach Osley, S. 185. Bei dem Material dürfte es sich indes nicht um Bronze, sondern um Messing gehandelt haben.

9 Es gibt keinen gesicherten Hinweis darauf, dass Mercator seine Kenntnis im Instrumentenbau bei van der Heyden erwarb, doch vieles spricht für eine enge Arbeitsbeziehung, etwa die gemeinsamen Interessen mit Monachus und Gemma Frisius, aber vor allem die Tatsache, dass Mercators älteste erhaltene Arbeit ein Gemeinschaftswerk mit van der Heyden war. Angesichts der Fähigkeiten, die Mercator 1536 bewies, muss er spätestens 1534 angefangen haben, mit Metall zu arbeiten.

10 Die Bezeichnung »mathematisches Juwel« bezog sich ursprünglich auf das geniale tragbare Astrolabium und tauchte im Titel eines der ersten gedruckten englischen Mathematikbücher auf, in John Belgraves *The Mathematical Jewel, shewing the making, and most excellent use of a singular instrument so called, etc.* (London, 1585).

11 Die Schrift *Usus annuli astronomici* wurde 1534 veröffentlicht. Die älteste erhaltene Ausgabe findet sich in Apians *Cosmographicus liber* von 1539. Eine Abbildung des Instruments ist in der *Encyclopedia Britannica* enthalten: Bd. 19, 1911, S. 286.

12 Gemma Frisius, *Usus annuli astronomici*, 1534, zitiert in Konrad Gesner, *Bibliotheca universalis*, Zürich 1545 (Karrow, S. 208).

13 Roeland Bollaert, »Rat an den Leser«, *Solidi ac spherici corporis sive Globi Astronomici* …, 1527, zitiert in van der Krogt, S. 41.
14 Ebd.
15 Dieses und die folgenden Zitate stammen aus van der Krogt, S. 575.

7 WEDER BEKANNT NOCH ERFORSCHT

1 Maximilianus Transylvanus, S. 112.
2 Ebd., S. 119.
3 Gemmas Globus von 1536 maß 370 Millimeter im Durchmesser.
4 Van der Krogt, S. 55.
5 Ebd., S. 54.
6 Mercator lokalisierte »Matonchel« an der Westküste von »Hispania nova« (dem heutigen Mexiko), an der Mündung des einzigen Flusses, den er an der gesamten Pazifikküste Süd- und Mittelamerikas einzeichnete. Aus »Matonchel« wurde später »Matanchel« oder »Chacala«, ein geschäftiger Pazifikhafen (siehe Lanzas, Buch II, S. 216–8). Der Fluss heißt heute Rio Grande de Santiago. Das Zitat stammt aus van der Krogt, S. 55.
7 Van der Krogt, S. 54.

8 HIMMLISCHE JUNGFERN

1 Johanna sollte ihren Ehemann Jan um vierzig Jahre überleben.
2 Ghim schrieb später, Barbara sei »eine ausgezeichnete Hausfrau« gewesen; Zitate aus Osley, S. 90, 190.
3 Dies ergibt sich aus einem Brief von Molanus an Mercator vom 24. März 1566, in dem Molanus auf Johannas »falsche Überzeugung« verweist; van Durme, S. 64.
4 Andreas Vesalius, *De humani corporis fabrica libri septem*, Basel 1543, zitiert in O'Malley, S. 64.
5 Eine Ausgabe des *Hyginus fabularum liber* wurde 1535 in Basel gedruckt; siehe Dekker, S. 133, Anm. 7.
6 Van der Krogt, S. 55.
7 Ghim, *Atlas*, S. 6.
8 Briefe vom Juni und 18. September 1534 von Vigius van Aytta an Hadrianus Marius, zitiert in Waterbolk, S. 45–46. Brief von van Aytta an Joachim Hopper, zitiert in Motley, S. 285.
9 Adrien Amerot de Quenville, auch bekannt als Adrianus Amerocius (siehe Mercators Brief vom 4. August 1540 an Antoine Perronet) oder auch Amerotius beziehungsweise Amoury (siehe Bietenholz, Bd. 1, S. 48).

9 *TERRAE SANCTAE*

1 Zitiert in Karrow, S. 605.
2 Zitiert in Nissen, S. 47.
3 Brief vom 22. Mai 1567 von Mercator an Andreas Masius; van Durme, S. 75.
4 *Mann mit Fisch*, Dirk Vellert, Antwerpen, 16. August 1522, abgebildet in van der Stock, S. 103.
5 Matthäus 17;3.
6 Die einzelnen Kartenblätter maßen 275 x 180 mm; zusammengeklebt maß die Wandkarte mit den Schmuckrändern 1216 x 666 mm.
7 Viele Jahre später beklagte sich Mercator in einem Brief an Masius, der Karte sei die Eile bei der Herstellung und die Unstimmigkeit der Primärquellen anzusehen. – Zitat aus Ghim, nach Osley, S. 186.
8 Matthäus 17;5.
9 Ziegler war nicht der erste Deutsche, der diese magnetische Absonderlichkeit darstellte. Zwanzig Jahre zuvor hatte der Nürnberger Kompassbauer Erhard Etzlaub am Deckel eines aufklappbaren Kompasses mit Sonnenuhr eine Karte angebracht, die eine magnetische Abweichung von 10 Grad anzeigte.

10 DIE TAUFE NORDAMERIKAS

1 Mercator, »Praefatio«, *Tabulae geographicae Cl. Ptolemei...*, 1578, zitiert in Bibicz, S. 62.
2 Anmerkung an den Leser auf Mercators unbetitelter Weltkarte von 1538, die allgemein als *Orbis imago* bezeichnet wird.
3 Berggren und Jones, S. 92.
4 Sylvanus' herzförmige Weltkarte erschien in seiner Ausgabe der *Geographie* des Ptolemäus, die 1511 in Venedig veröffentlicht wurde.
5 Johannes Werners *Libellus de quatuor terrarum orbis in plano figurationibus*, das 1514 in Nürnberg erschien, enthielt drei angedeutete herzförmige Projektionen.
6 Finés Karte erschien nur vier Jahre später auch in Glareanus' Werk *De Geographia*, das 1536 in Freiburg herauskam.
7 Oronce Finé, »Worte an den Leser«, *Nova et integra universi orbis descriptio*, 1531.
8 Philip Melanchthon, *Apologie der Augsburgischen Konfession*, zitiert in Aune, S. 1.
9 Von Mercators *»Orbis imago«* aus dem Jahre 1538 sind nur zwei Exemplare bekannt. Das eine wurde in einer Ptolemäus-Ausgabe von 1578 entdeckt, das andere lag in einem Exemplar von Simon Grynaeus' *Novus Orbis Regionum* lose neben Finés Herzen.

10 Laut Nordenskjöld (S. 107) war dies einer der ersten Hinweise auf den Rio de la Plata und dessen wichtigste Nebenflüsse.
11 Tibet, Kathai (das heutige China) und das Land der Lequii.
12 Berggren und Jones, S. 95. »Tanais« ist der heutige Don.
13 »Sipangi« bezeichnet das heutige Japan.
14 Angesichts der Geburtsdaten ihrer unmittelbar nächsten Geschwister dürfte Emerentia zwischen dem Sommer 1538 und dem Sommer 1539 geboren worden sein.
15 Brief Mercators vom 4. August 1540 an Perronet, zitiert in van Durme, S. 15.

11 DAS GERICHT ÜBER GENT

1 Van der Bekes Karte ist die älteste erhaltene gedruckte Landkarte Flanderns; siehe van der Gucht, S. 289.
2 Übersetzt nach Delano Smith, 1985, S. 25.
3 Siehe Arnade, S. 197.
4 Van Dis, *Reformatorische rederijkersspelen*, 33, zitiert in Arnade, S. 200.
5 Richard Clough, zitiert in Arnade, S. 200.
6 Ghim, *Atlas*, S. 6, nach Osley, S. 186. Das einzige erhaltene Exemplar der Flandernkarte Mercators ist unvollständig und undatiert. Laut Ghim schuf Mercator die Karte nach seiner Palästinakarte von 1537 und vor seinem Handbuch der Kursivschrift. Der Zeitpunkt, an dem die Genter Kaufleute am stärksten motiviert gewesen sein dürften, eine kaisertreue Flandernkarte in Auftrag zu geben, war wohl der Herbst 1539, als klar wurde, dass die Rebellion zu Vergeltungsmaßnahmen führen würde. Nach de Smet (S. 57) haben die Kaufleute in den Wochen vor der Ankunft des Kaisers in Gent einen geheimen Vertrag mit den Räten von Brüssel geschlossen, in dessen Folge Mercator beauftragt wurde, eine dem Kaiser gewidmete Flandernkarte anzufertigen.
7 Das Feld, das die Kaufleute wahrscheinlich eindeutig identifiziert hätte, fehlt bei dem einzigen erhaltenen Exemplar der Karte. Es enthielt wohl auch die Notiz an den Leser und das Datum der Karte. Beim Druck wurde allerdings am unteren Rand die Mitwirkung dreier Buchhändler vermerkt, wenn auch nicht mit vollem Namen; doch die Firmenzeichen und Ortsnamen lassen darauf schließen, dass es sich bei den dreien um Guillaume van den Berg aus Antwerpen, Pieter de Keysere und Barthelémi de Grave (auch Bartholomeus Gravius) aus Löwen handelte. Der Drucker ist auf dem erhaltenen Exemplar nicht genannt, doch es dürfte Gravius gewesen sein, für den Mercator später ein Druckeremblem entwarf.
8 Ghim, nach Osley, S. 186.

9 Van Deventer hinterließ keine Flandernkarte. De Smet (S. 55–6) sammelte die Belege, die dafür sprechen, dass Flandern vor 1540 von van Deventer mit dem Triangulationsverfahren vermessen wurde. Kirmse (1957, S. 24–5) folgerte, dass van Deventer zwischen 1536 und 1539 Zeit gehabt hätte, Flandern zu vermessen, und seine Flandernkarte möglicherweise vor seiner Hollandkarte zeichnete.

10 Osley (S. 65) vertritt die Ansicht, dass die Beschriftung auf Mercators Flandernkarte »gewisse Anzeichen von Eile« erkennen ließ.

14 Die Annahme, dass Mercator bloß kopierte, beruht auf drei Faktoren: 1. Mercators Flandernkarte weist einen ähnlichen Maßstab auf (1:172 000) wie van Deventers Regionalkarten (1:180 000). 2. Mercators Flandernkarte ist die Einzige seiner Karten, die keine Gradeinteilungen der Breiten- und Längenkreise aufweist – was nicht erforderlich ist, wenn sich der Kartograph auf Daten von Vermessungen mit der Triangulationstechnik stützt oder durchpaust. 3. Viele von Mercators Vignetten – für Städte, Dörfer, Klöster und Wälder – gleichen denen, die van Deventer verwendete.

12 De Smet (S. 54) argumentiert, bei diesen Details dürfte sich Mercator auf Jacques Meyer (beziehungsweise Meyerus) gestützt haben, dessen Buch *Jacobi Meyeri Baliolani Flandricarum rerum tomi X* 1531 in Brügge und Flandern erschien; dafür spricht ein entsprechender Buchtitel in Mercators Bibliothek (siehe Watelet, 1994, S. 406).

13 Kirmse (1957) überprüfte einhundert Entfernungsabmessungen zwischen Orten und kam zu dem Ergebnis, dass die durchschnittliche Abweichung von der tatsächlichen Entfernung lediglich 34 Meter pro Kilometer, das heißt ganze 3,4 Prozent, betrug. Eine Überprüfung von einhundert Winkelabmessungen ergab eine durchschnittliche Abweichung von nur 2 Grad und 20 Minuten. De Smet (S. 55) weist darauf hin, dass solch eine Präzision die Leistungen anderer Kartographen zu jener Zeit weit übertraf.

14 Ghim, nach Osley, S. 186. Mercators Flandernkarte maß (einschließlich des Schmuckrandes) 1230 x 950 mm; van der Bekes Karte maß 990 x 750 mm.

15 Marneff, S. 30. – Brief des Apostels Paulus an die Römer, 11;20.

16 Von Mercators zahlreichen Karten war dies die einzige mit solch einem Feld.

17 Brief vom 4. August 1540 an Antoine Perronet; van Durme, S. 15.

18 Die lange Debatte darüber, in welchem Jahr dieser (undatierte) Brief wohl veröffentlicht wurde, resümiert van der Krogt, S. 62.

19 Brief vom 4. August 1540 an Antoine Perronet; van Durme, S. 15.

20 Dieses und die folgenden Zitate entstammen dem Brief vom 4. August 1540 an Perronet, übersetzt nach van der Krogt, S. 60.

12 DAS HANDBUCH DER KURSIVSCHRIFT

1 Bezüglich des Zeitpunktes, zu dem *Literarum latinarum* geschrieben und veröffentlicht wurde, bestehen gewisse Zweifel. Als Erscheinungsdatum ist in dem Buch zwar März 1540 angegeben, doch de Smet (S. 59–60, Anm. 92–94) meint, die Drucker hätten den »alten« Osterkalender verwendet. Wenn dies zutrifft, wäre das Publikationsdatum nach dem »neuen Stil« der März 1541. Die Tatsache, dass Mercators Drucker Rescius im Zwist mit der Universität lag (die bereits zum neuen Modus übergegangen war), spricht dafür, dass das Buch tatsächlich nach dem alten Osterjahr datiert war, an das sich die Stadt Löwen nach wie vor hielt.

2 Osley, S. 27, Anm. 1.

3 Sigismondo dei Fanti, *Theorica et practica... de modo scribendi*, 1514, vermerkt in Osley, ebd.

4 Osley, S. 177, Anm. 1.

5 Siehe Osley, S. 45, Anm. 2.

6 Dieses und alle folgenden Zitate entstammen Mercators *Literarum latinarum*, 1540/41, übersetzt nach Osley, S. 123–128, 134, 163, 171.

13 EIN GLOBUS, SO GROSS WIE KEINER ZUVOR

1 Ghim, nach Osley, S. 186.

2 Als Ghim fünfzig Jahre später die Lebensgeschichte seines Freundes aufschrieb, war Mercators doppelherzförmige Karte von 1538 das einzige größere Werk, das nicht erwähnt wurde. Da Ghim Mercators Werke ansonsten äußerst gründlich katalogisierte, liegt der Schluss nahe, dass Mercator diese Karte in Vergessenheit geraten lassen wollte.

3 Brief vom 4. August 1540 von Mercator an Perronet, übersetzt nach van Durme, S. 16.

4 Gemmas Globus von 1536/7 hatte einen Durchmesser von 370 mm, Mercators Globus von 1541 dagegen einen von 420 mm. Die Vergrößerung des Durchmessers um 50 mm bedeutete eine Vergrößerung der Oberfläche um 13,51 Prozent. (Diese Zahl errechnete Hol Crane.)

5 Brief vom 4. August 1540 an Perronet.

6 Ebd.

7 Mercators »Mangi« war Marco Polos »Manzi«, das heutige China.

8 Brief vom 4. August 1540 an Perronet. »Scythia« entsprach grob der heutigen Ukraine und dem südlichen Russland; »die beiden Sarmatien« waren »Sarmatia Asie« und »Sarmatia Europe« seiner Karte von 1538 und deckten sich ungefähr mit dem heutigen Russland und Litauen. Bei »Scondia« handelte es sich um Skandinavien, und die »Deukaledonische See« war das norwegische Meer.

9 Mercators »Beach« wird in einigen Exemplaren des Reiseberichts von Marco Polo auch als »Locach« oder »Lochac« bezeichnet (siehe Taylor, 1955, S. 104 und Skelton, 1958, S. 14). Dies entspricht dem späteren Siam und heutigen Thailand. Die Form, die Mercator Beach und Maletur verlieh, gab der Nachwelt Anlass zu Spekulationen darüber, ob die Nordküste Australiens bereits Anfang des 16. Jahrhunderts inspiziert worden sein könnte. – Mercators »Maletur« ist Polos »Malaiur« oder »Malayur«, das heutige Malaysia. Die Verwechslung der Antarktis mit Malaysia und Thailand war eines von Mercators folgenreichsten Missverständnissen.

10 »Vicht« ist die Isle of Wight; die »Orcades« sind die Orkney-Inseln. Mercators Großbritannien wies weitgehend die Form auf, die wir heute kennen. Barber (S. 49–51) erörtert die Quellen, auf die sich Mercator gestützt haben dürfte.

11 Nach der hypothetischen Chronologie, die van der Krogt (S. 62) aufstellt, war der erste Tag des Jahres 1541 nach dem Osterkalender, also der 17. April 1541, der früheste Termin, an dem der Globus vollendet gewesen sein könnte.

12 Ghim, *Atlas*, S. 6; Karrow, S. 383.

14 DER FEIND VOR DER FESTE

1 Siehe Edwards, S. 28, 39. Die genannten Zahlen beziehen sich auf die Jahre 1518–44, in denen »mindestens« 2551 lutherische Werke gedruckt und nachgedruckt wurden, aber nur 514 katholische Druckwerke.

2 Francisco Enzinas nahm den Schriftstellernamen Dryander an.

3 Einzelheiten zu dieser Ausgabe finden sich bei Osley, S. 54, 177.

4 Der Hinweis auf diese Begegnung findet sich in dem Brief vom 23. Februar 1544 von Pieter de Corte an Maria von Ungarn, in dem de Corte Mercators Besuch bei den beiden Klerikern mit dem jüngsten Besuch des Kaisers in Brüssel in Verbindung bringt. Der letzte Aufenthalt des Kaisers in der Stadt vor dem Besuch im November 1543 fand im Herbst 1540 statt, lange bevor de Corte den Brief schrieb.

15 DIE UNGERECHTESTE VERFOLGUNG

1 Campan, Bd. 1, Teil 2, S. 298–9.

2 Henne (Bd. 9, S. 58) gab zu verstehen, dass sich Mercator, »wenn er sich über die Harmonie der Werke Gottes unterhielt, leicht zu Abschweifungen darüber verleiten ließ, welchen Einfluss das Wort Gottes fortan auf das Schicksal der Welt ausüben werde«, und dass diese Abschweifungen »ein ausreichender Hinweis für die Inquisitoren waren«. Hennes Hypo-

these klingt überzeugend, besonders da Monachus ein geeigneter Dialogpartner für solche Auslassungen gewesen sein dürfte.

3 Vgl. zu diesem Abschnitt und den Zitaten den Brief vom 23. Februar 1544 (neuer Kalender) von Pieter de Corte an Maria von Ungarn van Durme, S. 22.

4 Brief vom 21. Mai 1544 von Maria von Ungarn an den Prior des Minoritenklosters in Mecheln; van Durme, S. 25.

5 Vgl. zu diesem Abschnitt: Campan, Bd. 1, Teil 2, S. 445–47.

6 Kein handschriftlicher Text und nur ein einziger Brief (an Antoine Perronet) aus der Zeit vor Mercators Verhaftung ist erhalten. Es ist nicht ausgeschlossen, dass Barbara – oder Mercator selbst – die Korrespondenz und alles Schriftliche vernichtete, was als Beweis zur Untermauerung der Anklage wegen Ketzerei hätte herangezogen werden können.

7 Campan, op. cit., S. 320–21.

8 Zitiert ebd., S. 302, Anm. 3.

9 Brief vom 9. Oktober 1544 von Mercator an Perronet, zitiert in van Durme, S. 29.

16 EIN GROSSER, RANKER JÜNGLING AUS DEM NORDEN

1 In seinem Brief an Perronet vom 9. Oktober 1544 nannte Mercator als Grund für die verspätete Lieferung eines astronomischen Rings einen »Mangel an Materialien«.

2 Zitiert in Aubert, S. 135.

3 Alle Zitate dieses Abschnitts aus: Brief vom 9. Oktober 1544 von Mercator an Perronet; zitiert in van Durme, S. 26, 29.

4 Brief vom 18. März 1545 an Perronet; van Durme, S. 31.

5 Ghim, *Atlas*, S. 6.

6 Das fehlerhafte Astrolabium wurde vierhundert Jahre später in Brünn wieder entdeckt; eine Beschreibung findet sich bei Turner, 1995, S. 131–45.

7 Sir William Pickering, zitiert in Deacon, S. 23.

8 Brief vom 20. Juli 1558 von John Dee an Mercator, übersetzt nach Shumaker, S. 112.

9 Beide Zitate aus: »The Compendious Rehearsall of John Dee…«, 9. November 1592, zitiert in Taylor, 1930, S. 256.

10 Siehe Anm. 9.

11 Siehe Anm. 9.

12 Siehe Anm. 9.

13 Petrus Peregrinus beziehungsweise Pierre de Maricourt lebte im 13. Jahrhundert und stammte wahrscheinlich aus der Picardie. Roger Bacon bewunderte ihn sehr, weil er der einzige Autor seiner Zeit war, der die

Perspektive verstand. Peregrinus schrieb seine Abhandlung über die Gesetze des Magnetismus 1269. Es war ein ungeheuer populäres Werk, das auch Mercator gut gekannt haben dürfte.

14 Brief vom 23. Februar 1546 von Mercator an Perronet, übersetzt nach Harradon, S, 201. Harradon zufolge (S. 200) »wird hier erstmals die Auffassung vertreten und erhärtet, dass die Erde einen Magnetpol aufweist«.

15 Übersetzt nach Shumaker, S. 117.

16 John Dees Tagebucheintrag vom 7. Dezember 1549, zitiert in Fenton, S. 305.

17 Ghim, nach Osley, S. 186.

18 »The Compendious Rehearsall of John Dee…«, 9. November 1592, zitiert in Woolley, S. 23.

19 Der Himmelsglobus von 1551 sollte die einzige astronomische Arbeit sein, die Mercator in Angriff nahm.

20 Coma Berenices.

21 Laut Osley (S. 65) wies Mercators Beschriftung des Globus von 1551 eine »gelassene Selbstsicherheit« auf. Dekker (1999, S. 91, 415) bezeichnete Mercators Erdglobus von 1541 und den Himmelsglobus von 1551 als »das wichtigste Globenpaar, das im 16. Jahrhundert hergestellt wurde« und als »Glanzpunkte in der Geschichte des Globenbaus«. Mercators Globusständer wurde später unter der Bezeichnung »holländischer Stil« bekannt und fand bis ins 18. Jahrhundert Verwendung.

22 Zu Widmung und Patent siehe Stevenson, S. 131.

23 Siehe Milz, S. 103.

17 EIN ORT, DER MUSEN WÜRDIG

1 Ghim, nach Osley, S. 190.

2 Brief vom 2. Mai 1559 von Molanus an Mercator; van Durme, S. 40.

3 So schrieb der Löwener Professor Peter Beausart im Jahre 1553; siehe de Smet, S. 73, Anm. 133; übers. nach Karrow, S. 383.

4 Ghim, nach Osley, S. 186–7, 193.

5 Eine herzförmige Projektionsform, die Johannes Stabius entwickelt hatte.

6 Eine detaillierte Beschreibung des Quellenmaterials, das Mercator verwendet haben dürfte, findet sich bei Barber, S. 51–54.

7 Der Erstdruck der Karte *Nova totius Galliae descriptio* erschien 1525 in Paris.

8 Tschudis Bericht über die Reisen in seiner Jugend zitiert Karrow, S. 547.

9 Ghim, nach Osley, S. 187.

10 Es ist nicht belegt, dass Mercator diese Anleitung zur kartographischen Notierung verfasste und druckte.

18 DIE FRANKFURTER MESSE

1 Dies könnte das erste Mal gewesen sein, dass Mercator die Messe besuchte.
2 Mindestens seit dem 13. Jahrhundert fanden in Frankfurt zweimal im Jahr Messen statt. Der Handel mit Büchern erblühte aber erst im frühen 16. Jahrhundert. Siehe Westfall Thompson.
3 Beide Zitate: Josias Maler, zitiert ebd., S. 24–5.
4 Francis Sweert, *The Life of Abraham Ortell*, 1606, unpaginiert.
5 Der Eingang der Kartenlieferung wurde in Plantins Geschäftsbuch unter dem »19. März 1558« vermerkt; siehe Voet, 1962, S. 189.

19 EIN EINZIGARTIGER FREUND

1 Alle Zitate aus: Widmungsbrief an Herzog Johann Wilhelm den Jüngeren, *Atlas*, S. 183.
2 Ghim, 1593, nach Osley, S. 192.
3 Ebd.
4 Ebd., S. 193.
5 Ghim, zitiert ebd. Johannes Molanus (1533–85) war auch als Jan Vermeulen bekannt.
6 Brief vom 2. Mai 1559 von Molanus an Mercator; siehe van Durme, S. 40. Die folgenden Zitate ebd.
7 Ghim, nach Osley, S. 193.
8 Ebd., S. 191.
9 Möglicherweise wollte Arnold mit seiner Karte *Thule insula* einen Fehler korrigieren, den Mercator auf seiner Europakarte gemacht hat (dies vermutet Watelet, 1998, S. 13). Dagegen spricht, dass Mercator seine Darstellung von Island sowohl auf seiner Weltkarte von 1569 als auch bei der zweiten Auflage seiner Wandkarte von Europa beibehielt.
10 Zitiert in Wooley, S. 23.
11 Ebd., S. 39.
12 Die Briefe selbst sind nicht erhalten, doch Dee erwähnt in seinem Schreiben an Mercator vom 20. Juli 1558 »all die vorliegenden Briefe«, die er von Mercator erhalten hatte; siehe Shumaker, S. 113.
13 Es handelte sich wahrscheinlich um Grippeepidemien, die möglicherweise die größte Zahl an Todesopfern im ganzen Jahrhundert forderten; siehe Williams, S. 110.
14 Es steht wohl außer Zweifel, dass Dee zwischen 1562 und 1564 auch nach Duisburg kam. Die Stadt lag auf seiner Reiseroute, und Mercator war genau die Art von Bücherliebhaber, die er aufsuchte. Als Dee nach seiner Rückkehr nach London seine *Propaedeumata aphoristica* veröffentlichte, widmete er sie Mercator – eine Geste, die erkennen ließ, dass der

Engländer seinem Freund in Duisburg mehr verdankte als jedem anderen Zeitgenossen.

15 Mercators *Atlas*-Karte von 1585, *Bolonia & Guines Comitatus*, war eine Kopie von Nicolays Karte aus dem Jahre 1558.

16 Zitiert in Moir, Bd. 1, S. 12–13.

17 Brief vom 9. Februar 1561 oder 1562 von Thomas Byschop an Sir William Cecil, *Calendar of the State Papers Relating to Scotland*, 1898, Bd. 1, S. 602; zitiert in Moir, Bd. 1, S. 13.

18 Niemand hat die Herkunft von Mercators Englandkarte von 1564 so gründlich erhellt wie Peter Barber (in Watelet, 1998, S. 43–77). Es ist nicht absolut gesichert, dass Elder der Urheber der Karte ist, die Mercator kopierte, doch Barber argumentiert, dass Elder »am ehesten derjenige war, der den Prototyp schuf«.

19 Für Barber (S. 70) ist die »wahrscheinlichste Hypothese« die, dass die Karte »kurz vor … Dezember 1561« an Mercator geschickt wurde.

20 Siehe Barber, S. 62.

21 Barber (S. 55–63) liefert eine faszinierende Analyse der Quellen, auf die sich der Kartenzeichner gestützt haben dürfte. Laut Barber wurde die Vorlage zu Mercators Karte zwischen 1548 und 1556 gezeichnet.

22 Siehe Mercator, *Angliae & Scotiae & Hibernie nova descriptio*, 1564.

23 Es gibt noch eine Möglichkeit, wer jener geheimnisvolle »Freund« gewesen sein könnte. Barber hat sehr überzeugend die wahrscheinliche Identität des ursprünglichen Schöpfers der Karte geklärt, doch es gibt keine Beweise dafür, dass Elder und Mercator jemals Kontakt hatten oder sich als »Freunde« betrachteten. Barbers Vermutung, dass ein Dritter beteiligt gewesen sein dürfte, der die Karte von Elder an Mercator übermittelte, bestärkt mich darin, Kardinal de Granvelle ins Spiel zu bringen. Interessanterweise hielt sich ein weiterer Freund Mercators, Christoph Plantin, nach seiner Flucht aus Antwerpen zwischen 1562 und 1563 in Frankreich auf. Es ist denkbar, dass Mercator über die ursprüngliche Quelle der Karte im Unklaren gehalten wurde und nur den »Freund« kannte, der sie nach Duisburg schickte. Bei Ghims Aussage, die Karte sei »aus England« geschickt worden (Osley, S. 187), handelt es sich wohl um kaum mehr als eine verständliche Vermutung, die dreißig Jahre nach dem Ereignis angestellt wurde.

24 In den vier Jahren, seit Plantin Mercators Werke verkaufte, beliefen sich die Bestellungen auf bescheidene fünfundzwanzig Karten und ganze drei Globen, doch der plötzliche Abbruch der geschäftlichen Beziehungen aufgrund von Plantins Flucht wirkte sich zweifellos negativ auf Mercators Einkommen aus.

25 Siehe Verberckmoes, S. 97.

26 Dies war eines der Sprichwörter, die Bruegel fünf Jahre zuvor auf seinem Ölgemälde *Flämische Sprichwörter* (1559) thematisiert hatte; das Ge-

mälde war dem Bruegel-Sammler Granvelle durchaus vertraut; siehe Vöhringer, S. 54–7.

27 Die größte Sammelbestellung für Mercators Karte der Britischen Inseln, die bei Plantin einging, kam im Januar 1566 aus Paris. Diese Großbestellung über vierzig unkolorierte Exemplare umfasste mehr als die Hälfte der 77 Kopien, die Plantin in den ersten fünf Jahren nach dem Erscheinen der Karte verkaufte (siehe Voet, 1962, S. 189 und 201–5).

28 Mercator, *Angliae & Scotiae & Hibernie nova descriptio.*

20 DIE SCHÄTZE RENÉS II.

1 Zitiert in Skelton, 1966, S. vii.

2 Aus der »Bemerkung an den Leser« in der Ptolemäus-Ausgabe von 1513, zitiert ebd., S. xvi.

3 St. Dié.

4 Waldseemüllers »Bemerkung an den Leser« in der Ptolemäus-Ausgabe von 1513, zitiert in Skelton, 1966, S. XV.

5 Charles Estiennes *Guide des chemins de France*, der 1552 erschien, enthielt Beschreibungen von Straßen und Entfernungsangaben.

6 Eine Verbindung zwischen Granvelle und Mercators Lothringenkarte lässt sich nicht belegen; es erscheint mir jedoch höchst unwahrscheinlich, dass der Besuch des Kardinals in Nancy in jenem Frühjahr in keinerlei Zusammenhang mit dem nachfolgenden Auftrag gestanden haben soll.

7 In den Vogesen fiel im Jahresdurchschnitt viermal so viel an Niederschlägen wie an der unteren Mosel. Siehe Statistik der Departments of State and Official Bodies.

8 Mercators Entschluss, den Auftrag zur Vermessung Lothringens anzunehmen, ist bisher nie ausreichend erklärt worden. Angesichts seines Alters, seines Standes und seiner Interessen dürfte das Versprechen, Zugang zu den Kartenarchiven und Bibliotheken von Nancy und St. Dié zu erhalten, das plausibelste Motiv gewesen sein.

9 Alix an Herzog Charles III., zitiert in Hellwig, S. 311.

10 Lothringen erschien in der ersten Ausgabe der *Atlas*-Karten von 1585 auf zwei Blättern.

11 Diese Dörfer erscheinen auf heutigen Frankreichkarten unter den Namen Herbaupaire, Lusse, La Pariée, Haute Merlusse und Les Trois Maisons.

12 Der heutige St. Pierremont.

13 Fehler und Auslassungen in der kartographischen Erfassung der südlichen Vogesen lassen vermuten, dass weder Mercator noch sein Sohn

ganz bis in das »Lestraye«-Tal vordrangen. Im Bereich der Vogesen fehlen auch die Grenzen Lothringens.

14 Ghim, nach Osley, S. 187.

21 JÄGER IM SCHNEE

1 Ghim, nach Osley, S. 187.

2 Dies berichtete der Arzt des Herzogs, Antoine le Pois; siehe Hellwig, S. 299.

3 Zitiert in Buisseret, S. 107.

4 Damals neigten viele Menschen dazu, Krankheiten als Strafe Gottes anzusehen; diese Deutung führte oft zu Depressionen. Auch Kaiser Maximilian II. litt unter diesem Syndrom; 1563 flehte er seinen Schöpfer an, ihn von seiner »Schwäche« zu erlösen (siehe Fichtner, S. 103).

5 Alle Zitate aus: Brief vom 24. März 1566 von Molanus an Mercator; van Durme, S. 63–4.

6 Ebd.

7 Um die Wesensart der im niederrheinischen Exil lebenden Humanisten zu umschreiben, zitierte Forster (S. 68) van Dorstens Diktum vom »streitlosen religiös-politischen Engagement«. Die Exilanten in Utenhoves Umfeld waren laut Forster »tolerant gegenüber den Katholiken, zeigten aber dennoch ein entschieden protestantisches Engagement«.

8 Siehe Briefe vom 31. Mai 1585, vom 14. April 1586 und vom 18. Mai 1586 von Mercator an Heinrich Rantzau; van Durme, S. 191–4, 201–3.

9 Abraham Ortelius an Emanuel Demetrius, 27. August 1566; siehe Hessels, S. 37.

22 KOSMOGRAPHIE – DIE BESCHREIBUNG DES GESAMTEN UNIVERSUMS

1 Berücksichtigt man Mercators Verpflichtungen in Lothringen im Jahre 1564 und seine anschließende »Störung«, ist es unwahrscheinlich, dass er vor 1565 ernsthaft an der Kosmographie zu arbeiten begann, auch wenn er sich (so Keuning, 1947) deren Aufbau möglicherweise bereits während seiner Lehrtätigkeit am Duisburger Gymnasium ausdachte.

2 Alle Zitate aus: »Praefatio ad lectorem«, *Chronologia*, 1569, S. 3.

3 Ebd.

4 Ebd.

5 Mercator, »Prolegomenon zur Gestalt der Welt«, *Atlas*, S. 27.

6 Brief vom 19. Mai 1567 von Molanus an Mercator; van Durme, S. 70.

7 Ebd., S. 71–73.

23 DIE CHRONOLOGIA

1 Die Autoren sind im vierten Teil der *Chronologia* von 1569 genannt.
2 Mercator, »Praefatio ad lectorem«, *Chronologia*, S. 4.
3 Zitiert in Hale, S. 591.
4 Hosea 10:12 und 14:5.
5 Henricus Oliverius, auch Heinrich Bars (ca. 1500–1575), war auch unter dem Namen Olisleger bekannt; Zitat von Ghim, nach Osley, S. 189.
6 Ebd., S. 187.
7 Mercators *Chronologia* war im *Index librorum prohibitorum* von Parma (1580) und von Rom (1596) verzeichnet.

24 DIE MERCATOR-PROJEKTION

1 Brief vom 23. Februar 1546 von Mercator an Antoine Perronet, übersetzt nach Harradon, S. 201.
2 Etzlaubs Karte von Europa und Nordafrika war am Klappdeckel eines Kompasses mit Sonnenuhr angebracht; deren Meridiane waren – wie bei Mercator – parallel und die Markierungen der Breitenkreise progressiv angeordnet. Etzlaubs Karte war zwar klein (das gesamte Instrument maß 84 x 116 mm), aber bemerkenswert genau; die Meridiansegmente weichen von heutigen Werten durchschnittlich um nicht mehr als 0,17 mm ab. Etzlaub hat die Anwendung dieser Projektion zwar zuerst erläutert, doch es gibt keine Belege dafür, dass Mercator je einen dieser Kompasse gesehen oder besessen hat. Die beiden Kartographen näherten sich dem Problem von verschiedenen Richtungen: Etzlaubs Absicht war es, ein Orientierungsinstrument für Reisen auf dem Landweg zu entwickeln. Mercator entwarf eine Projektion, mit der sich sphärische und plane Darstellungen der Erdoberfläche miteinander in Einklang bringen ließen. Mercators Projektion verdankt wohl viel mehr dem Werk von Pedro Nuñez und dessen Kritik an den Fehlern der Seekarten, die das Zusammenlaufen der Meridiane nicht berücksichtigten (siehe Taylor, 1930, S. 83–4).
3 Ghim, nach Osley, S. 187.
4 Mercator, *Nova et aucta orbis terrae descriptio ad usum navigantium emendate accommodata* (im Weiteren als *Nova et aucta orbis* bezeichnet), Duisburg, 1569.
5 Ghim, nach Osley, S. 187.
6 Die Weltkarte maß 2024 x 1236 mm.
7 Mercator, *Nova et aucta orbis*, nach der englischen Übersetzung in *The Hydrographic Review*, Bd. IX, Nr. 2, November 1932, S. 11.
8 Die Bände erschienen im Verkaufskatalog der Mercator'schen Bibliothek als »Volume primo delle Navigatione & Viaggi fol. Volume secundo delle

navigatione, fol. Volume terzo delle navigatione. fol.« (Watelet, 1994, S. 410).

9 Heutige Wertungen reichen von Ablehnung bis Zustimmung. Lucas betrachtete Zeno als Schwindler. Hobbs (S. 19) glaubte dagegen, dass die Brüder Zeno ehrliche und verlässliche Forscher waren. Karrow (S. 602) wiederum kam zu dem Schluss, dass Zenos Karte und Buch keineswegs als Protokoll einer solchen Reise angesehen werden können.

10 Vielleicht seit etwa 1555. Hätte Mercator Cnoyens Reisebericht vor 1551 gelesen, so hätte er sich über dessen erstaunlichen Inhalt sicherlich mit John Dee ausgetauscht – doch der wusste selbst 1557 noch so wenig über Cnoyens Bericht, dass er Mercator in einem Brief um weitere Informationen bat.

11 Mercator, *Nova et aucta orbis*, nach der englischen Übersetzung in *The Hydrographic Review*, 1932, S. 27.

12 Ebd.

25 DER FREUND UND KONKURRENT

1 In seinem Brief vom 9. Mai 1572 an Ortelius erwähnte Mercator, er sei »bereits seit einigen Jahren damit beschäftigt, Ptolemäus und die jüngsten Karten zu korrigieren« (nach Hessels, S. 88). Die Formulierung »seit einigen Jahren« könnte auf die Jahreszahl 1570 verweisen.

2 Alle Zitate aus: Mercator, »Praefatio«, *Tabulae geographicae Cl. Ptolemei*..., 1578, zitiert in Babicz, S. 62–3.

3 Ebd., S. 62–3.

4 Servetus (ca. 1511–53) nannte sich ab ca. 1530 Villanovanus. Eines der »Beweisstücke«, das bei seinem Ketzerprozess vorgelegt wurde, war seine Ptolemäus-Ausgabe, die eine Karte des Heiligen Landes enthielt, auf deren Rückseite vermerkt war, dass dieses Land weitgehend unfruchtbar sei. Die Flammen, die Servetus verzehrten, wurden mit Exemplaren seiner ketzerischen Ptolemäus-Ausgabe geschürt.

5 Genaue Zahlen für Plantins Bestellungen an Mercator in dieser Zeit finden sich bei Voet (1962, S. 189–211).

6 Eine Bestandsliste der Kartensammlung von Vigius findet sich bei Bagrow, S. 18–20.

7 Abraham Ortelius, »An den geneigten Leser«, Ortelius, 1606, unpaginiert.

8 Fünfundzwanzig Jahre später widersprach Mercators erster Biograph Walter Ghim der Auffassung, Ortelius habe vor Mercator das Kartenbuch erfunden: »Lange vor Abraham Ortelius entwickelte Mercator die Idee, weitere besondere und allgemeine Karten der Welt in einem kleinen Format zu veröffentlichen ... Da jedoch dieser Ortelius ein enger Freund

von ihm war, verzögerte er absichtlich das Unterfangen, das er begonnen hatte, bis Ortelius eine große Anzahl seines *Theatrum Orbis Terrarum* verkauft hatte, ... bevor er seine eigenen kleinformatigen Karten veröffentlichte« (nach Osley, S. 188). Mercator mag durchaus an einen eigenen Kartenband gedacht haben, doch 1570 war er keineswegs imstande, solch einen Band herauszubringen. Ghim, der ansonsten immer sehr akkurat berichtete, könnte hier durchaus eine Ausschmückung der Wahrheit durch Mercators Sohn Rumold oder seine Enkel eingeflochten haben, die damals damit beschäftigt waren, die uneinheitlichen Bestandteile des *Atlas* zusammenzufügen, während Ortelius' *Theatrum* nach wie vor ungeheuer erfolgreich war.

9 Adolphi Mekerchi, »Frontispicii Explicatio«, Ortelius; 1570, unpaginiert, nach der Übersetzung in van den Broecke; van der Krogt und Meurer, S. 169.

10 Brief vom 30. Oktober 1570 von Johannes Crato von Krafftheim an Abraham Ortelius; nach Hessels, S. 70.

11 Brief vom 22. November 1570 von Mercator an Ortelius, nach Hessels, S. 73.

12 Abraham Ortelius, »An den geneigten Leser«, Ortelius, 1606.

13 Watelet (1998, S. 7–10) gibt zu verstehen, dass dieser Kunde der Marschall Werner von Gymnich gewesen sein könnte, der – seiner Biographie zufolge – zwischen 1572 und 1575 durch Italien reiste.

14 Nach der Übersetzung in Hakluyt, 1907, Bd. 2, S. 368.

15 John Dee, *Preface to The Elements of Geometrie of... Euclide*, 1570.

16 Brief vom 9. Mai 1572 von Mercator an Ortelius; nach Hessels, S. 87–8.

17 Ebd.

18 Brief vom 5. September 1564 von Andreas Masius an Georg Cassander; nach van Durme, S. 60.

19 Abraham Ortelius, »Eine Beschreibung der gesamten Welt« und »Catalogus Auctorum«, Ortelius, 1606. – John Dee zitiert in Taylor, 1955, S. 104.

20 Brief vom 13. August 1573 von Mercator an Joannes Vivianus; van Durme, S. 107–8.

21 Die nicht näher spezifizierte Krankheit erwähnte Mercator in einem Brief vom 23. Oktober 1578 an Johannes Crato von Krafftheim. Anhand dieses Briefes lässt sich die Krankheit etwa auf die Zeit um 1572–73 datieren.

22 Die Reise fand – wie Ortelius' Freund und erster Biograph Francis Sweertius festhielt – im Jahre 1575 statt (siehe Ortelius, 1606) und dauerte laut Schmidt-Ott (in van den Broecke et al., S. 370) schätzungsweise zwei Monate.

23 Brief vom 25. März 1575 von Antoine le Pois an Abraham Ortelius; nach Hessels, S. 125.

24 Brief vom 9. Mai 1572 von Mercator an Ortelius; nach Hessels, S. 88.

25 Mit diesen Worten beschrieb Mercator Cratos Schreiben in einem Brief vom 23. Oktober 1578 an Crato von Krafftheim; van Durme, S. 152–3.

26 DER KORRIGIERTE PTOLEMÄUS

1 Briefe vom 24. März und 30. August 1574 von Mercator an Camerarius; van Durme, S. 109–10.

2 Brief vom 26. März 1575 von Mercator an Ortelius; van Durme, S. 113.

3 Jean Bodin, *Methodus ad facilem historiarum cognitionem*, 1566, zitiert in van Raemdonck, S. 283, Anm. 1.

4 Brief vom 26. März 1575 von Mercator an Ortelius; van Durme, S. 113–14.

5 Brief vom 20. August 1575 von Mercator an Camerarius; van Durme, S. 124.

6 Brief vom 22. Juni 1577 von Mercator an Langer; nach Boyce, S. 132.

7 Ebd.

8 Brief vom 31. August 1577 von Mercator an Zwinger; nach Boyce, S. 134.

9 Erst am 10. März 1578 teilte Mercator Camerarius mit, dass die »Qual« mit Ptolemäus beendet sei. – Brief vom 23. Oktober 1578 von Mercator an Crato von Krafftheim; nach Boyce, S. 135.

10 Brief vom 10. März 1578 von Mercator an Camerarius; van Durme, S. 150.

11 Brief vom 23. Oktober 1578 von Mercator an Crato von Krafftheim; van Durme 1959, nach Boyce, S. 135.

12 Brief vom 23. Oktober 1578 von Mercator an Crato von Krafftheim; van Durme, S. 152.

13 Ptolemäus, *Geographie*; nach Stevens, S. 157.

14 Von Mercators Flandernkarte kopierte de Jode unter anderem die vier wilden Bären, den Schutzdeich und die Kanonen bei St. Omer sowie die Kennzeichnung von Männer- und Frauenklöstern. Es ist nicht belegt, dass Mercator und de Jode je miteinander korrespondierten.

27 EIN DIREKTER WEG NACH CHINA

1 Skelton (1962, S. 162) meinte, der Brief »müsse kurz nach 1576 datiert sein«. Aufgrund von Rumolds Verbindungen zu Dee und Hakluyt spricht einiges dafür, dass Mercators Sohn von Frobishers Rückkehr nach England im Oktober 1576 erfuhr und umgehend seinem Vater davon berichtete, zumal er um die Bedeutung dieses Ereignisses wusste. Vor diesem Hintergrund könnte der Brief bereits im November 1576 geschrieben worden sein.

2 Brief von Mercator an Rumold, wahrscheinlich 1576 oder 1577 geschrieben; nach Hakluyt, 1582, S. 1. Der Brief Rumolds blieb nicht erhalten;

von Mercators Antwort ist nur ein einziger Abschnitt bekannt, der übersetzt und dem Widmungsbrief (»An den hochwohllöblichen und tugendsamen Gentleman Herrn Phillip Sydney«) für *Divers foyages touching the discoverie of America etc.* von 1582 beigefügt wurde.

3 Im Januar 1577 schrieb Dee an Ortelius und teilte ihm mit, dringende Briefe könnten ihm »durch die Bediensteten der Birckmanns« zugestellt werden; John Dee an Abraham Ortelius, 16. Januar 1577; nach Hessels, S. 158.

4 Brief von ca. 1576–7 von Mercator an Rumold; nach Hakluyt, S. 2.

5 Zit. in Skelton, 1962, S. 160.

6 Zitiert in der *Encyclopedia Britannica*, 1910, 11. Auflage, Bd. 11, S. 237. – Siehe auch *Michael Lok's Notes on the Frobisher Voyage, 26th Jan*, 1578/9, zitiert in Taylor, 1930, S. 271.

7 John Dee, *General and Rare Memorials...*, 1577, zitiert in Sherman, S. 149–50.

8 Zitiert in Taylor, 1956, S. 68. Dee fasste die Beweise für Königin Elizabeths Anspruch auf die arktischen Länder auf der Rückseite einer Karte zusammen, die er unter dem Datum 1580 kompilierte.

9 Brief vom 16. Januar 1577 von John Dee an Abraham Ortelius; nach Hessels, S. 158.

10 John Dee, Abschrift von Cotton MS. Vitellius C. VII; zitiert in Taylor, 1956, S. 56.

11 Taylor, 1956, S. 56–68. Brief vom 20. April 1577 von Mercator an Dee, transkribiert von Dee.

12 Dee, 1577, zitiert ebd.

13 Brief vom 13. Mai 1577 von Dee an Mercator; siehe van Durme, S. 140–1.

14 Fenton, 1998, S. 2. Taylor, 1956, S. 68.

15 Brief vom 12. Dezember 1580 von Mercator an Ortelius; nach Kraus, S. 86.

16 Nicht zum ersten Mal tauchen Fragen zur Identität von Mercators englischen Briefpartnern auf. Gesichert ist, dass Richard Hakluyt Mercator über Pets Reisepläne unterrichtete. Mercator bestätigte in seinem Brief an Hakluyt vom 28. Juli 1580, dass dessen Brief am 19. Juni in Duisburg eingetroffen sei. Taylor (1930, S. 127–8) gab zu verstehen, Mercator könnte seine Antwort an Hakluyt bewusst hinausgezögert haben, weil er »nicht bereit war, ein ausländisches Entdeckungsabenteuer zu unterstützen«. Doch nichts in Mercators Wesensart deutet darauf hin, dass er zu solcher List imstande gewesen wäre – zumal man nicht behaupten kann, dass Mercator in seinem Schreiben geographische Informationen vorenthielt.

17 Alle Zitate aus: Brief vom 28. Juli 1580 von Mercator an Hakluyt; nach der Übersetzung in Hakluyt, 1907, Bd. 2, S. 224–5.

18 Brief vom 28. Juli 1580 von Mercator an Hakluyt, nach der Übersetzung in Hakluyt, 1907, Bd. 2, S. 226.

19 Alle Zitate aus: Brief vom 12. Dezember 1580 von Mercator an Ortelius; nach Kraus, S. 86.

20 Alle Zitate aus: Brief vom 20. Februar 1581 von John Balak an Mercator; nach Hakluyt, 1907, Bd. 2, S. 364–67. Die Identität John Balaks ist weitgehend ungeklärt. Van Durme (S. 164) gibt zu verstehen, dass sich Mercator und Balak von der Universität Löwen her kannten. Dennoch erscheint es seltsam (wenn auch vollkommen typisch für Mercators Umgang mit den Engländern), dass dieser »John Balak« nach fünfzig Jahren plötzlich wieder mit aufschlussreichen, höchst aktuellen Informationen auftauchte, die ihm der ominöse niederländische Reisende »Alferius« mitgeteilt haben soll. Ähnlich wie der geheimnisvolle Cnoyen übermittelte Alferius Neuigkeiten, die geeignet waren, die Engländer zu Erkundungen in den nördlichen Gefilden anzustacheln.
Van Durme (S. 164) erklärte, bei »Arusburg am Fluss Osella« handele es sich um »Arnsburg auf der baltischen Insel Osel« (dem heutigen Kuresaare auf der Insel Saaremaa). Als Balak seinen Brief schrieb, herrschte in der Region Krieg. Die Frage, was Balak dort zu suchen hatte und wieso er die Unruhen in seinem Brief nicht erwähnte, gibt nur noch weitere Rätsel auf. – Alle folgenden Zitate entstammen demselben Brief vom 20. Februar 1581.

28 DIE NEUE GEOGRAPHIE

1 Brief vom 14. Juli 1578 von Mercator an Gymnich; van Durme, S. 151.

2 Mercator, »An den eifrigen und geneigten Leser«, *Atlas*, S. 162.

3 Mercator, »Nützliche einführende Anleitung zu den Karten für Deutschland«, *Atlas*, S. 233.

4 Zitiert in Parker, S. 35.

5 Mercator, »An den eifrigen und geneigten Leser«, *Atlas*, S. 161–62.

6 Mercators Widmungsbrief an Herzog Johann Wilhelm den Jüngeren, August 1585, *Atlas*, S. 184.

7 Zu der Erkenntnis, dass Mercator in seinen *Atlas* Karten mit Doppelfunktion aufnahm, siehe de Vries, S. 3–10.

8 Alle Zitate der folgenden drei Abschnitte aus: Brief vom 14. Juli 1578 von Mercator an Gymnich; van Durme, S. 151.

9 Alle Zitate aus: Brief vom 24. März 1583 von Mercator an Ludger Heresbach; van Durme, S. 184.

10 Ebd., S. 183. – Brief vom 31. Juli von Mercator an Wilhelm V., Landgraf von Hessen-Kassel, van Durme, S. 205.

11 Wie Anm. 9, S. 183.

12 Mercator, Widmungsbrief an Herzog Johann Wilhelm den Jüngeren, *Atlas*, S. 183–4.
13 Ebd.
14 Rumold Mercator, »An den freundlichen Leser«, *Atlas*, S. 103.
15 Mercator, »Über die politische Verfassung des Königreichs Frankreich«, *Atlas*, S. 167.
16 Meurer (in van den Broecke et al., S. 269) bezeichnete Mercators Abspaltung des unteren Belgien und der Schweiz vom Reich als »ein dezentes, aber ausgesprochen kühnes politisches Statement«.
17 Mercator, »Die politische Ordnung Belgiens unter den Burgundern«, *Atlas*, S. 208.
18 Mercator, »An den eifrigen Leser«, S. 209.

29 APOKALYPSE

1 Brief vom 18. Mai 1586 von Mercator an Rantzau; van Durme, S. 203. Dithmarschen gehörte damals zum Herzogtum Holstein.
2 Brief vom 31. Mai 1585 von Mercator an Rantzau; van Durme, S. 192–4.
3 Wie Anm. 1, S. 204.
4 Brief vom 14. April 1586 von Mercator an Rantzau; van Durme, S. 201–2.
5 Brief vom 7. September 1586 von Mercator an Rantzau; van Durme, S. 204.
6 Ebd.
7 Ghim, nach Osley, S. 191.
8 Brief vom 31. Juli 1587 von Mercator an Wilhelm IV. von Hessen; van Durme, S. 205–6.
9 Brief vom 7. November 1587 von Mercator an den Senat von Duisburg; van Durme, S. 207.
10 Zitiert in Kamen, S. 265.

30 ATLAS

1 Mercator, »Dem freundlichen Leser«, 13. März 1589, *Atlas*, S. 271.
2 Alle Zitate aus: Mercator, Widmungsbrief vom 13. März 1589 an Ferdinand de Medici, *Atlas*, S. 270–1. – Es sollte zwar noch sechs Jahre dauern, bis das Wort »Atlas« in der Literatur auf ein Kartenbuch bezogen wurde, doch Mercators Hinweis in seinem Widmungsbrief an Ferdinand de Medici lässt vermuten, dass die Idee bereits 1589 aufgekommen sein könnte.
3 Mercator, Vorwort zum *Atlas*, S. 25.
4 Im Jahre 1590 fügte Ortelius einer Ergänzung seines *Theatrum orbis terrarum* eine Kopie von Vedels Islandkarte bei, doch aufgrund von Mercators Verbindungen mit Rantzau liegt die Vermutung nahe, dass die Karte von Vedel über Mercator zu Ortelius gelangte.

5 Mercator, »Die Britischen Inseln«, *Atlas*, S. 114–15.
6 Eine detaillierte Analyse der Quellen zu Mercators Karten der Britischen Inseln liefert Barber, S. 73–6.

31 DIE SCHÖPFUNG

1 Mercators Gebrechen erscheint ungewöhnlich: Der Verlust der Sprechfähigkeit geht normalerweise mit einem Schlaganfall einher, der die linke Gehirnhälfte und dementsprechend die rechte Körperseite betrifft. Ghims Aussage, der Schlaganfall habe Mercators linke Seite gelähmt, würde darauf hindeuten, dass Mercator einen Schlaganfall in der rechten Hemisphäre erlitt, der weniger seine Sprechfähigkeit beeinträchtigt hätte, dafür aber seine räumliche Wahrnehmung und insbesondere die Einschätzung von Entfernungen, auch beim Greifen nach Gegenständen.
2 Alle Zitate aus: Ghim, nach Osley, S. 193–94.
3 Alle Zitate aus: Brief vom 24. März 1583 an Heresbach; van Durme, S. 183–84.
4 Alle Zitate aus: Mercator, »Vorrede zur Gestalt der Erde«, *Atlas*, S. 26–27.
5 Undatierter Brief von Jacob Sinstedius an Reiner Solenander, *Atlas*, S. 22.
6 Brief vom 1. Juli 1594 von Reiner Solenander an Mercator, *Atlas*, S. 17–18.
7 Ghim, *Atlas*, S. 16; nach Kremer, S. 288.
8 Siehe Kremer, S. 289; die Verwendung des Begriffs »Prediger« verweist darauf, dass es sich nicht um einen katholischen Priester handelte.
9 Ghim, nach Osley, S. 194.

EPILOG

1 Joannes Vivianus, *Atlas*, S. 1
2 Bernardus Furmerius, *Atlas*, S. 2.
3 Epitaph von Gerhard Mercator, *Atlas*, S. 3.
4 Johann Metellus, *Atlas*, S. 3.
5 Nach Mercator existieren dur drei Kontinente; der erste umfasst die in der Bibel genannten Landmassen (Europa, Asien und Nordafrika), der zweite ist Amerika und der dritte bildet ein Gegengewicht zur Antarktis. Alle Zitate aus: Rumold Mercator, »An den freundlichen Leser«, *Atlas*, S. 103.
6 Zitate aus: Rumold Mercator, Widmungsbrief vom 1. April 1595, *Atlas*, S. 103.
7 Thomas Blundeville, 1636, zitiert in Karrow, S. 386.
8 William Shakespeare, *Was ihr wollt*, 3. Akt, 2. Szene, deutsch von August Wilhelm von Schlegel.

Abbildungsverzeichnis

Im Text:

Zwischen S. 128 und 129:
1. Gerhard Mercator im Alter von 62 Jahren, © Royal Geographical Society, London, 263.G.9
2a. Mercators Erdglobus von 1541, © National Maritime Museum, Greenwich, GLB0096
2b. Ausschnitt aus Mercators Erdglobus von 1541, © National Maritime Museum, Greenwich, GLB0096
2c. Mercators Himmelsglobus von 1551, © National Maritime Museum, Greenwich, GLB0097
2d. Ausschnitt aus Mercators Himmelsglobus von 1551, © National Maritime Museum, Greenwich, GLB0097
3. Globen in Pieter Bruegels *Flämischen Sprichwörtern*, © AKG London/Gemäldegalerie Staatliche Museen zu Berlin – Preußischer Kulturbesitz
4 und 5. Weltkarte nach der »Mercator-Projektion«, 1569, © Bibliothèque Nationale, Paris
6. Weltkarte aus Mercators Ausgabe von Ptolemäus' *Geographie,* 1578, © Royal Geographical Society, London 265.G.12
7. Die Insel Taprobane aus Mercators Ptolemäus-Ausgabe von 1578, © Royal Geographical Society, London 265.G.12
8. Doppelporträt von Mercator und Hondius, 1619, © AKG London/British Library

Zwischen S. 256 und 257
1. Titelseite aus dem *Atlas* von 1595, © Royal Geographical Society, London, 264.H.4
2. Amerika, aus dem *Atlas* von 1595, © Royal Geographical Society, London, 264.H.4
3. Asien, aus dem *Atlas* von 1595, © Royal Geographical Society, London, 264.H.4
4. Die Arktis, aus dem *Atlas* von 1595, © Royal Geographical Society, London, 264.H.4
5. Europa, aus dem *Atlas* von 1595, © Royal Geographical Society, London, 263.G.9
6. »Unteres Belgien«, aus dem *Atlas* von 1595, © Royal Geographical Society, London, 264.H.4
7. Friesland, Ausschnitt aus dem *Atlas* von 1595, © Royal Geographical Society, London, 264.H.4
8a. und b. Ostengland und Südwestengland, aus dem *Atlas*, 1595, © Privatsammlung

Ausgewählte Bibliographie

Dies ist kein vollständiges Verzeichnis der Quellen, die während der Recherchen zu diesem Buch konsultiert wurden. Die Bibliographie enthält jedoch all die Titel, die in den Anmerkungen genannt sind. Aufgeführt sind auch die erhaltenen Exemplare von Mercators Karten und Globen, die ich einsehen konnte, sowie eine kleine Auswahl der wichtigsten Werke, die Mercators Leben und Werk erhellen.

Achten, M., *Gerhard Mercator: Sein Leben und Wirken* (Gangelt, *c.* 1995)

Akerman, J. R., ›Atlas, Birth of a Title‹ (in Watelet, 1998)

Andrewes, W. J. H. (Hrsg.), *The Quest for Longitude: Proceedings of the Longitude Symposium, Harvard University* (Cambridge, Mass., 1993)

Arnade, P., *Realms of Ritual: Burgundian Ceremony and Civic Life in Late Medieval Ghent* (Ithaca, 1996)

Aubert, R. et al., *The University of Louvain 1425–1975* (Löwen, 1976)

Aune, M. B., *To Move the Heart: Philip Melanchthon's Rhetorical View of Rite and its Implications for Contemporary Ritual Theory* (San Francisco, 1994)

Averdunk, H. und J. Müller-Reinhard, *Gerhard Mercator und die Geographen unter seinen Nachkommen* (Gotha, 1914)

Babicz, J., ›La Résurgence de Ptolémée‹ (in Watelet, 1994)

Bagrow, L., ›A Page from the History of the Distribution of Maps‹, *Imago mundi,* 5, 1948

–, ›Old Inventories of Maps‹, *Imago mundi,* 5, 1948

Barber, P., ›The British Isles‹ (in Watelet, 1998)

Belgrave, R., V. Castro, C. Donnellan und U. Kuhlemann, *Prints as Propaganda: The German Reformation* (London, 1999)

Benecke, G., *Society and Politics in Germany 1500–1750* (London, 1974)

Berggren, J. L. und A. Jones, *Ptolemy's Geography: An Annotated Translation of the Theoretical Chapters* (Princeton, 2000)

Best, T. W., *Macropedius* (New York, 1972)

Bietenholz, P. G. (Hrsg.), *Contemporaries of Erasmus: A Biographical Register of the Renaissance and Reformation* (Toronto, 1985)

Binder, C. und I. Kretschmer, ›La Projection mercatorienne‹ (in Watelet, 1994)

Blockmans, W. und W. Prevenier, *Poverty in Flanders and Brabant from the Fourteenth to the Mid-Sixteenth Century: Sources and Problems* (Den Haag, 1978)

–, *The Promised Lands: The Low Countries Under Burgundian Rule, 1369–1530* (Philadelphia, 1999)

Blotevogel, H. H. und R. Vermij (Hrsg.), *Gerhard Mercator und die geistigen Strömungen des 16. und 17. Jahrhunderts* (Bochum, 1995)

Boehmer, E., *Spanish Reformers of Two Centuries from 1520: Their Lives and Writings, (According to the Late Benjamin B. Wiffen's Plan with the Use of his Materials*, Bd. I (Straßburg, 1874)

Boorstin, D. J., *The Discoverers* (New York, 1985)

Boyce, G. K., ›A Letter of Mercator Concerning bis *Ptolemy*‹, *Papers of the Bibliographical Society of America*, Bd. 42, 1948

Brandi, K., *The Emperor Charles V: The Growth and Destiny of a Man and of a World-Empire* (London, 1939)

Brant, S., *The Ship of Fools*, engl. übers. W. Gillis, (London, 1971)

Buisseret, D. (Hrsg.), *Monarchs Ministers and Maps: The Emergence of Cartography as a Tool of Government in Early Modern Europe* (Chicago, 1992)

Büttner, M., ›The Significance of the Reformation for the Reorientation of Geography in Lutheran Germany‹, *History of Science*, 17, 1979

Büttner, M. und R. Dirven (Hrsg.), *Mercator und die Wandlungen der Wissenschaften im 16. und 17. Jahrhundert*, Duisburger Mercator-Studien, 1 (Bochum, 1993)

Cam, G. A., ›Gerhard Mercator: His »Orbis Imago« of 1538‹, *Bulletin of The New York Public Library*, 41, Nr. 5, May 1937

Campan, C.-A., *Mémoires de Francisco de Enzinas: texte Latin inédit avec la traduction Française du XVIe siècle en regard 1543–1545*, Bd. I (Brüssel, 1862)

Campbell, T., *Early Maps* (New York, 1981)

–, *The Earliest Printed Maps, 1442–1500* (London, 1987)

Cherton, A. und M. Watelet, ›Catalogus‹ (in Watelet, 1994)

Clark, P. (Hrsg.), *Small Towns in Early Modern Europe: Themes in International Urban History* (Cambridge, 1995)

Deacon, R., *John Dee, Scientist, Geographer, Astrologer and Secret Agent to Elizabeth I* (London, 1968)

De Clercq, C. ›Le commentaire de Gérard Mercator sur L'Epître aux Romains de saint Paul‹, *Duisburger Forschungen*, 6 (Duisburg, 1962)

Dee, J., Preface to The Elements of Geometrie of the most auncient Philosopher Euclide of Megara, London 1970

Dekker, E., *Globes at Greenwich: A Catalogue of the Globes and Armillary Spheres in the National Maritime Museum, Greenwich* (Oxford, 1999)
Dekker, E. und P. van der Krogt, *Globes from the Western World* (London, 1993)
De Lang, M. H., ›De godsdienstige ideeen van Gerardus Mercator‹, (in Nave, Imhof und Otte, 1994)
–, ›The History of the Gospel Synopsis and Gerardus Mercator's Evangelica Historia‹ (in Blotevogel und Vermij, 1995)
Delano Smith, C., ›Cartographic Signs on European Maps and their Explanation before 1700‹, *Imago mundi,* 37, 1985
Delano Smith, C. und E. M. Ingram, ›La carte de la Palestine‹ (in Watelet, 1994)
De Leyn, A., *Biographe Nationale. Esquisse biographique de P. de Corte (Curtius), premier Evêque de Bruges, ancien professeur de l'Université de Louvain* (Löwen, 1863)
De Nave, F., D. Imhof und E. Otte, *Gerard Mercator en de Geografie in de Zuidelijke Nederlanden / Gerard Mercator et la géographie dans les Pays-Bas Meridionaux* (Antwerpen, 1994)
Denucé, J. (Hrsg.), *The Treatise of Gerard Mercator, Literarum Latinarum, quas Italicas, cursoriasque vocant, scribendarum ratio*... (Antwerpen, 1930)
–, *De geschiedenis von de Vlaamsche kaartsnijkunst* (Antwerpen, 1941)
Departments of State and Official Bodies, Admiralty... Naval Intelligence Division, *A Manual of Alsace-Lorraine* (London, 1919)
De Smet, A., ›Mercator à Louvain (1530–1552)‹, *Duisburger Forschungen,* 6, (Duisburg, 1962)
De Vocht, H., *History of the Foundation and Rise of the Collegium Trilingue Lovaniense, 1517–1550* (Löwen, 1951–55)
–, *John Dantiscus and His Netherlandish Friends as Revealed by Their Correspondence 1522–1546* (Löwen, 1961)
De Vries, D., ›Die Helvetia-Wandkarte von Gerhard Mercator‹, *Cartographia helvetica,* 5, 1992
Dilke, O. A. W., ›Latin Interpretations of Ptolemy's »Geographia«‹, in A. Dalzell, C. Fantazzi und R. J. Schoeck (Hrsg.), *Acta Conventus Neo-Latini Torontorensis,* Medieval and Renaissance texts and studies, 86 (Binghampton, 1991)
Duff, J. W. und A. M., *Minor Latin Poets* (London, 1934)
Dürer, A., *Tagebücher und Briefe* (München, 1969)
Dürst, A., ›The Map of Europe‹ (in Watelet, 1998)
Edwards, M. A., *Printing, Propaganda and Martin Luther* (Berkeley, 1994)
Englander, D., D. Norman, R. O'Day und W. R. Owens, *Culture and Belief in Europe 1450–1600: An Anthology of Sources* (Oxford, 1990)

Englisch, B., ›Erhard Etzlaub's Projection and Methods of Mapping‹, *Imago mundi*, 48, 1996
Erasmus, Desiderius, *Collected Works of Erasmus* (Toronto, 1974)
–, *Erasmus von Rotterdam, Briefe* (verdeutscht und herausgegeben von W. Köhler; Darmstadt 1986)
Febvre, L. und H.-J. Martin, *The Coming of the Book: The Impact of Printing 1450–1800* (London, 1976)
Fenton, E. (Hrsg.), *The Diaries of John Dee* (Charlbury, 1998)
Fichtner, P. A., *Emperor Maximilian II* (New Haven, 2001)
Forster, L., ›Charles Utenhove and Germany‹, in *European Context. Studies in the History and Literature of the Netherlands Presented to Theodoor Weevers* (Cambridge, 1971)
Fry, R., *Dürer's Record of Journeys to Venice and the Low Countries* (New York, 1995)
Gaur, A., *A History of Calligraphy* (London, 1994)
Haardt, R., ›The Globe of Gemma Frisius‹, *Imago mundi*, 9, 1952
Haasbroek, N. D., *Gemma Frisius, Tycho Brahe and Snellius and Their Triangulations* (Delft, 1968)
Hakluyt, R., *Voyages* (London, 1907)
–, *Divers voyages touching the discoverie of America and the islands adjacent unto the same, made first of all by our Englishmen and afterwards by the Frenchmen and Britons: with two mappes annexed hereunto* (London, 1582)
Hale, J., *The Civilization of Europe in the Renaissance* (London, 1993)
Hantsche, I. (Hrsg.), *Mercator – ein Wegbereiter neuzeitlichen Denkens*, Duisburger Mercator-Studien, 2 (Bochum, 1994)
Harradon, H. D., ›Some Early Contributions to the History of Geomagnetism – VI. Gerhard Mercator of Rupelmonde to Antonius Perrenotus, Most Venerable Bishop of Arras, A. D. 1546‹, *Terrestrial Magnetism and Atmospheric Electrity*, 48, 1943
Hellwig, F., ›La carte de Lorraine‹ (in Watelet, 1994)
Henne, A., *Histoire du règne de Charles-Quint en Belgique* (Brüssel, 1859)
Hessels, J. H. (Hrsg.), *Abrahami Ortelii (geographi antverpiensis) et virorum eruditorum ad eundem et ad Jacobum Colium Ortelianum … epistulae* (Cambridge, 1887)
Hobbs, W. H., ›Zeno and the Cartography of Greenland‹, *Imago mundi*, 6, 1949
Homer, *The Odyssey*, engl. übers. E. V. Rieu (London, 1946)
Hyma, A., *The Youth of Erasmus* (Ann Arbor, 1930)
Imhof, D., ›De »Officina Plantiniana« als verdeelcentrum van de globes, kaarten en atlassen van Gerard Mercator‹ (in de Nave, Imhof und Otte, 1994)

Jedin, H. (Hrsg.), *History of the Church* (London, 1980)
Kamen, H., *Philip of Spain* (New Haven, 1998)
Karrow, R. W., *Mapmakers of the Sixteenth Century and Their Maps* (Chicago, 1993)
Kelsey, H., *Sir Francis Drake: The Queen's Pirate* (New Haven, 2000)
Keuning, J., ›The History of an Atlas: Mercator-Hondius‹, *Imago mundi,* 4,1947
–, ›XVIth Century Cartography in the Netherlands‹, *Imago mundi,* 9, 1952
Kiely, E. R., *Surveying Instruments: Their History and Classroom Use* (New York, 1947)
Kirmse, R., ›Die große Flandernkarte Gerhard Mercators (1540) – ein Politikum?‹, *Duisburger Forschungen,* 1 (Duisburg, 1957)
–, ›Zu Mercators Tätigkeit als Landmesser in seiner Duisburger Zeit‹, *Duisburger Forschungen,* 6 (Duisburg, 1962)
Kish, G., *Medicina, mensura, mathematica. The Life and Works of Gemma Frisius, 1508–1555* (Minneapolis, 1967)
Koeman, C., *The History of Abraham Ortelius and his Theatrum Orbis Terrarum* (Lausanne, 1964)
Koenigsberger, H. G., G. L. Mosse und G. Q. Bowler, *Europe in the Sixteenth Century* (2. Aufl., Harlow, 1989)
Krämer, K. E., *Mercator. Eine Biographie* (Duisburg, 1980)
Kraus, H. P., *Sir Francis Drake: A Pictorial Biography* (Amsterdam, 1970)
Lanzas, P. T., *Relación Descriptiva de los Mapas, Planos, & de México y Floridas existentes en el Archivo General de Indias,* Buch II (Sevilla, 1900)
Lindeman, Y., *Macropedius* (Nieuwkoop, 1983)
Lis, C. und H. Soly, *Poverty and Capitalism in Pre-Industrial Europe* (Hassocks, 1979)
Löffler, R. und G. Tromnau (Hrsg.), *Gerhard Mercator: Europa und die Welt* (Duisburg, 1994)
Lucas, F. W., *The Voyages of the Brothers Zeno: The Annals of the Voyages of the Brothers Niclo and Antonio Zeno in the North Atlantic about the End of the Fourteenth Century and the Claim Founded Thereon to a Venetian Discovery of America* (London, 1898)
Lynam, E., *The First Engraved Atlas of the World* (Jenkinstown, 1941)
Mackie, J. D., *The Earlier Tudors 1485–1558* (Oxford, 1952)
Mandeville, Sir J., *The Travels of Sir John Mandeville,* übers. C. W. R. D. Moseley (London, 1983)
Marneff, G., *Antwerp in the Age of the Reformation: Underground Protestantism in a Commercial Metropolis 1550–1577* (Baltimore, 1996)
Mercator, G., Erdglobus, (Löwen, 1536/7; kein Exemplar erhalten; Photographien des Erdglobus, der ca. 1537 von Gemma Frisius unter Mithilfe

von Gerhard Mercator und Gaspar à Myrica konstruiert wurde, siehe British Library, Maps 8.bb.10(4))

–, Himmelsglobus (Löwen, 1537; National Maritime Museum, Greenwich, GLB0135)

–, *Amplissima Terrae Sanctae descriptio ad utriusque testamenti intelligentiam* (Löwen, 1537; abgebildet in Watelet, 1994)

–, Weltkarte, bekannt als ›*Orbis imago*‹ (Löwen, 1538; abgebildet in Nordenskiöld, 1889)

–, *Vlaenderen. Exactissima (Flandriae descriptio)* (Löwen, 1539/40; Museum Plantin-Moretus, Antwerpen)

–, *Literarum latinarum, quas italicas, cursoriasque vocat, scribendaru ratio* (Löwen, 1540/41; Ausgabe von 1549 in der British Library, 648, 1–3; Faksimile der Ausgabe von 1540/41 in Denucé, 1930)

–, Erdglobus (Löwen, 1541; National Maritime Museum, Greenwich, GLB0096)

–, Himmelsglobus (Löwen, 1551; National Maritime Museum, Greenwich GLB0097)

–, Wandkarte von Europe (Duisburg, 1554; kein Exemplar erhalten; Reproduktion der ersten und zweiten Auflage in Watelet, 1998)

–, *Angliae Scotiae* & *Hibernie nova descriptio* (Duisburg, 1564; abgebildet in Watelet, 1998)

–, *Chronologia. Hoc est, Temporum demonstratio exactissima ab initio mundi, usque ad annum Domini M. D. LXVIII et eclipsibus et observationibus astronomicis omnium temporum, sacris quoq[ue] Biblijs, & optimis quibusq[ue] Scriptoribus summa fide concinnata* (Köln, 1569; British Library C.74.g.11)

–, *Nova et aucta orbis terrae descriptio ad usum navigantium emendate accommodata* (Duisburg, 1569; abgebildet in Watelet, 1998). Siehe auch, *Map of the World (1569):* In Atlas form *in the Maritim Museum ›Prins Hendrik‹* (Rotterdam, 1961) und *The Hydrographic Review,* 9, Nr. 2 (Monaco, 1932)

–, *Tabulae geographicae CI: Ptolemei ad mentem autoris restitutae & emendat[a]e per Gerardum Mercatorem Illustriss: Ducis Clivi[a]e &c Cosmographum* (Köln, 1578; British Library, Maps C.1.d.14 und C.1.d.15; Royal Geographical Society, London, 265 G 12)

–, *CI. Ptolemaei Alexandrini, Geographiae libri octo, recogniti iam et diligenter emendati cum tabulis geographicis ad mentem auctoris restitutis ac emendatis, per Gerardum Mercatorem, Illustriss. Ducis Clivensis etc. Cosmographum …* (Köln, 1584; British Library, Maps C.1.d.16)

–, *Galliae tabulae geographicae* (Duisburg, 1585; British Library, Maps C.3.c.1)

–, *Italiae, Sclavoniae, et Graeciae tabulae geographicae* (Duisburg, 1589; British Library, Maps C.3.c.2)

–, *Evangelicae historiae quadripartita Monas, sive Harmonia Quatuor Evangelistarum, in qua singuli integri, inconfusi, impermixti & soli legi possunt, & rursum ex omnibus una universalis & continua historia ex tempore formari* (Duisburg, 1592)
–, *Atlas sive cosmographicae meditationes de fabrica mundi et fabricati figura* (Düsseldorf, 1595; British Library, Maps C.3.c.3, Maps C.3.c.4, Maps C.3.c.5; Royal Geographical Society, London, 264 H4, 263 G9. Reproduktion und englische Übersetzung des vollständigen Atlas-Textes von D. Sullivan in: Lessing J. Rosenwald Collection, Library of Congress, auf CD-ROM (Oakland, Califomia, 2000)
Meurer, P. H., ›Le territoire allemand‹ (in Watelet, 1994)
–, ›Les fils et petits-fils de Mercator‹ (in Watelet, 1994)
Milz, J., *Duisburg* (in Watelet, 1994)
Moir, D. G. et al., *The Early Maps of Scotland to 1850*, Bd. I (3. Aufl. Edinburgh, 1973)
Morison, S. E., *Christopher Columbus, Mariner* (Boston, 1955)
Motley, J. L., *The Rise of the Dutch Republic* (New York, 1900)
Münster, S., *Cosmographia*… (Basel, 1550)
Nissen, K., ›Jacob Ziegler's Palestine Schondia Manuscript‹, *Imago mundi*, 13, 1956
Nordenskiöld, A. E., *Facsimile-Atlas to the Early History of Cartography with Reproductions of the Most Important Maps Printed in the XV and XVI Centuries* (Stockholm, 1889; Nachdruck New York, 1973)
Northrup, G. T., *Mundus Novus, Letter to Lorenzo Pietro di Medici, Vespucci Reprints, Texts & Studies V* (Princeton, 1916)
O'Malley, C. D., *Andreas Vesalius of Brussels 1514–1564* (Berkeley, 1964)
Ortelius, A., *Theatrum Orbis Terrarum* (Antwerpen, 1570)
–, *Theatrum Orbis Terrarum: The Theatre of the Whole World* (London, 1606)
–, *Catalogue of the Highly Important Correspondence of Abraham Ortelius (1528–98)* (London, 1955)
–, *Album amicorum*, Faksimile, übersetzt von J. Puraye, (Antwerpen, 1969)
Ortelius, A. und I. Vivianus, *Itinerarium per nonnullas Galliae Belgicae partes* (Antwerpen, 1584)
Osley, A. S., *Mercator: A Monograph on the Lettering of Maps, etc. in the 16th Century Netherlands with a Facsimile and Translation of his Treatise on the Italic Hand and a Translation of Ghims Vita Mercatoris* (London, 1969)
Page, T. E., E. Capps und W. H. D. Rouse, *Diodorus of Sicily*, übers. C. H. Oldfather (London, 1933–67)
Parker, G., *The Dutch Revolt* (revidierte Ausgabe, London, 1990)
Parry, J. H. (Hrsg.), *The European Reconnaissance* (London, 1968)

Pastoureau, M., ›Entre Gaule et France: la »Gallia«‹ (in Watelet, 1994)
–, ›The 1569 World Map‹ (in Watelet, 1998)
Penneman, T., *Astrologie in de eeuw van Mercator: Een reeks schetsen* (Sint-Niklaas, 1994)
–, (Hrsg.), *Mercator en zijn boeken* (Sint-Niklaas, 1994)
–, ›La bibliothèque de Mercator‹ (in Watelet, 1994)
Plinius der Ältere, *Natural History,* engl. übers. J. F. Healy (London, 1991)
Polo, Marco, *The Travels of Marco Polo,* engl. übers. R. Latham (London, 1958)
Post, R. R., *The Modern Devotion* (Leiden, 1968)
Rich, E. E. und C. H. Wilson (Hrsg.), *The Cambridge Economic History of Europe,* Bd. IV (Cambridge, 1967)
Roberts, J. M., *History of the World* (Erstauflage 1976, London 1995)
Ross, J. B., und M. M. McLaughlin, *The Portable Renaissance Reader* (Erstauflage 1953, revidierte Ausgabe London, 1968)
Santing, C., ›Gerardus Mercator (1512–1594): The Creation of an Image‹ (in Blotevogel und Vermij, 1995)
Savours, A., *The Search for the North West Passage* (New York, 1999)
Scafi, A., ›Mapping Eden: Cartographies of the Earthly Paradise‹, in D. Cosgrove (Hrsg.), *Mappings* (London, 1999)
Schoeck, R. J., *Erasmus of Europe: The Making of a Humanist* (Edinburgh, 1990)
Sherman, W. H., *John Dee: the Politics of Reading and Writing in the English Renaissance* (Amherst, 1995)
Shirley, R. W., *The Mapping of the World: Early Printed World Maps 1472–1700* (London, 1984)
Shumaker, W. (Hrsg. und Übers.), *John Dee on Astronomy: ›Propaedeumata aphoristica‹ 1558 and 1568, Latin and English* (Berkeley, 1978)
Skelton, R. A., *Explorer's Maps: Chapters in the Cartographic Record of Geographical Discovery* (London, 1958)
–, ›Mercator and English Geography in the 16th Century‹, *Duisburger Forschungen,* 6 (Duisburg, 1962)
–, Bibliographical Note, *Claudius Ptolemaeus Geographia, Straßburg, 1513* (Faksimileausgabe, Amsterdam, 1966)
Sotheby's, *The Mercator Atlas of Europe: To be Sold as a Single Lot in the Sale of Valuable Autograph Letters, Literary Manuscripts and Historical Documents on 13th March, 1979* (London, 1979)
Starkey, D., *Elizabeth: Apprenticeship* (London, 2000)
Stevens, H., *Ptolemy's Geography: A Brief Account of All the Printed Editions Down to 1730* (London, 1908)
Stevenson, E. L., *Terrestrial and Celestial Globes: Their History and Construction Including a Consideration of Their Value as Aids in the Study of Geography and Astronomy* (New Haven, 1921)

Taylor, E. G. R., *Tudor Geography 1485–1583* (London, 1930)
–, ›The Earliest Account of Triangulation‹, *The Scottish Georaphical Magazine,* 43, 1947
–, ›John Dee and the Map of North-East Asia‹, *Imago mundi,* 12, 1955
–, ›A Letter Dated 1577 from Mercator to John Dee‹, *Imago mundi,* 13, 1956
Transylvanus, Maximilianus, *De Moluccis Insulis*, Hrsg. C. Quirino, engl. übers. H. Stevens (Manila, 1969)
Turner, G. L'E., ›Gerard Mercator as Instrument Maker‹ (in Blotevogel und Vermij, 1995)
Turner, G. L'E. und E. Dekker, ›An Astrolabe attributed to Gerard Mercator, c. 1570‹, *Annals of Science,* 50, 1993
Tyacke, S., ›The Atlas of Europe Attributed to Gerard Mercator‹, *Imago mundi,* 31, 1979
Van den Broecke, M., P. van der Krogt and P. Meurer, *Abraham Ortelius and the First Atlas: Essays Commemorating the Quadricentennial of his Death 1598–1998* (Utrecht, 1998)
Van der Gucht, A., ›La Carte de la Flandre‹ (in Watelet, 1994)
Van der Krogt, P., *Globi Nederlandici: The Production of Globes in the Low Countries* (Utrecht, 1993)
Van der Stock, J., *Printing Images in Antwerp: The Introduction of Printmaking in a City: Fifteenth Century to 1585* (Rotterdam, 1998)
Van der Wee, H., *The Growth of the Antwerp Market and the European Economy* (Den Haag, 1963)
Van der Wee, H. und E. Aerts, ›The Lier Livestock Market and the Livestock Trade in the Low Countries from the 14th to the 18th Century‹, in *Internationaler Ochsenhandel 1350–1750,* Beiträge zur Wirtschaftsgeschichte, 9 (Stuttgart, 1979)
Van Durme, M. (Hrsg.), *Correspondance Mercatorienne* (Antwerpen, 1959)
Van Isacker, K. und R. van Uytven, *Antwerp: Twelve Centuries of History and Culture* (Antwerpen, 1986)
Van Ortroy, F. G., ›L'Œuvre géographique de Mercator‹, *Revue des questions scientifiques,* Reihe 2,2 (Brüssel, 1892–3)
–, *Bio-Bibliographie de Gemma Frisius* (Brüssel, 1920)
Vanpaemel, G. H. W., *Mercator and the Scientific Renaissance at the University of Leuven* (in Blotevogel und Vermij, 1995)
Van Raemdonck, J., *Gérard Mercator: sa vie et ses œuvres* (Saint Nicolas, 1869)
Van Zijl, T. P., ›Gerard Groote, Ascetic and Reformer (1340–1384)‹, *Studies in Medieval History,* 18 (Washington, 1963)
Verberckmoes, J., *Laughter, Jestbooks and Society in the Spanish Netherlands* (London, 1999)

Vermij, R., ›Mercator and the Reformation‹ (in Büttner und Dirven, 1993)
–, ›Mercator's Stoic Picture of the World‹ (in Hantsche, 1994)
–, ›Typus Universitatis‹ (in Watelet, 1994)
–, ›Gerard Mercator and the Science of Chronology‹ (in Blotevogel und Vermij, 1995)
–, (Hrsg.), *Gerhard Mercator und seine Welt* (Duisburg, 1997)
Vespucci, A., *Mundus Novus: Letter to Lorenzo Pietro di Medici,* engl. übers. G. T. Northrup (Princeton, 1916)
Vives, J. L., *In Pseudodialecticos,* engl. übers. C. Fantazzi (Leiden, 1979)
–, *John Dantiscus and His Netherlandish Friends as Revealed by Their Correspondence 1522–1546* (Löwen, 1961)
Voet, L., ›Les Relations commerciales entre Gérard Mercator et la maison Plantinienne à Anvers‹, *Duisburger Forschungen,* 6 (Duisburg, 1962)
–, ›Le Monde de l'édition et du livre‹ (in Watelet, 1994)
Vöhringer, C., *Pieter Bruegel 1525/1530–1569* (Köln, 1999)
Watelet, M. (Hrsg.), *The Mercator Atlas of Europe* (einschließlich *Facsimile of the Maps by Gerardus Mercator Contained in the Atlas of Europe, circa 1570–1572)* (Pleasant Hill, 1998)
Watelet, M. (Hrsg.), *Gérard Mercator cosmographe: le temps et l'espace* (Antwerpen, 1994)
Waterbolk, E. H., ›Viglius of Aytta, Sixteenth Century Map Collector‹, *Imago mundi,* 29, 1977
Westfall Thompson, J. (Hrsg. und Übers.), *The Frankfort Book Fair: The Francofordiense Emporium of Henri Estienne* (Chicago, 1911)
Whitfield, P., *The Image of the World: 20 Centuries of World Maps* (London, 1994)
Wilford, J. N., *The Mapmakers: The Story of the Great Pioneers in Cartography – from Antiquity to the Space Age* (New York, 1981)
Williams, P., *The Later Tudors: England 1547–1603* (Oxford, 1998)
Woolley, B., *The Queens Conjuror: The Science and Magic of Dr Dee* (London, 2001)
Zeydel, E. H., *Sebastian Brant* (New York, 1967)

Chronologie der wichtigsten Werke Mercators

1512 **Geboren in Rupelmonde, Grafschaft Flandern**
1536/37 Mitarbeit an einem Erdglobus, Durchmesser 370 mm
1537 Mitarbeit an einem Himmelsblobus, Durchmesser 370 mm
1537 Wandkarte des Heiligen Landes, 6 Blätter, 434 x 984 mm
1538 Weltkarte, ein Blatt, 355 x 545 mm
1539/40 Wandkarte Flanderns, 9 Blätter, 872 x 1166 mm
1540/41 Handbuch der Kursivschrift *(Literarum latinarum …)*
1541 Erdglobus, Durchmesser 420 mm
1551 Himmelsglobus, Durchmesser 420 mm
1554 Wandkarte Europas, 15 Blätter, 1200 x 1469 mm
1564 Wandkarte der Britischen Inseln, 8 Blätter, 876 x 1271 mm
1569 Chronik der Weltgeschichte *(Chronologia)*
1569 Wandkarte der Welt mit einer neuen Projektion, 18 Blätter, 1236 x 2024 mm
1572 Revidierte Ausgabe der Wandkarte Europas
1578 Ptolemäus' *Geographie*: 28 Karten
1584 Ptolemäus' *Geographie*, vollständige Ausgabe mit Text
1585 51 moderne Karten für Frankreich, die Niederlande und Deutschland
1589 22 moderne Karten für Italien und den Balkan
1592 Harmonisierung der Evangelien *(Evangelicae historiae quadriparta Monas …)*
1594 **Gestorben in Duisburg, Herzogtum Kleve**
1595 29 moderne Karten für die Arktis, Island, die Britischen Inseln, Skandinavien, die baltischen Länder, Russland, Transsylvanien und die Krim. Mercators 102 moderne Karten ergänzten sein Sohn und seine Enkel durch fünf weitere Karten, welche die Welt, Europa, Afrika, Asien und Amerika darstellten. Diese 107 modernen Karten wurden – zusammen mit Mercators Abhandlung über die Schöpfung – als Kosmographie unter dem Titel *Atlas* veröffentlicht.

Register